최근 국제협약 개정에 따른

최신항해실습(Ⅱ)

The Essential Guide to Navigation

조익순
전해동
이윤석
배병덕
윤귀호
김종성 공저

도서출판 상학당

欲爲大者 當爲人役

크고자 하거든 남을 섬기라

머리말

해기사의 직무능력에 대한 국제적인 최저 기준을 제시하는 국제해사기구(IMO)의 STCW 협약(선원의 훈련, 자격증명 및 당직근무의 기준에 관한 국제협약)은 1978년 채택된 이래로 1995년 대폭적인 협약개정을 거쳐 최근 2010년 마닐라 개정까지 많은 변화를 거쳐 왔다.

1995년 STCW 개정 협약에는 선원의 교육과 훈련목적 및 성취해야 할 능력의 향상, 해기사 시험 평가기준 설정 및 해기사 교육기관에 대한 내부 및 외부 감사제도 설정의 국내법 입법화 등이 추가되었으며, 특히 당직 해기사로서의 임무를 수행할 수 있는 능력의 평가를 강조하여 해기면허를 발급하는 주무관청이 승인한 훈련기록부에 실습생의 승선실습 내용을 기록하도록 하였다.

2010년 STCW 개정 협약에는 선교자원관리(BRTM), 전자해도(ECDIS), 해상교통관제(VTS), 조난신호 및 모르스 부호 해독능력(single letter), 선위통보제도, 탱커선 해기능력 및 시험제도, 선박보안기초교육 등의 내용이 기존 해기능력표에 추가되었다. 개정 협약은 2012년 1월 1일 발효되었으며, 2017년 1월 1일까지 경과규정을 두고 있으나, 모든 개정사항은 이미 해사대학 교과과정에 반영되어 진행 중이다.

따라서 항해계열 학생들은 최근 개정된 STCW 협약의 제II/1조 및 STCW 코드의 제A-II/1의 기준에 따라 교육 및 훈련을 이수해야 하며, 이러한 최근 국제협약의 동향을 반영한 적합한 항해실습 교재의 필요성이 대두됨에 따라 이 교재가 만들어지게 되었다.

이 교재의 주요 구성은 다음과 같다.

- 최신항해실습(Ⅰ) : 당직근무, 항해학, 해상안전
- 최신항해실습(Ⅱ) : 항해기기, 해사 / 통신영어
- 최신항해실습(Ⅲ) : 선박운용, 선박적화, 선체구조 및 정비
- 최신항해실습(Ⅳ) : 선박보안 및 안전관리, PSC, 해양사고비상대응
- 최신항해실습(Ⅴ) : 선화운송, 탱커운송

이 교재는 최근 STCW 개정 협약을 반영한 항해계열 3학년 교과과정에 맞춰 구성되었으며, 정박 및 항해 중에 필요한 이론 및 실습의 내용에 대한 체계적인 정리를 통해 실습생이나 수업에 임하는 교수 모두에게 편리한 교재가 될 것으로 예상한다.

부족한 교재이지만 아무쪼록 이 교재가 항해계열 실습생의 교육 및 훈련에 도움이 되길 바라며, 앞으로도 지속적인 개정 및 보완을 할 것임을 다짐하는 바이다.

끝으로 이 교재의 편집과 출판에 많은 도움을 주신 도서출판 상학당 관계자에게도 감사의 말씀을 전하는 바이다.

2016. 3.

저자 일동

차 례

제1장

항해기기

1.1 전파항법의 개요
1.2 RADAR(레이더)
1.3 GNSS(위성측위시스템)
1.4 ECDIS(전자해도표시정보시스템)
1.5 AIS(선박자동식별장치)
1.6 BNWAS(선교항해당직경보장치)
1.7 항해기기의 유지

1.1 전파항법의 개요

1.1.1 전 파

1. 전파의 발전과 무선통신에의 이용

우리가 전파라고 하는 것은 정확하게 말하면 전자파이다. 이것은 1865년에 영국 사람인 맥스웰이 이론적으로 "빛과 같은 종류의 파인 전자파란 것이 존재한다."고 예언한 것으로 시작된다. 그 후 1888년에 독일 사람인 헤르츠는 전자파의 존재를 실험적으로 증명하여 전자파가 빛과 똑같이 반사, 굴절을 한다는 사실을 알았다.

그 후 약 10년이 지나 마르코니가 안테나를 발명하여 전파를 멀리까지 전달시키는 데 성공하였다. 이로써 전파가 통신에 사용되기 시작하였다. 1899년에는 도버 해협을 사이에 두고 통신하였고, 1901년에는 대서양을 횡단하는 무선통신에 성공하였다.

2. 전파의 종류

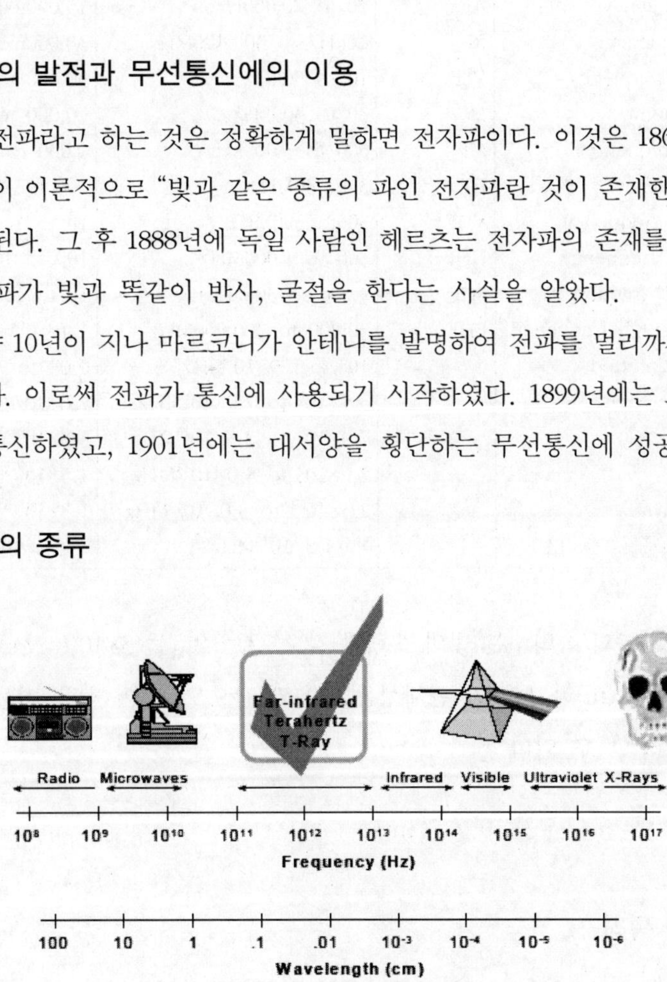

[그림 1-1] 전자기파의 스펙트럼

빛의 전파 중에는 [그림 1-1]과 같이 빛, X-선 등이 포함되어 있다. 이 중에 전파라고 하는 것은 주파수 약 10kHz에서 300GHz까지의 전자파를 말하며, 이 종류는 일반적으로 파장 또는 주파수로 분류한다.

주파수에 의한 분류는 〈표 1-1〉과 같다. 우리가 흔히 듣는 마이크로파란 라디오나 무선

통신 등에 사용하는 비교적 파장이 긴 전파에 대하여 파장이 매우 짧은 전파이며, SHF 이상의 높은 주파수의 전파를 말한다.

〈표 1-1〉 주파수에 의한 분류

대역명	기호	주파수 범위	파 장
Audio frequency	AF	20 to 20,000Hz	15,000,000 to 15,000m
Radio frequency	RF	10kHz to 300,000MHz	30,000m to 0.1cm
Very low frequency	VLF	10 to 30kHz	30,000 to 10,000m
Low frequency	LF	30 to 300kHz	10,000 to 1,000m
Medium frequency	MF	300 to 3,000kHz	1,000 to 100m
High frequency	HF	3 to 30MHz	100 to 10m
Very high frequency	VHF	30 to 300MHz	10 to 1m
Ultra high frequency	UHF	300 to 3,000MHz	100 to 10cm
Super high frequency	SHF	3,000 to 30,000MHz	10 to 1cm
Extremely high frequency	EHF	30,000 to 300,000MHz	1 to 0.1cm
Heat and infrared		10^6 to 3.9×10^8MHz	0.03 to 7.6×10^{-5}cm
Visible spectrum		3.9×10^8 to 7.9×10^8MHz	7.6×10^{-5} to 3.8×10^{-5}cm
Ultraviolet		7.9×10^8 to 2.3×10^{10}MHz	3.8×10^{-5} to 1.3×10^{-6}cm
X-rays		2.0×10^9 to 3.0×10^{13}MHz	1.5×10^{-5} to 1.0×10^{-9}cm
Gamma rays		2.3×10^{12} to 3.0×10^{14}MHz	1.3×10^{-8} to 1.0×10^{-10}cm
Cosmic rays		$>$ 4.8×10^{15}MHz	$<$ 6.2×10^{-12}cm

진공 중의 전파의 속력 c는 빛의 속력과 같으므로 3억, 즉 3×10^8(m/s)이다. 주파수가 f(Hz), 파장이 λ(m)라고 하면 관계식은 다음과 같으므로, 이 식을 이용하여 주파수를 알면 파장을 구할 수 있다.

$$\lambda = c/f = 3\times10^8/f \text{ (m)}$$

3. 전파의 특징

전파는 빛과 같이 직진, 반사, 굴절, 산란, 흡수, 회절하는 성질이 있다. 전파는 [그림 1-2]와 같이 전기장의 파와 자기장의 파로 되어 있고 이들의 진동면은 서로 직각이며, 이들 모두 전파의 진행방향에 대하여 수직이다. 전기장의 방향이 대지에 대하여 수직인 전파를 수직편파라 하고, 수평인 전파를 수평편파라 한다. 수평편파, 수직편파와 같이 전기장의 방향이 일정 방향으로 정하여진 전파를 직선편파라고 한다.

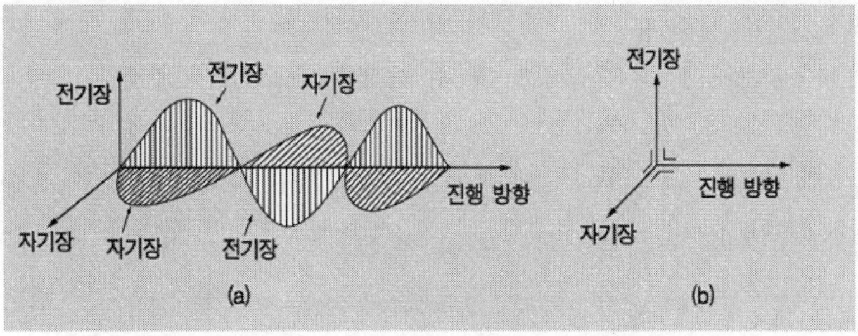

[그림 1-2] 전파의 전기장과 자기장, 그 진행방향

전기장의 방향이 일정하지 않고 진행방향에 직각인 평면 내에서 돌면서 진행하는 것 같이 보이는 것은 원편파라 한다. 편파면이 전파의 진행방향으로 보아 오른나사의 방향으로 회전하는 것을 우회전 원편파라 하고, 이와 반대 방향으로 회전하는 것을 좌회전 원편파라 한다.

1.1.2 전파항법장치

1. 전파항법장치의 개요

전파를 이용하는 항법장치는 주로 전파의 전달시간이나 도래시간차를 측정하는 방식이다. 전파의 전달시간을 이용하는 항법장치는 레이더, GPS 등이며, 도래시간차를 이용하는 장치는 2점간의 거리차가 일정한 점의 궤적은 그 2점을 초점으로 하는 쌍곡선이 된다는 쌍곡선 항법원리를 이용한 로란(LORAN), 데카(DECCA), 오메가(OMEGA) 등이 있다.

현재는 인공위성을 이용한 측위시스템이 항법장치의 주류를 이루고 있다. 재래식 전파항법장치는 현재 LORAN만 명맥을 유지하고 있으며, 수십년 동안 항법에 이용되어 오던 DECCA, OMEGA, NNSS 등은 필요성이 없어짐에 따라 모두 운용이 중단되었다.

2. 무선방위측정기와 레이더 발명

중파를 이용하여 모든 방향으로 전파를 발사하고 발사된 전파를 무선방위측정기로 방위를 측정하는 방법이 제1차 세계 대전 후에 일반 선박에 이용됨에 따라 처음으로 전파항법이라는 말이 쓰이게 되었다. 무선방위측정기에 관한 기술은 1902년에 스톤이 처음 개발하였으나, 무선통신보다는 용도가 적기 때문에 실용화가 늦어졌다. 1928년에는 영국에서 회전식 루프의 무선표지국이 실용화됨에 따라 소형 선박에서도 간단한 라디오 정도의 수신기만 가지고도 송신국의 방향을 알 수 있게 되어 무선방위측정기는 비약적으로 보급되었다.

레이더(RADAR)에 대해서는 1934년에 영국에서 군용 레이더를 처음 만들었고, 뒤이어 1937년에는 미국 해군에서도 레이더를 만들었다. 제2차 세계 대전 중에는 미국과 영국이 군사적인 목적으로 레이더의 기술을 교환하여 1941년에는 현재와 같은 피피아이(PPI)표시의 레이더를 완성하였다. 제 2차 세계 대전 후에 레이더는 일반 항해에 이용됨에 따라 많은 어선 및 상선의 항해상 안전과 운항 능률의 증대에 큰 역할을 하게 되었다.

3. 쌍곡선 항법개발

제2차 세계 대전 중에는 펄스 및 전파의 위상차 측정기술의 진보에 따라 쌍곡선 항법이라고 하는 항법체계가 완성되었다. 미국에서는 로란(LORAN)을 고안하여 태평양 침공 작전에 크게 이용하였고, 영국에서는 데카를 고안하여 노르망디 상륙작전에 이용하였다. 이들은 전쟁이 끝난 후 일반 항해에 이용되고, 기술의 향상으로 그 이용범위도 넓어졌다.

미국에서는 1957년에 기존의 로란을 더욱 발전시켜 로란 C를 개발하여 운용에 들어감으로써 전파항법의 이용범위가 상당히 넓어졌다. 그러나 전 세계의 어느 곳에서나 쓸 수 있는 더욱 넓은 항법체계를 확립하는 것이 당면한 큰 과제였다. 이에 따라 인공위성 항법인 NNSS를 개발함과 아울러 오메가(OMEGA) 항법을 개발하게 되었다. 오메가 항법은 1966년에 운용에 들어가서 실용화되었다.

4. 인공위성 항법체계의 완성

NNSS는 미국 해군에서 1958년에 개발되었고 1967년에는 일반 선박에 이용하게 되었다. 그러나 이 NNSS는 비행기나 속도를 잘 알 수 없는 이동체와 극지방에서는 쓸 수 없기 때문에 미국 공군에서는 내브스타 GPS(navstar GPS)를 개발하게 되었다. 이 항법장치는 1983년 9월 대한항공 여객기가 소련 영내에서 격추되는 사건이 일어난 후 일반에게 공개되었다.

한편, 내브스타 GPS는 미국 국방부가 걸프 전쟁 이후 전략적인 목적으로 고의 오차(Selective Availability, S/A)를 유발시켜 일부러 위치를 틀리게 할 수 있고, 또 코드에 문제가 있기 때문에 이에 대한 대책으로서 독자적인 위성항법시스템을 구축하고 있다.

러시아에서는 GLONASS를 독자적으로 개발하여 부분 운용 중이고 유럽연합(EU)에서는 민간 주도로 GALILEO를 개발하고 있으나 각국의 경제사정에 따라 지연되고 있다.

중국의 'Beidou / Compass'는 개발 초기 당시 중국 및 인근지역의 지역적인 항법시스템 Beidou로 개발되었으나, 2005년 이후 전 세계서비스를 목표로 하는 Compass 시스템으로 진화하고 있으며, 최근 러시아의 GLONASS와 기술협력을 추진 중이다.

이외에도 일본은 도심에서의 항법 정밀도를 높이기 위한 목적으로 GPS를 보완하는 시스템으로 개발을 추진 중인 'QZSS(Quasi-Zenith Satellite System)', GPS에 의존하지 않는 지역시스템으로서 인도가 추진하고 있는 '인도지역항법위성시스템(Indian Regional Navigation Satellite System, IRNSS)'도 있다.

〈실습〉 본선에 비치되어 있는 전파항법장치의 종류를 나열해 어떻게 생겼는지 살펴보자.

1.2 RADAR(레이더)

1.2.1 거리 · 방위 측정원리

산에 올라가 마주 보이는 산을 향하여 '야호'하고 고함을 쳤을 때 '야호'하는 메아리를 들은 경험을 가지고 있을 것이다. 그때 여러분은 산까지의 거리가 얼마인지를 생각하여 본 적이 있는가? 이 거리를 측정하기 위해서는 체력장 시험에서 달리기할 때 사용하는 스톱워치가 있어야 하고 공기 중에서 소리가 1초에 340m를 간다는 사실을 알아야 한다.

예를 들어, 마주 보는 산을 향하여 '야호'하고 다시 이 메아리가 올 때 스톱워치로 시간을 측정하여 보니 4초가 걸렸다면, 마주 보는 산까지의 거리는 얼마가 될까? 소리는 1360m(340×4)를 진행할 것이므로 거리는 이것의 반절인 680m가 된다. 산의 방향은 어느 방향을 보고 고함을 쳤는가에 따라서 결정하면 될 것이다.

레이더(RADAR)에서 거리나 방위를 측정하는 원리도 이와 똑같다. 다만, 레이더에서는 소리대신에 전파를 사용한다. 전파의 속도는 1초에 30만km로 소리보다는 엄청나게 빠르기 때문에 시간을 측정할 때에는 특별한 스톱워치가 필요하다. 이 특별한 스톱워치를 브라운관으로 구성된 '지시기'라고 한다. 이 지시기의 화면에는 스캐너의 방향으로 목표물의 영상이 나타나므로 목표물의 방향을 측정할 수 있다. 이를 구체적으로 설명하면 다음과 같다.

1. 레이더의 구성

레이더는 크게 나누어 송신기, 수신기, 지시기, 스캐너로 구성되어 있다. 레이더에서는 보통 송신기와 수신기가 함께 있기 때문에 송수신기라고 한다.

송신기는 전파를 만들어 내는 곳이고, 수신기는 스캐너(scanner)를 통하여 받은 목표의 반사신호를 증폭하는 부분이다. 송수신기에는 송신장치, 수신장치, 송수신 전환장치, 주발전기 및 변조기가 포함되어 있다.

1) 송신장치

변조기에서 보내온 트리거 신호에 의하여 짧고 강력한 펄스 형태의 레이더파를 발생시키는 장치로 일종의 발진기(osillator)이며, 마그네트론(magnetron)으로 알려져 있다. 이 마그네트론은 강력한 자장 내에서 마이크로파를 만들어 내는 발진관으로, 첨두출력 10~50kW이다. X밴드 레이더의 경우 9375MHz의 마이크로파를, S밴드 레이더의 경우에는 3000MHz의 마이크로파를 각각 발진시킨다.

2) 수신장치

목표물에 부딪혀 되돌아온 미약한 반사파가 송수신 전환장치를 거쳐 들어오면, 이를 증폭시켜서 영상신호로 바꾸어 지시기에 보내는 장치이다. 레이더파를 증폭하기 위한 전단계로서 혼합기(mixer)가 있다. 혼합기는 레이더의 반사파와 국부 발진기에서 신호의 차주파수를 만들어 내는 것이다. 이 차주파수를 중간 주파수라고 한다. 수신기의 증폭기는 바로 이 중간 주파수 신호를 증폭하는 것이다.

3) 송수신 전환장치(Duplexer)

레이더는 송신용 및 수신용으로 하나의 스캐너를 사용하고 있다. 그런데 송신출력과 수신입력의 사이에는 큰 전력 차이가 있다. 강력한 송신 펄스 전파가 직접 고감도의 수신장치로 들어가는 것을 막아 혼합기를 보호하고, 스캐너로부터 들어온 약한 수신 전파의 신호가 송신장치로 일부 새어들어 수신 감도가 떨어지는 것을 막기 위하여, 송신할 때에는 송신기만이, 수신할 경우에는 수신기만이 스캐너에 직접 연결되게 한 장치이다.

이 장치에서 TR(Transmit / Receive)관은 송신할 때 발신 펄스파가 수신장치로 들어가는 것을 막고, ATR(anti TR 또는 TB)관은 미약한 반사파를 전부 수신장치로 들어가도록 한다.

4) 주발진기 및 변조기

주발진기인 트리거 발진기(trigger generator)는 레이더의 두뇌 역할을 하는 곳으로 펄스 전압을 일정 주기로 반복 발생시켜 송신기, 지시기 등이 동기 작동을 하도록 이 펄스 전압을 공급한다. 이 전압을 트리거 펄스라고도 한다.

변조기는 이 트리거 펄스를 받아 특수 방전관인 사이라트론(thyratron)을 작동시켜 펄스 발생회로에서 약 10,000V의 전압으로 폭이 0.1～1μs인 펄스로 만들어 송신장치 내의 마이크로파를 만드는 마그네트론에 넣는다.

2. 지시기

레이더의 지시기에는 자선의 위치인 화면의 중심에서부터 밖으로 뻗쳐 나온 밝은 소인선이 스캐너(scanner)와 같은 속도로 회전하고 있다. 따라서, 스캐너가 1회전할 때마다 화면상의 소인선도 1회전하게 되고, 그 때마다 자선 주위에 있는 물체의 영상이 화면상에 밝게 나타난다.

지시기는 탐지되는 모든 목표물의 위치를 나타내기 위하여 평면위치표시(Plan Position Indicator, PPI)방식을 채용하고 있다. 이 방식은 음극선(CRT)관의 중심을 자선 레이더의 위치로 하여 반지름을 거리로, 원주방향을 방위로 잡는 것이다. 그래서 반사신호가 돌아왔을 때 음극선관면에 밝은 영상을 나타내어 목표물의 거리와 방위를 동시에 측정하는 방식이다.

요즈음에는 TV 화면과 같은 비디오 방식을 채택하고 있으며, ARPA의 출현과 더불어 화면도 생화면(raw video), 처리화면(processed video) 등으로 나타나고 있다. 그리고 지시기에는 레이더의 전반적인 작동을 제어하기 위한 각종 조정장치들이 부착되어 있다.

3. 스캐너

[그림 1-3]과 같이 스캐너는 전파를 발사하고 반사파를 받는 역할을 한다. 즉, 송신장치가 발생시키는 강력한 펄스 전파를 지향성이 매우 높은 빔(beam)의 형태로 공중에 발사하는 역할을 하며, 또 목표물에 부딪혀서 되돌아오는 반사파 신호를 수신하여 수신장치로 보내주는 장치이다.

레이더에는 이와 같은 송신장치 및 스캐너가 있기 때문에 다른 전파항해 계기와는 다르게 별도의 송신국을 필요로 하지 않는다.

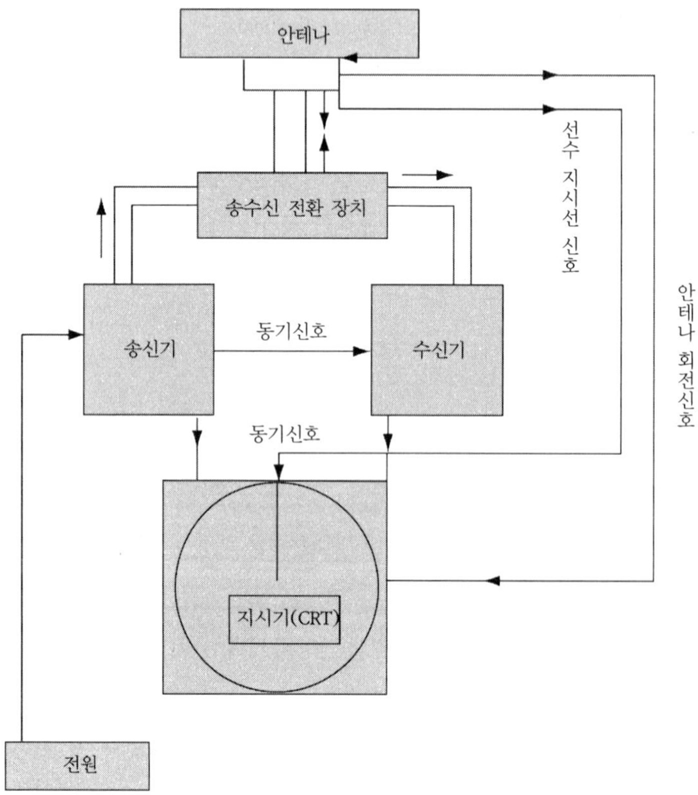

[그림 1-3] 레이더의 구성요소

4. X밴드 레이더와 S밴드 레이더

선박용 레이더는 사용파장에 따라 X밴드(파장 3.2cm, 주파수 9375MHz) 레이더와 S밴드(파장 10cm, 주파수 3000MHz) 레이더가 주로 이용되고 있다. X밴드(band) 레이더는 화면이 선명하고 물체의 방위와 거리를 정확하게 측정할 수 있고, 레이더 리플렉터와 같은 조그만 물체를 탐지하기 유리한 반면에, S밴드 레이더는 먼 거리 물체의 탐지와 눈, 비, 스콜, 안개가 있을 때에 유리하다. 이를 알기 쉽게 정리하면 〈표 1-2〉와 같다.

〈표 1-2〉 X밴드 및 S밴드 레이더

항 목	X밴드	S밴드
사용파장 / 주파수	3.2cm / 9375MHz	10cm / 3000MHz
화면의 선명도	좋음	좀 떨어짐
방위와 거리	정확함	덜 정확함
작은 물체	쉽게 탐지됨	탐지가 어려움
큰 물체	늦게 탐지됨	조기 탐지가능
탐지거리	가까운 거리	보다 먼 거리
눈 · 비 · 안개 등의 기상에서의 탐지	탐지하기 어려움	탐지하기 좋음
해면반사의 영향	심함	덜 심함
맹목구간	넓음	좁음

1.2.2 레이더의 성능

레이더의 성능으로서는 가까운 거리에서 먼 거리까지 될 수 있는 대로 넓은 범위에 걸쳐서 하나하나의 물체를 쉽게 탐지하고, 또 탐지된 물체의 거리 및 방위의 정확도가 높은 것이 바람직하다. 그러나 주변의 기상조건이나 자체의 여러 가지 요인에 의하여 그 성능이 좌우되기 때문에 레이더를 사용함에 있어서 그 유효거리나 정밀도 등에 대한 성능을 충분히 알고 항해에 이용하여야 한다.

이러한 레이더 자체의 성능을 판정하기 위하여 사용되는 것으로는 최대 탐지거리, 최소 탐지거리, 목표물에 대한 방위분해능 및 거리분해능 등이 있으며, 레이더 성능에 영향을 주는 장애요소들도 있다.

1. 탐지거리

1) 최대 탐지거리

목표물을 탐지할 수 있는 최대 거리를 말하는 것으로 최대 탐지거리가 40해리라고 하면 40해리 이내의 물체는 탐지하지만 그 이상의 물체는 탐지하지 못한다는 뜻이다.

레이더에 의한 물체의 최대 탐지거리는 가능하면 멀수록 좋으나, 기기 자체의 성능, 스캐너의 높이에 따른 전파의 도달거리, 물체의 높이 및 반사특성 등에 의해서 제한을 받으며, 해상과 기상상태에 의해서도 영향을 받는다.

이러한 레이더의 최대 탐지거리에 영향을 주는 요소들을 살펴보면 다음과 같다.

(1) 주파수

날씨에 관계 없이 주파수가 높을수록 전파의 감쇠는 더 커진다. 그러므로 먼 거리를 탐지할 경우에는 낮은 주파수대를 사용한다. 따라서 X밴드 레이더보다는 S밴드 레이더를 사용하는 것이 좋다.

(2) 첨두 출력

첨두 출력은 마그네트론이 발진하는 순간의 출력을 말하는 것으로, 출력이 클수록 레이더의 탐지거리 능력은 커진다. 이 탐지거리는 출력의 4제곱근에 비례하므로 첨두 출력이 16배 증가할 때 탐지거리가 2배 증가한다.

(3) 펄스 반복률

먼 거리에 있는 목표물로부터 반사파가 제대로 수신되기 위해서는 펄스 사이에 충분한 시간이 주어져야 한다. 따라서, 펄스 반복률이 낮을수록 최대 탐지거리는 증가하게 된다. 그러나 충분한 반사파가 수신되기 위해서는 펄스 반복률이 어느 정도까지는 충분히 높아야 한다. 이 펄스 반복률은 레이더의 최대 탐지거리를 결정하는 가장 기본적인 요소이다.

(4) 빔 폭

레이더의 스캐너에 의해서 전파는 일정 방향으로 빔이 되어 발사된다. 이 빔의 수평면에 있어서의 모양은 [그림 1-4]와 같은 긴 오이 모양을 하고 있다. 이 빔의 폭이 좁을수록 탐지거리가 커진다. [그림 1-4]를 수평면의 각 방향에 있어서 레이더파의 출력의 분포도라 한다면 AB 방향의 출력이 최대이다.

그리고 AC 및 AD의 방향은 출력이 AB 방향 출력의 반이라고 하면 AC, AD가 이루는 각 θ가 수평 빔폭이다. 즉, 출력이 반이 되는 방향이 이루는 각을 말하는 것이다. 그리고 [그림 1-4]에서 보는 것과 같이 발사 전파의 주된 빔을 주엽(main lobe)이라 하고, 그 외에 작은 빔을 측엽(side lobe)이라 한다.

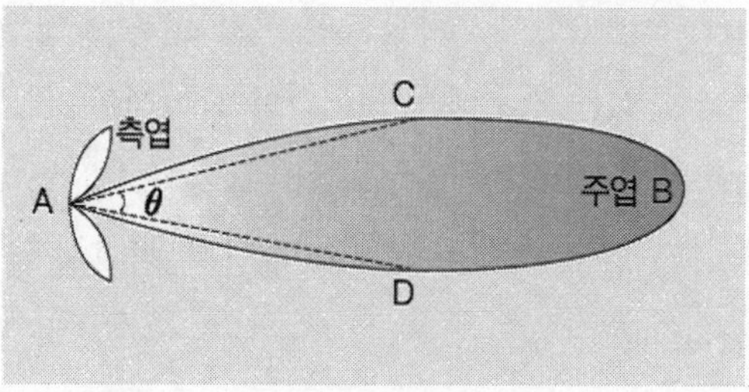

[그림 1-4] 수평 빔폭

(5) 스캐너의 회전율

스캐너의 회전은 모터에 의하여 일정 속도로 유지되며, 1분간에 10~20회의 범위로 제작회사에 따라서 차이가 있다. 이 스캐너의 회전율이 낮을수록 탐지거리는 커진다.

(6) 스캐너의 높이

스캐너의 높이가 높을수록 레이더파가 도달되는 수평선까지의 거리가 커지므로 탐지거리가 증가한다.

(7) 기상상태

전파는 직진성을 가지고 있으나 광선과 같이 밀도가 서로 다른 지역을 통과할 때에는 굴절과 휨 등의 현상이 일어나게 되고, 눈이나 비 등이 내리는 경우에는 전파의 감쇠가 발생하므로 탐지거리가 짧아진다.

① 표준 대기상태에서의 굴절 : 레이더파가 도달되는 수평선을 레이더 수평선이라 하는데, 이 레이더 수평선은 굴절현상으로 인하여 기하학적 수평선보다 더 먼 곳에 있게 된다. 수면상으로부터의 스캐너의 높이를 h(m)라 하면 표준 대기상태에서의 수평선까지의 거리는 다음과 같다.

- 레이더 수평선까지의 거리 d(해리) $= 2.22\sqrt{h}$
- 광학적 수평선까지의 거리 d(해리) $= 2.09\sqrt{h}$
- 기하학적 수평선까지의 거리 d(해리) $= 1.09\sqrt{h}$

따라서, 레이더 수평선까지의 거리는 광학적 수평선 및 기하학적 수평선까지의 거리보다 각 6%, 16%가 더 멀다. 그러나 계산에 의한 레이더 수평선까지의 거리는 대략적인 것이며 실제적으로는 굴절의 조건에 따라 차이가 있다.

② 초굴절(super-refraction)현상 : 차갑고 습기가 많은 공기 표면층 위에 따뜻하고 건조한 상부 공기층이 있는 경우에는 레이더파가 아래쪽으로 휘게 되며, 그 결과 탐지거리가 증가하게 된다. 이러한 현상을 초굴절현상이라 하며, 육지의 따뜻한 바람이 바다의 차가운 기류 위로 흐르는 경우로서 남북 회귀선 부근이나 중동지방 해역에서 가끔 일어난다.

③ 아굴절(sub-refraction)현상 : 초굴절과는 반대되는 현상으로 따뜻하고 건조한 공기층 위에 차갑고 습한 공기층이 있을 경우에 레이더파는 위로 휘게 되며, 이로 인하여 탐지거리를 축소시키게 된다. 이 현상을 아굴절현상이라 하며 주로 극지방에서 일어나기 쉽다.

④ 도관(ducting)현상 : 초굴절이 특히 큰 경우에 나타나는 현상으로 레이더파가 대기층과 해면 사이를 연속적으로 반복하여 굴절함으로써 100여 마일의 원거리의 물체까지도 나타나는 경우가 있다. 이렇게 전파가 도파관 속을 따라서 나가는 것과 같은 것이 되기 때문에 도관현상이라 한다. 이러한 도관현상은 계절이나 특정 지역의 기후 및 날씨 등에 의하여 일어나며 지역에 따라 다르다.

2) 최소 탐지거리

가까운 거리에 있는 목표물을 탐지할 수 있는 최소 거리를 최소 탐지거리라 한다. 레이더에서는 스캐너가 하나뿐이기 때문에 레이더는 펄스파를 사용하고 있다. 따라서 파가 발산된 후 그 반사파가 휴지 시간에 되돌아온 것만이 영상으로 표현되는 것이므로, 이 최소 탐지거리는 이론적으로 펄스폭의 절반에 해당하는 거리이다. 최소 탐지거리에 영향을 주는 요소들은 다음과 같다.

(1) 펄스폭

펄스폭은 근본적으로 레이더의 최소 탐지거리를 결정한다. 그러나 송신 · 수신 전환장치 및 수신기의 전자회로상의 회복시간으로 인하여 최소 탐지거리는 증대하게 된다.

(2) 해면반사 및 측엽반사

해면에 의한 레이더파의 반사나 측엽에 의한 반사파들은 지시기의 화면상에 혼란을 야기시키며, 이를 줄이기 위해 해면반사억제기(STC)를 사용하면 레이더의 최소 탐지거리가 커지게 된다. 이때 가까운 목표물의 탐지가 어렵게 된다.

(3) 수직 빔폭

근거리에 있는 작은 목표물이 레이더파의 수직 빔폭을 벗어난 곳에 있으면 탐지되지 않는다. 이 현상은 스캐너의 높이가 높을수록 증가하게 된다.

2. 분해능

1) 방위분해능

자선으로부터 같은 거리에 있는 서로 가까운 2개의 물체를 지시기상에 2개의 영상으로 분리하여 나타낼 수 있는 능력을 방위분해능이라 한다. 이 방위분해능에 영향을 주는 요소로는 레이더파의 수평 빔폭, 두 물체 사이의 거리 및 휘점 크기 등이다.

(1) 수평 빔폭

레이더파의 빔은 자선을 중심으로 회전하면서 방사된다. 그러므로 빔의 앞쪽 끝이 목표물에 부딪혀 반사파가 돌아오기 시작하여 빔의 뒤쪽 끝이 통과할 때까지 계속된다. 이 때 지시기의 화면에서 목표물의 영상은 레이더파의 수평 빔폭만큼 확대되어 나타나게 된다.

[그림 1-5](a)는 레이더파의 수평 빔폭을 2°라고 가정했을 때, 소형의 목표물 A에 대한 지시기상의 휘점의 표시범위를 ③에 나타내고 있다. 레이더의 방위분해능은 주로 수평 빔폭에 의해서 결정되는데, 레이더의 수평 빔폭이 좁으면 그만큼 방위분해능이 좋아진다.

목표물의 크기가 클 경우에는 수평 빔폭의 영향에 의해 지시기상에 나타나는 목표물은 실제의 크기보다 더 크게 표시된다. 이것은 [그림 1-5](b)에서 알 수 있는 것처럼 회전하는 레이더파의 빔폭에 의해 목표물의 양 부분에 대응하는 영상이 수평 빔폭의 1 / 2만큼씩 확대되어 나타나기 때문이다.

(2) 목표물 사이의 거리

목표물의 영상은 지시기상에서의 빔의 폭만큼 확대되기 때문에 자선에서 같은 거리에 있는 인접한 두 목표물은 한 개의 빔폭보다 더 떨어져야만 2개의 분리된 목표물로 나타나게 될 것이다. 수평 빔폭보다 가까운 두 목표물은 지시기상에 하나의 목표물로 나타난다.

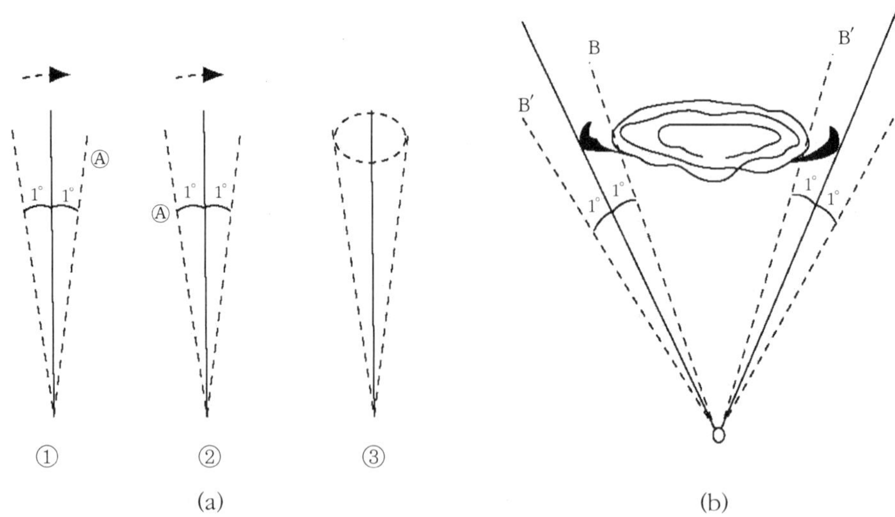

[그림 1-5] 수평 빔폭의 영향

(3) 지시기상의 휘점 크기

전자 빔에 의해서 지시기상에 형성되는 빛의 최소 크기(보통은 이들의 연결인 소인선으로 표현됨)가 작을수록 방위분해능은 향상된다. 지시기상의 휘점의 크기에 의한 영향은 지시기의 크기와 사용하는 거리 스케일에 따라 변한다. 이 휘점 크기의 영향은 짧은 거리에서는 비교적 작다.

2) 방위의 정확도를 높이는 방법

방위분해능과 관련하여 레이더 지시기상의 목표물에 대한 방위의 정확도는 다음과 같은 요소들에 의하여 영향을 받는다.

(1) 수평 빔폭

목표물의 영상은 수평 빔폭에 의하여 확대되어 나타나므로 작은 목표물에 대해서는 영상의 중심 방위를 측정해야 하며, 섬 등의 목표물의 양 끝에 대한 방위측정시에는 수평 빔폭의 절반만큼 안쪽으로 측정하는 것이 정확한 방법이다. 또, 수신기의 감도를 약간 떨어뜨리면 목표물에 대한 최대 탐지거리는 줄어들지만 영상의 크기를 줄일 수 있어 목표물의 방위를 더 정확하게 측정할 수가 있게 된다.

따라서, 가능하면 근거리를 선택하도록 거리선택 스위치를 조정하여 폭이 좁은 빔의 앞부분이 목표물을 통과하게 하여 방위를 측정하는 것이 좋으며, 가까운 거리에 있는 목표물에 대한 방위측정에 있어서는 보다 작은 수평 빔폭을 가지는 X밴드 레이더가 S 밴드 레이더보다 더 정확하다.

(2) 화면의 안정성

안정된 지시기의 화면은 불안정한 화면보다 더 높은 방위정확도를 가진다. 그러므로 지시기상의 영상이 수시로 움직이는 상대방위 지시방식에 비하여 진방위 지시방식의 화면에서 더 정확한 방위측정이 가능하다. 그 이유는 진방위 지시방식의 화면에서는 자선의 움직임에 의한 영향은 다만 지시기상의 선수 회선만을 움직이게 할 뿐이고, 그 밖의 모든 영상은 안정되어 있기 때문이다.

(3) 소인 중심 오차 및 시차(Sweep Centering Error 또는 Parallax Error)

과거 레이더에서와 같이 기계식 방위선으로 방위를 측정하는 경우 소인선의 회전 중심이 지시기 화면의 중심점에 있지 않을 때에는 측정시에 오차가 생기게 된다. 이때 편위된 방향에 대하여 직각방향에 가까운 목표물의 방위를 측정할 때 특히 심하다. 또, 목표물에 대한 방위측정은 화면을 똑바로 위에서 내려다보면서 해야 한다. 비스듬하게 내려다 보면서 방위를 측정하게 되면 시차의 영향으로 오차가 생기게 된다.

이런 문제는 전자식 방위선(Electronic Bearing Line, EBL)의 개발로 해소가 되었다. 즉, 목표물의 방위를 측정할 경우에는 소인 중심 오차 및 시차의 영향을 받지 않으므로 정확한 방위를 측정할 수 있다.

(4) 선수 휘선의 일치

레이더에 의한 목표물의 방위는 선수 휘선이 실제의 정선수 방향과 일치하여야만 한다. 선수 휘선이 일치하지 않는 경우에는 실제 목표물에 대한 목측 방위와 레이더 방위를 동시에 여러 번 관측하여 이들의 관측 차이를 평균하여 구한 방위오차를 가지고 선수 휘선을 조절하여야 한다. 이 때 목표물은 정확히 선수 방위에 있거나 정확한 방위를 측정할 수 있어야 한다.

선수 휘선이 일치하지 않는 이유는 주로 스캐너의 설치 불량인 경우와 지시기의 오프센터(off-center)의 조정 잘못인 경우이다.

3) 거리분해능

거리분해능이란 같은 방위선상에 서로 가까이 있는 두 목표물로부터 반사파가 수신되었을 때, 이 두 목표물을 지시기상에 분리된 2개의 영상으로 나타나게 하는 레이더의 능력을 말한다. 이것은 펄스폭, 수신기의 감도(gain), 지시기 화면의 크기 및 영상 휘점의 크기 등에 의하여 결정된다.

(1) 펄스폭

같은 방위에 있는 인접한 2개의 물체는 펄스폭의 1 / 2 이상의 거리만큼 떨어져 있어야만 지시기상에 2개의 분리된 휘점으로 나타난다.

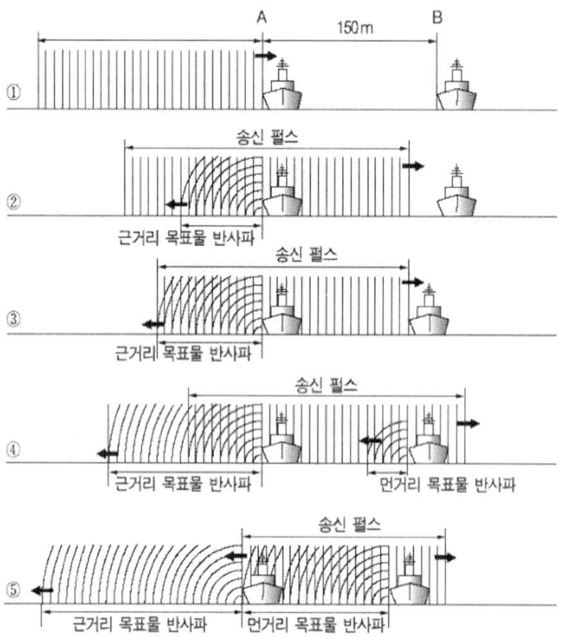

[그림 1-6] 펄스폭과 거리분해능

전파는 1μs 동안 300m 진행하므로 펄스폭을 1μs라 하면 그 시간 동안 150m를 왕복하는 것이 된다. [그림 1-6]에서처럼 같은 방위상에 목표물 A와 B가 거리 150m로 인접하여 있는 경우를 가정하자. 펄스폭 1μs인 펄스파의 전면이 가까운 곳의 목표 A에 부딪쳐 반사할 때 후면은 가까운 목표물 A에서 반사한다. 가까운 목표물 A와 먼 목표물 B의 반사가 한 펄스에 끊어지지 않고 계속되므로 레이더 지시기에는 하나의 목표물 B로 나타난다. 만약 펄스폭이 $0.2\mu s$라면 거리분해능은 30m가 된다.

그러므로 거리분해능을 좋게 하기 위해서는 펄스폭을 짧게 하는 것이 좋으나, 펄스폭이 짧으면 최대 탐지거리는 줄어든다. 따라서 현재 대부분의 레이더에서는 사용하는 거리 스케일의 선택에 따라 펄스폭과 펄스 반복 주파수가 동시에 바뀌도록 하여 근거리 탐지에서는 거리분해능을 좋게 하여 영상을 선명하게 하고, 원거리 탐지에서는 전파의 발사 에너지를 크게 하여 레이더의 탐지능력을 높이고 있다.

(2) 수신기의 감도

레이더의 거리분해능은 수신기의 이득을 적당히 조절함으로써 향상시킬 수 있다.

[그림 1-7]에서와 같이 수신기의 이득을 너무 높이면 두 목표물이 지시기상에 하나의 휘점으로 나타난다. 이때에는 수신기의 이득을 적절히 낮게 조절하면 목표물이 서로 분리되어 나타날 수 있다.

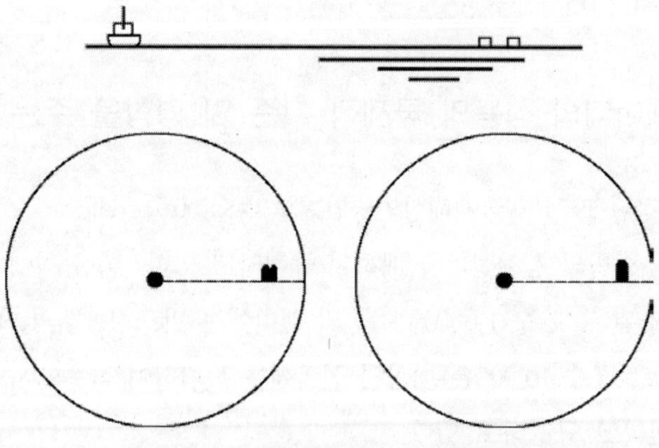

[그림 1-7] 수신기 이득과 거리분해능

(3) 영상 휘점의 크기

휘점의 크기에 대한 영향은 지시기의 크기 및 사용 중인 거리눈금의 선택에 따라 달라지는데, 지시기가 크고 거리 스케일을 근거리로 선택할수록 거리분해능은 좋아진다. 특히, 원거리로 선택한 경우에는 거리분해능이 펄스폭보다는 휘점의 크기에 의해 결정된다.

4) 거리의 정확도를 높이는 방법

레이더에 의한 거리측정의 정확도는 펄스파를 발사하여 반사파를 수신하기까지의 시간을 얼마나 정확하게 측정할 수 있는가에 달려 있는데, 이 때 기기 자체의 오차가 큰 비중을 차지한다. 그리고 레이더 사용자가 얼마나 정확하게 거리를 측정하는가에 따른 영향도 무시할 수 없다. 따라서, 정확한 거리측정을 위해 레이더 사용자가 주의해야 할 사항을 살펴보면 다음과 같다.

① 거리측정의 수단으로는 고정거리환(fixed range ring)과 가변거리환(Varable Range Market, VRM)의 두 가지가 있다. 보통 가변거리환으로 거리측정을 한다. 이 때 가변거리환의 밝기는 휘선이 약간 보일 정도로 조절하면 되나, 요즈음의 레이더는 그 밝기를 조절하지 못하게 된 것이 많다. 이 가변거리환으로 거리를 측정할 때에는 이 거리환을 목표물 휘점의 경계에 정확히 접하도록 한다.

② 사용 중인 거리 스케일이 원거리일수록 가변 거리환을 목표물의 경계점에 정확하게 접하는 것이 쉽지 않다.

③ 수신기의 이득을 지나치게 올리면 영상이 실제의 크기보다 확대되어 나타나므로 물체까지의 거리가 실제보다 짧게 측정될 수 있다.

1.2.3 레이더의 성능의 국제적 기준 및 영향을 주는 요소

1983년에 개정된 1974년 국제해상인명안전협약(Safety of Life at Sea, SOLAS)은 제 5장 규칙 제 12조에 선박의 항해설비에 대하여 규정하고 있다. 이 규칙에 따르면 1984년 9월 1일 이후에 건조된 총 톤수 1,600톤 이상의 선박에는 반드시 1대의 레이더를 설치하도록 하고 있다. 또, 총 톤수 10,000톤 이상의 선박에는 독립하여 작동할 수 있는 2대의 레이더를 설치해야 한다고 규정하고 있다.

그리고 레이더의 성능에 대한 기준은 국제해사기구(IMO)의 총회 결의 제222호(VII)와 그의 보완결의 제278호, 제477호(XII), 그리고 안전위원회 결의 제64호(67)에 규정되어 있다. 그 내용은 국제적으로 갖추어야 할 최소한의 성능을 규정하고 있다. 또한, 레이더의 성능에 대해서는 국제전기기술위원회(International Electrotechnical Commission, IEC)의 문서인 IEC 62388(Maritime navigation and radiocommunication equipment and systems-Shipborne radar-Performance requirements, methods of testing and required test results)에서 구체적인 사항을 규정하고 있다.

레이더 영상의 판독은 상당한 경험이 요구되는 일이다. 흔히 레이더를 처음 접하는 사람은 레이더 영상이 눈으로 보는 것처럼 똑같게 나타나는 것으로 생각하고 있는데 이것은 사실과 전혀 다르다. 레이더는 기본적으로 물체에서 반사된 것을 영상으로 나타내기 때문에, 반사면의 모양, 재질 등에 따라 실제 모습과는 전혀 다르게 나타난다. 이렇기 때문에 현재 레이더에 관한 기술은 진보가 되었다고는 하나, 사실과 똑같은 영상을 만들어 내는 것은 영원히 불가능한 일이다.

여기서는 레이더의 영상에 영향을 주는 요소를 중심으로 살펴보고, 이것을 토대로 레이더의 영상을 보고 그것이 어떤 모양일까 하는 것은 앞으로의 실무경험을 통하여 습득해야 할 것이다.

1. 물체의 특성

레이더의 지시기에 나타난 물체의 영상은 스캐너에서 발사된 전파의 대부분은 물체에 흡수되며 일부분이 반사되지만, 그 중에서도 스캐너에 되돌아온 극히 일부분만이 나타난 것이다. 되돌아온 전파의 세기는 다음의 물체 특성에 따라 결정된다.

1) 반사면

물체의 반사면에 대하여서는 평면거울을 생각하여 보자. 전파의 진행방향에 대하여 반사면이 직각으로 되어 있으면 대부분이 그대로 스캐너쪽으로 되돌아올 것이다. 반사면이 다른 각도로 되어 있으면 되돌아오는 전파는 거의 없을 것이다. [그림 1-8]을 보면 이 같은 사실을 쉽게 이해할 수 있을 것이다.

2) 표면상태와 형상

매끄러운 표면은 전파의 반사량이 커서 반사세기를 증가시키지만, 앞에서 말한 바와 같이 반사면이 직각이 아니면 대부분의 반사 에너지가 다른 곳으로 가기 때문에 레이더의 화면에는 아주 약하게 나타난다. 거친 표면은 전파가 반사되어 스캐너로 많이 되돌아오기 때문에 오히려 물체의 상이 잘 나타난다.

형상은 물체 그대로의 모습이지만 앞에서 말한 반사면은 선박과 물체의 상대적인 위치에 따라 변화한다. 동일한 형상의 물체도 반사면에 따라서 여러 가지 반사세기를 나타낸다. 철재 선박의 측면 혹은 해변가의 절벽과 같은 평평한 측면은 반사파가 강하다. 또, 반사면이 변함에 따라 이 평평한 표면은 반사파를 다른 방향으로 반사하기 때문에 레이더에는 약한 반사파가 수신된다.

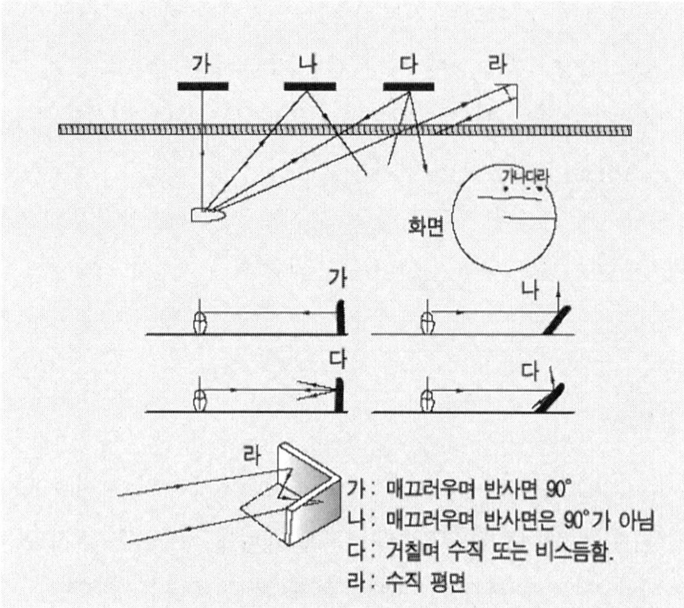

[그림 1-8] 목표물의 반사면과 표면상태

오목한 면은 전파를 집중시켜 스캐너로 보내지만 볼록한 면은 전파를 흩어버린다. 매끄러운 원추면은 전파를 스캐너 쪽으로 반사시키지 않지만 거친 원추면은 일부분을 스캐너쪽으로 반사시킨다. 표면상태와 형상의 관계를 예를 들어 설명하면 다음과 같다.

(1) 평 면

① 수직이고 매끄러울 때 : 절벽이나 고립된 빌딩은 거울면 반사를 하므로 이것이 자선을 향하고 있을 때 레이더에는 아주 잘 나타난다.

② 수직이며 표면이 거칠거칠할 때 : 모든 방향으로 잘 반사한다. 예를 들면, 울퉁불퉁한 절벽이나 많은 면으로 쪼개져 있는 빙산의 수직한 면으로 위의 ①보다는 약하게 나타난다.

③ 비스듬하며 표면이 매끄러울 때 : 레이더에 거의 나타나지 않는다. 예를 들면 큰 빙산, 작은 빙산, 모래, 둑의 경사면, 풀이 덮여 있지 않은 비스듬한 언덕, 모래 언덕, 해변가 등이다.

④ 비스듬하며 표면이 거칠거칠할 때 : 레이더에 잘 나타난다. 예를 들면 나무, 관목, 둥근 돌로 덮인 경사 언덕 등이다.

⑤ 서로 수직인 3 평면 : 이것은 전파가 어떤 방향에서 오든지 전파가 온 방향의 정반대

방향으로 반사한다. 바로 레이더 반사기(radar reflector)는 이 원리로 되어 있다. 일반적으로 수직인 평면이나 격자로 되어 있는 강철이나 철은 레이더에 아주 잘 나타난다. 예를 들면, 라디오와 텔레비전 송신 안테나, 빌딩군, 부표와 비컨의 철 구조물을 들 수 있다.

(2) 공 모양의 물체

공 모양의 물체는 모든 방향으로 전파가 산란되기 때문에 약한 반사체이다. 이 물체의 표면이 매끄러울 때에는 레이더 전파가 이 물체의 중심을 향하여 부딪친 한 점에서 반사된 것만이 스캐너쪽으로 되돌아온다. 실제로는 표면이 거칠기 때문에 레이더에 조금은 밝게 나타난다. 예를 들어 공과 같은 모양으로 만들어진 부표가 여기에 해당된다.

(3) 원통 모양

원통은 평면의 성질과 공의 성질을 모두 가지고 있다. 이 물체가 똑바로 서 있을 때에는 이 물체를 지나는 평면의 어떤 방향에서 보든지 반사면은 똑같으며 레이더에는 잘 나타난다. 연돌, 가스 탱크, 기름 탱크, 원통 부표, 굴뚝은 점점 크기가 가늘어지지만 않으면 레이더에 잘 나타난다.

원통이 옆으로 되어 있을 때에는 반사면이 위치에 따라 다르기 때문에 레이더에 잘 나타나기도 하고 잘 나타나지 않기도 한다. 원통의 축이 전파의 진행방향에 대하여 직각이면 똑바로 서 있는 것과 마찬가지로 잘 나타나지만, 그 외의 각도에서는 레이더에 잘 나타나지 않는다. 예를 들면 원통형의 계류 부표는 스캐너에 마주보는 모습에 따라 다르게 나타난다.

(4) 원뿔 모양

원뿔형의 물체는 레이더에 잘 나타나지 않는다. 이론적으로 전파는 스캐너쪽과는 전혀 다른 방향으로 반사되므로 레이더에는 전혀 나타나지 않지만, 표면이 완전하게 매끄럽지 않으므로 약간은 반사되어 스캐너에 되돌아오기도 한다. 예를 들어 원뿔형 부표, 등대, 끝이 점차 가늘게 되어 있는 굴뚝, 교회의 뾰족탑 등을 들 수 있다.

3) 구성물질

일반적으로 전기가 잘 통하는 물질은 전파를 잘 반사시킨다. 철 구조물은 레이더 전파를 잘 반사한다. 해면도 역시 좋은 반사체이기 때문에 바다의 표면이 거칠지 않으면 화면에 나타나지 않는다. 얼음의 경우는 소금기가 없으므로 해면보다 훨씬 더 반사세기가 떨어진다. 돌과 땅도 좋은 반사체는 아니나, 그 표면에 풀이 덮여 있을 경우에는 반사세기가 좋으며, 긴 풀보다 짧은 풀의 경우가 더 좋다. 땅이 덤불이나 나무로 덮여 있을 때에는 반사세기가 나쁘지만 광석이 있는 산은 아주 좋다.

[그림 1-9]에서 보듯이 선박의 경우도 마찬가지로 강철로 만든 선박은 반사파가 강하므로 레이더로 탐지하기가 쉽고, 목선은 반사파가 아주 약하기 때문에 탐지하기가 어렵다. 또, 유리강화 플라스틱(GRP)이나 섬유강화 플라스틱(FRP)으로 만든 선박은 레이더의 전파가 그대로 통과하므로 화면에 전혀 나타나지 않는다.

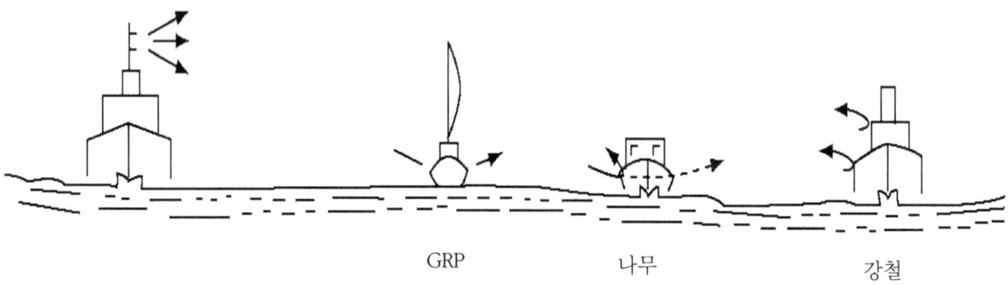

[그림 1-9] 물체의 재질과 반사세기

4) 크 기

(1) 너 비

물체가 레이더 전파의 수평 빔폭보다 너비가 넓은 경우에는 레이더 전파는 조그만 구간을 자르듯이 연달아서 물체에 부딪힌다. 이 구간은 1~2°의 수평 빔폭이 된다. 이런 경우 물체전체의 너비가 아니라 각 부분에서 반사세기가 가장 큰 부분의 상이 레이더에 나타난다.

너비가 넓은 물체는 레이더에 긴 모양으로 나타나지만 항상 뚜렷하게 나타나는 것은 아니다. 물체의 너비가 수평 빔폭보다 작으면 물체는 반사면, 형상, 표면상태, 재질뿐만 아니라 물체의 실제의 너비에 비례하여 레이더에 나타난다.

(2) 높 이

레이더 전파의 수직 빔폭은 넓어서 어떤 물체의 표면이더라도 다 덮을 수 있기 때문에,

수평 빔폭의 경우와 같은 제한은 없다.

그러나 높은 산이라고 하여 반드시 레이더에 잘 나타나지는 않는다. 그 이유는 첫째, 높은 산은 레이더 전파를 많이 반사하지만 그것이 스캐너에 되돌아간다고 볼 수 없는데, 반사량은 물체의 반사면 형상, 표면상태에 따라 결정되기 때문이다.

둘째, 산이 높고 경사되어 있어 동시에 반사되어 스캐너에 되돌아오지 않기 때문이다. 높은 곳에서 반사된 전파는 늦게 도착하므로 낮은 곳에서 반사된 전파와 혼합되어 강해질 수도 있고 오히려 약해질 수도 있다. 높지만 경사되어 있는 산은 그다지 높지 않은 가파른 절벽만큼 레이더에 잘 나타나지 않는다. 또, 육지를 레이더로 처음 인지할 때 맨 처음 나타난 것이 육안으로 보이는 가장 높은 곳이 아닐 수도 있다. 따라서, 이런 경우에는 물체의 반사면이나 앞에서 말한 사항을 토대로 해도를 주의 깊게 살펴보는 것이 아주 중요한 일이다.

(3) 깊 이

레이더는 물체의 반대쪽을 나타내지 않고 오로지 스캐너에 마주보는 면만을 나타낸다. 즉, 스캐너의 반대쪽은 그늘이 되어 나타나지 않는다. [그림 1-10]에서와 같은 물체의 너비가 같은 경우라면, 실제 섬의 모양은 전혀 다르지만 레이더의 화면에서는 비슷하게 나타난다. 이 같은 이유로 물체까지의 거리를 잴 때에는 물체의 안쪽 끝에 거리환을 맞추어야 한다.

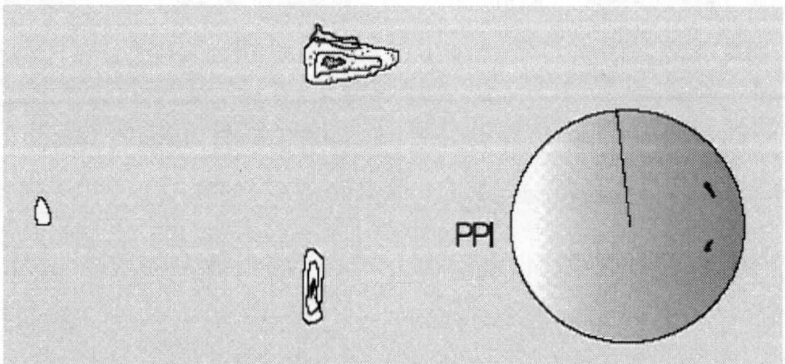

[그림 1-10] 스캐너와 마주보는 면의 반사

(4) 레이더 그늘

이것은 전파가 직진하므로 산뒤에 평지 같은 곳에는 도달하지 못한다. 따라서, 화면에는 산의 영상만이 나타나고 평지의 영상은 나타나지 않는데, 이와 같이 물체에 가려서 레이더에 탐지되지 않는 부분을 레이더 그늘이라 한다.

[그림 1-11]은 B와 C 사이의 해안선이 레이더 그늘로 되어 화면에 나타나지 않음을 보여 주고 있다.

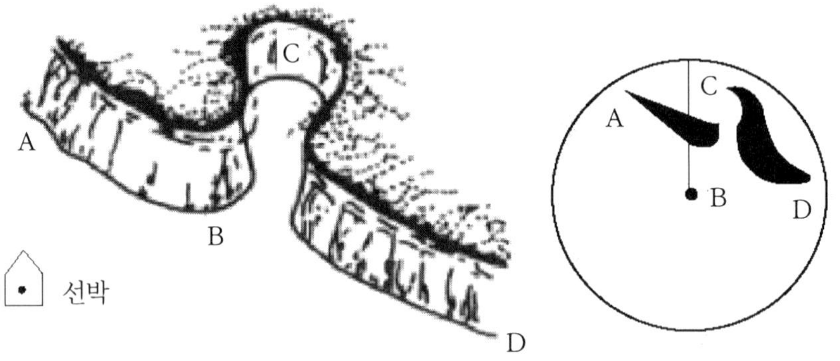

[그림 1-11] 레이더 그늘

2. 레이더 영상의 방해현상

레이더 화면에는 물체로부터의 반사파에 의한 영상 이외의 기상에 의한 눈, 비, 파도 등과 선박의 구조물에 의한 방해현상이 함께 나타나서, 레이더에 나타난 물체의 영상을 해독하는 데 어려움을 주고 있다. 따라서 레이더 사용자는 영상을 판독하는 데 있어서 이들 방해현상에 대한 지식을 가져서 이들을 잘못 판단하는 일이 없어야 한다.

1) 해면 반사에 의한 잡음

해수는 원래 레이더 전파를 잘 반사한다. 바람이 전혀 없어 파도가 일어나지 않으면 거울면 반사가 일어나 레이더 전파는 스캐너쪽으로 되돌아오는 것이 전혀 없다. 바람으로 파도가 일어나면 자선 가까이 있는 파도에 부딪혀 돌아온 반사파가 화면에 밝은 점으로 나타나는데, 이것은 대칭으로 나타나지는 않는다. 이것을 잘 살펴보면 파도의 방향을 유추할 수도 있다. 이와 같이 해면 반사에 의한 잡음으로 그 근처에 나타난 물체의 영상이 혼란스럽게 나타나 물체를 식별하기 어렵다. 이것에 대한 조정은 해면반사억제기(Anti-Clutter Sea, STC)로 하고 있다.

해면반사억제기는 너무 크게 조정하지 말아야 한다. 즉, 어느 정도 잡음이 있도록 하여야 한다. 또, 주의할 것은 결코 한 위치로 장시간 두어서는 안 되고 자주 재조정하여야 한다.

해면 반사에 의한 잡음은 스캐너가 높을수록 크게 나타난다. 특히, VLCC와 같은 초대형 탱커에서는 이 현상이 아주 크게 나타난다. 이 경우에는 낮은 스캐너의 레이더를 사용하는 것이 좋다. 또, 해면 반사의 잡음은 일반적으로 급격하게 변하지는 않는다. 갑작스럽게 변하면 그 곳에 둑이 있다든지 얕은 곳이 있으므로 항해사는 주의깊게 항해하여야 한다.

2) 눈 · 비 등에 의한 방해잡음

비나 소나기는 양털구름처럼 화면상에 나타난다. 폭풍우는 25마일 이상의 거리에서도 탐지되기도 한다. 폭우 및 뇌우뿐만 아니라 이슬비, 눈 또는 심한 안개, 낮은 구름조차도 레이더의 탐지에 영향을 주어서 물체의 영상을 흐리게 한다. 폭우 속에 있는 선박이나 육지는 가려 있어 구분하기가 어렵고, 폭우 바깥에 있는 물체의 반사세기는 약해진다. 이런 경우에는 탐지범위가 정상상태의 80%까지 떨어진다.

비가 내리는 구역이 넓은 경우 레이더 화면의 중앙이 다른 곳보다 밝게 되어 마치 해면 반사에 의한 잡음처럼 보이기도 한다. 항해 중에는 먼 곳에 있는 구역을 장거리 스케일로 탐색하고 그것을 플로팅하여 두면 좋다. 또, 항해사는 비로 인한 잡음 속에 물체가 있는지를 알기 위해서는 수신기의 감도(gain)를 약간 줄여 본다. 물체의 영상은 대부분 비에 의한 잡음보다 강하게 나타난다. 감도를 비가 내리는 구역의 밖에 있는 물체를 탐지할 때에는 원래의 위치로 하고, 비가 내리는 구역에 있는 물체를 탐지할 때에는 조금 줄이도록 한다.

이들에 의해 화면이 혼란될 때에는 비 · 눈 반사 억제기(Anti-Clutter Rain, FTC)를 조정하여 어느 정도 억제시킬 수 있지만, 사용시에는 수신기의 이득과 병행하여 사용하는 것이 효과적이다. 그렇지만 심한 비, 이를테면 스콜이 있을 때 X밴드 레이더를 사용하는 경우에는 물체의 영상이 잡음보다 약하게 되기 때문에, 화면 전체가 잡음으로 뒤덮여 아무것도 알 수 없게 된다.

많은 충돌사고가 이와 같은 폭우 속에서 일어나는데, 그것은 전파의 감쇠와 잡음에 의한 차폐로 인해 물체가 어디 있는지 모르고 있다가 접근하여서야 물체를 탐색하기 때문이다.

3) 레이더의 맹목구간

맹목구간과 그늘구간은 [그림 1-12]처럼 선박의 구조물, 즉 전부 마스트, 연돌 등으로 스캐너에서 발사된 레이더 전파가 차단될 때에 생긴다. 이것은 화면의 중심에서 바깥으로 펼쳐져 있는 어두운 구간이다. 이들 구간의 범위는 스캐너와 구조물과의 거리, 크기 등에 좌우된다. 그늘구간의 크기는 상당히 복잡하지만, 그림에서는 아주 개략적으로 나타내었다.

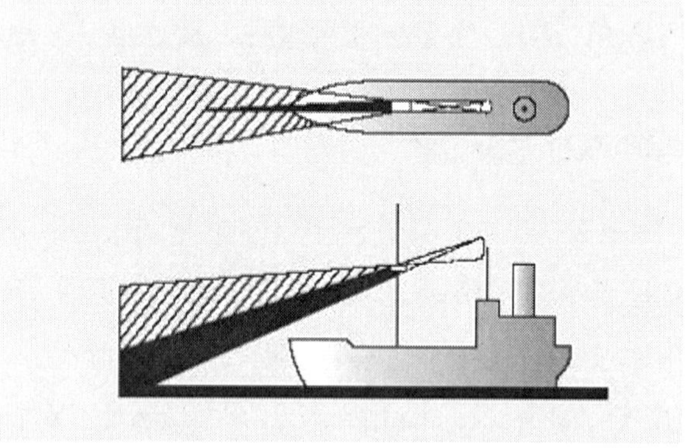

[그림 1-12] 맹목구간과 그늘구간

그늘구간을 측정하는 방법에는 해면 반사 또는 우설에 의한 잡음이 강할 때 어두운 구역의 범위를 측정하는 방법과 레이더 반사기가 달린 부표 주위를 돌면서 부표가 없어질 때의 방위에서 다시 나타날 때의 방위를 측정하는 방법이 있다. 그늘구간을 측정하고 난 후에는 그것에 대한 그림을 그려 레이더 지시기에 부착시켜 항해시 참고로 하는 것이 좋다.

전부 마스트에 의하여 앞쪽이 차폐되는 경우에는 특히 위험하다. 이 구역에서 목선으로 된 조그만 선박과의 몇 건의 충돌 사례가 있었다. 항해사나 선장은 안개가 자욱하게 낀 날에는 적어도 그늘구간의 절반까지는 침로를 바꾸어 가면서 항해를 하여야 한다. 권고할 만한 것은 지그재그(zigzag)의 형태로 좌현 변침하다가 다시 우현 변침을 반복하면서 항해하는 것이 좋다. 이 그늘구간을 줄이기 위한 방법으로서 X밴드 레이더보다는 S밴드 레이더를 사용하는 것도 한 방법이 된다.

4) 다른 선박과의 레이더 간섭

부근에 있는 다른 선박이 자선과 같은 주파수대의 레이더를 사용할 때에는 자선의 레이더에 타선의 레이더 전파가 수신되어 간섭이 일어난다. 자선 레이더의 펄스 반복 주파수와 상대선 레이더의 펄스 반복 주파수가 같을 경우에는 간섭에 의한 점들은 원모양으로 나타나고, 펄스 반복 주파수의 차이가 그다지 크지 않으면 점들은 나선형으로 나타나고, 그 차이가 아주 크면 점들이 제멋대로 나타난다.

간섭현상은 장거리 스케일에서 뚜렷하게 나타난다. 상대선이 가깝게 있지 않는 한 단거리의 스케일에서는 점들이 알 수 없을 정도의 가느다란 선으로 나타난다. 레이더 간섭현상이 너무 강하면 중요한 항해상의 목표물을 관측하기가 어려우므로 동조 손잡이를 약간 돌리면 좋다. 그 밖에 다른 방법은 레이더 간섭 제거장치를 활용하면 좋다.

3. 레이더의 허상(거짓상)

레이더의 화면에는 실제로 그 위치에 물체가 존재하지 않는데도 불구하고 상이 나타나기도 하는데 이것을 허상(거짓상)이라고 한다. 이 허상(거짓상)은 영상을 판독하는 데 있어서 혼란을 초래하기 때문에, 레이더 사용자는 이 허상(거짓상)에 대한 지식으로 이들을 잘못 판단하는 일이 없어야 할 것이다.

1) 간접 반사

[그림 1-13]과 같이 스캐너에서 발사된 전파가 굴뚝이나 마스트 등의 선체 구조물에 부딪히고 반사하여 그 일부가 물체에 부딪혀서 동일한 경로를 따라 스캐너에 들어오면 물체의 상은 그 때의 스캐너의 방향, 즉 물체의 방향이 아닌 선체 구조물이 있는 방향에 나타난다.

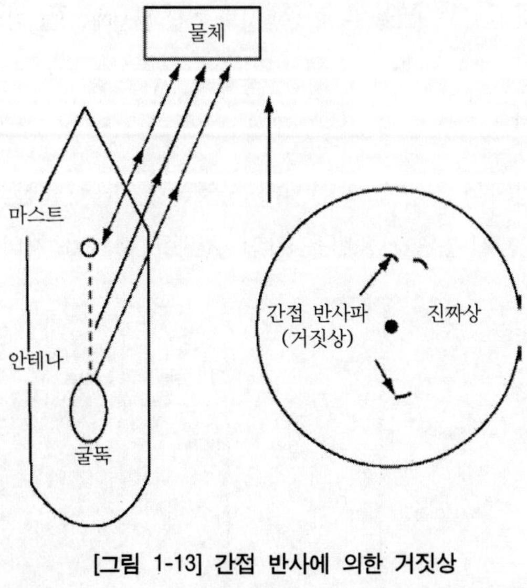

[그림 1-13] 간접 반사에 의한 거짓상

스캐너와 선체 구조물과의 거리는 물체까지의 거리에 비하면 무시할 수 있을 정도로 작으므로 간접 반사에 의한 상의 거리는 실제의 거리와 거의 같다. 이 거짓상은 실제의 상의 움직임보다 불규칙적으로 움직인다.

[그림 1-14]처럼 침로를 바꾸면 이 거짓상은 바로 사라지거나 맹목구간에 그대로 있기도 한다.

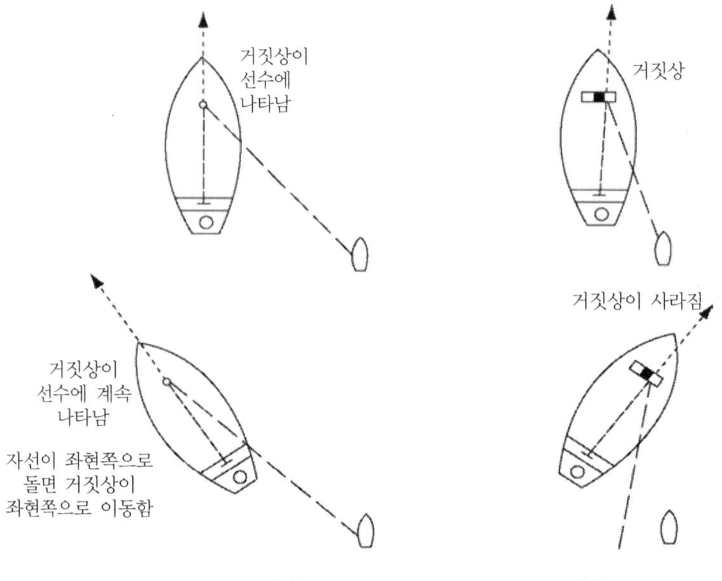

[그림 1-14] 변침시의 간접 반사에 의한 거짓상

2) 거울면 반사

이것은 간접 반사의 일종으로 선체의 구조물이 아닌 육상의 구조물, 즉 매끈한 안벽, 빌딩 또는 창고 등과 같은 거울면을 가진 물체를 전파가 지나는 경우에는 [그림 1-15]와

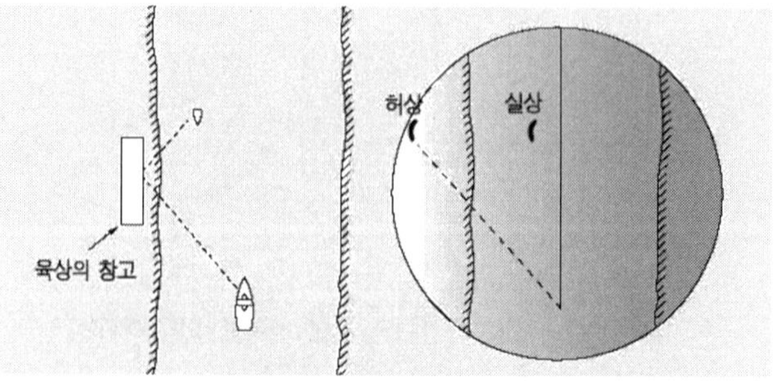

[그림 1-15] 거울면 반사

같이 물체의 실상(진짜상) 이외에 거울면의 반사에 의한 허상(거짓상)이 생긴다. 이 허상(거짓상)까지의 거리는 자선과 장해물까지의 거리에다 장해물과 물체까지의 거리를 합한 것이 된다. 이 허상(거짓상)은 간접 반사의 경우와 마찬가지로 실제의 상에 비하여 불규칙적으로 움직인다.

3) 다중 반사

자선의 정횡 방향에 강한 반사파를 내는 대형선 등이 있을 때에는 하나의 펄스가 자선의 선체와 물체 사이를 2회 이상 왕복하여 실상(진짜상)과 같은 방향에 동일한 간격으로 하나 이상의 상이 나타난다. 상대선과 자선이 [그림 1-16]과 같이 서로 1마일 정도의 짧은 거리로 같이 가고 있거나 반대 방향으로 지나는 경우에 발생한다. 다중 반사에 의한 허상(거짓상)은 실제의 상보다 약하게 나타난다.

[그림 1-16] 다중 반사에 의한 허상(거짓상)

4) 측 엽

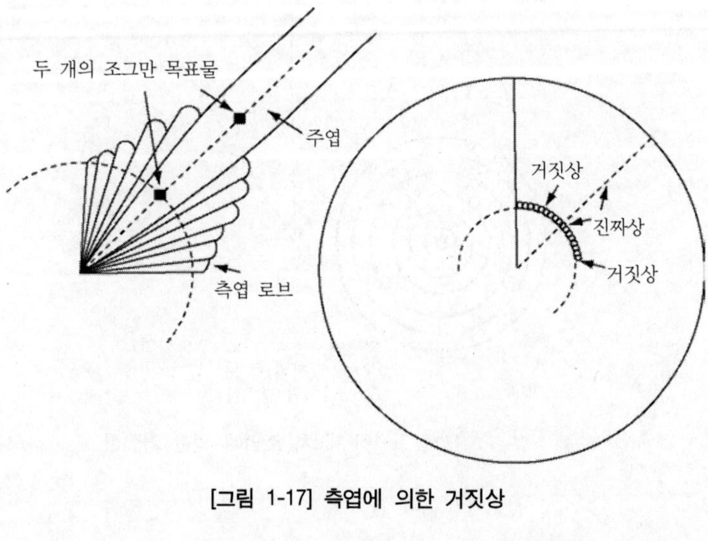

[그림 1-17] 측엽에 의한 거짓상

측엽(side lobe)에 의한 반사파는 자선 부근에 큰 물체가 있을 때에 나타나며, [그림 1-17]과 같이 주엽(main lobe)에 의한 반사파와 같은 거리에 호의 모양으로 표시된다. 측엽이 없는 스캐너를 설계하는 것은 불가능하다. 가까이에 있는 물체는 주엽뿐만 아니라 측엽에 의해서도 나타나며, 또 이 측엽에 의한 허상(거짓상)은 짧은 거리에서만 나타난다. 이는 감도나 해면반사억제기(STC)를 조정하여 억제시킬 수 있다.

5) 2차 소인 반사

[그림 1-18]의 예와 같이 2차 소인에 의한 반사파는 거리 스케일에 따른 최대 탐지범위보다 더 먼 거리의 물체로부터 수신된 반사파로, 거리는 틀리지만 방위는 올바르게 나타난다. 이와 같은 현상은 초굴절(super-refraction)의 경우에 나타난다. 이에 대해서는 거리 스케일을 변경하여 펄스 반복률(PRR 또는 PRF)이 변하면 레이더 화면상의 위치가 달라지므로 허상(거짓상)임을 확인할 수 있다. 이런 허상(거짓상)이 나타나는 경우는 기온의 역전층이 있을 때이다.

〈실습〉 본선의 레이더(radar)의 종류에 대하여 알아보고 레이더의 성능에 대하여 알아보자.

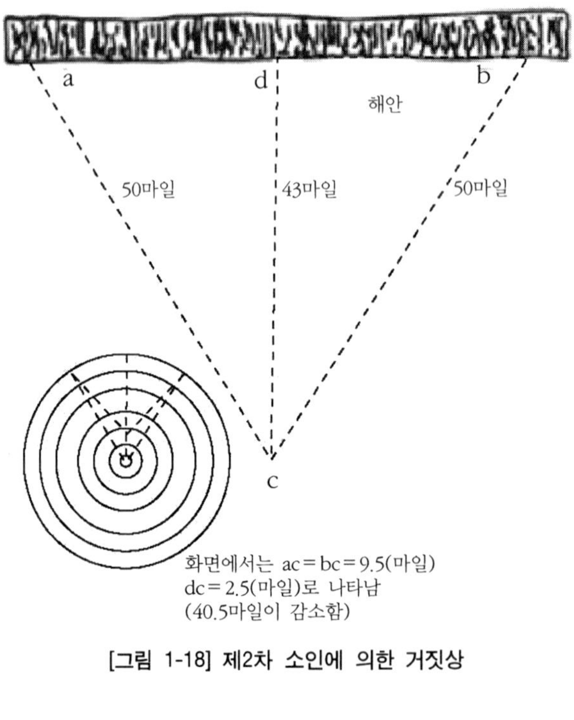

[그림 1-18] 제2차 소인에 의한 거짓상

4. 공통기준위치

공통기준위치(Consistent Common Reference Point, CCRP)는 방위, 거리, 상대침로, 상대속도, CPA, TCPA 등의 모든 수평 위치측정의 본선기준 위치이다. 다만, BCR / BCT (Bow Crossing Range and Bow Crossing Time)은 선수 위치로부터 측정되기 때문에 BCR이 CPA보다 작은 값을 나타내는 경우도 있다.

IMO 해사안전위원회 제79차 회의에서 승인된 MSC.192(79)의 "The new revision of the performance standard for the shipborne radar"에 의거 2008년 7월 1일 이후 설치되는 레이더에 적용되는 새로운 레이더 성능기준이다. 또한, 기술적인 세부기준은 IEC62388에 기술되어 있다.

상기 기준에 의거 만약 레이더 이미지를 실제 크기의 외곽선으로 표시한다면 사용자는 레이더 안테나 위치의 표시를 선택할 수 있으며, 이는 레이더 안테나의 물리적 위치에서 중심 교차선으로 나타낼 수 있다. 또한 Heading 라인은 항상 CCRP에서 본선 헤딩의 방향으로 확장된 방향으로 표시해야 한다.

아울러 설치된 레이더 안테나 위치와 CCRP를 서로 Offset하여 입력할 수 있도록 규정하고 있다.

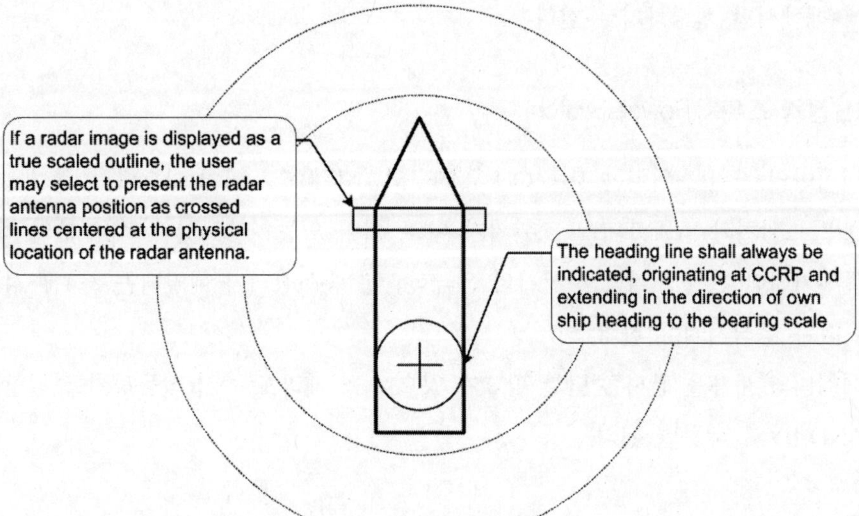

[그림 1-19] CCRP 개념

다수의 안테나가 설치된 경우에는 레이더 시스템에 각각의 안테나 위치를 다르게 Offset하여 설정할 수도 있어야 한다.

〈표 1-3〉 CCRP를 기준으로 표시된 자선 심벌

항 목	심 벌	항 목	심 벌
실제 크기의 자선 윤곽선	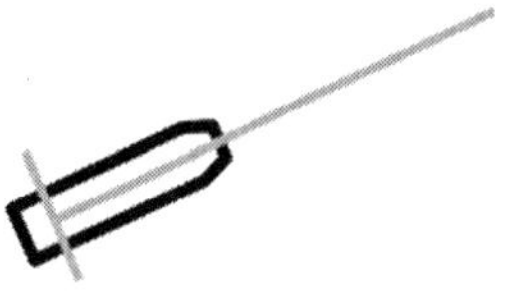	자선 레이더 안테나 위치	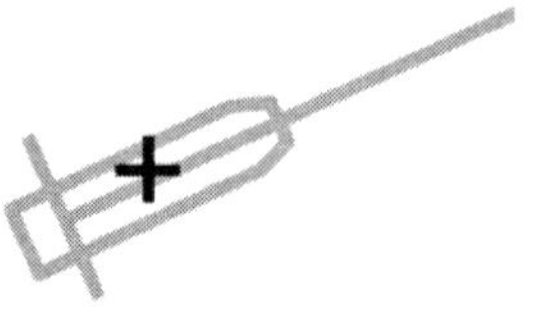

1.2.4 레이더 사용법

1. 레이더의 조정기

레이더 지시기의 앞면에는 레이더를 전반적으로 제어할 수 있도록 각종의 조정기가 부착되어 있다. 조정기는 레이더의 제작사나 모델에 따라 그 명칭이나 지시기상의 위치에 차이가 있지만, 주요 조정기들은 그 기능이 거의 같으므로 여기서는 공통된 주요 조정기에 대해서만 설명하기로 한다.

1) 전원 스위치(Power Switch)

레이더의 전원 스위치는 보통 ON / OFF, STAND-BY로 되어 있으나, 기종에 따라 ON / OFF 스위치와 STAND-BY 스위치가 따로 되어 있는 것도 있다. 대부분의 레이더를 작동시키려면 전원을 켜고 지시기의 음극선관과 송신장치가 예열되는 2~4분 정도를 기다렸다가 동작시켜야 한다.

레이더의 사용을 잠시 중단할 필요가 있으나, 언제라도 즉시 작동하기를 원할 때에는 STAND-BY로 해두면 된다.

2) 동조 조정기(Tuning)

이것은 레이더의 국부 발진기의 발진 주파수를 조정하는 것으로서, 국부 발진기의 주파수가 적절히 조정되면 목표물의 반사에 의한 지시기의 화면이 선명하게 된다.

이 조정기는 많이 돌린다고 해서 화면의 선명도가 좋아지는 것이 아니라, 주파수를 동조시킴으로써 최대의 효과를 얻도록 되어 있으므로 가장 적절한 화면이 되도록 조정해야 한다. 최근의 레이더에서는 동조상태를 나타내는 표시가 화면상에 나타나므로 초보자는 먼저 그 표시가 최대가 되도록 조정하면 된다.

3) 수신기 감도(Gain) 조정기

수신기의 감도를 조정하는 것으로 이것을 시계방향으로 돌리면 감도가 증가하여 영상이 밝아지고 탐지능력도 좋아지지만, 동시에 영상의 잡음도 함께 증가하여 원하는 목표물에 대한 식별이 어렵게 될 수도 있다. 그러므로 수신기의 감도조정은 영상잡음이 지시기의 중심 부근에 조금만 나타날 정도로 조정하면 된다. 사용거리 스케일에 따라 영상잡음의 정도가 다르므로 근거리 사용시에는 잡음을 적게 하기 위해서 약간 낮게 조정하고, 원거리 사용시에는 탐지능력을 좋게 하기 위하여 약간 높게 조정하는 것이 적절하다.

4) 해면반사억제기(STC)

자선 주위의 해면이 바람 등의 영향으로 거칠어지면 해면 반사에 의해 화면의 중심 부근이 밝게 나타나게 된다. 이러한 방해현상은 근거리에 있는 소형 물체의 반사파를 식별하기 어렵게 한다. 이러한 경우에는 이 조정기를 조절하여 자선 주위의 근거리에 대한 반사파의 수신감도를 떨어뜨리도록 하여 방해현상을 줄여야 한다.

그러나 이 조정기를 과도하게 높이면 해면 반사파뿐만 아니라 소형 물체로부터의 반사파까지도 억제시켜서 화면에 나타나지 않게 할 수도 있으므로 주의하여 조절하여야 하며, 해면 반사가 심할 때에는 경계에 더욱 세심한 주의를 기울여야 한다.

5) 비 · 눈 반사억제기(FTC)

비나 눈 등의 영향으로 화면상에 방해현상이 많아져서 물체의 식별이 곤란한 경우에 이러한 방해현상을 줄이기 위한 조정기이다. 이 조정기는 전체 화면에 영향을 끼치며, 일반적으로 수신기의 감도를 떨어뜨리기 때문에 소형 물체의 탐지를 어렵게 한다. 그러므로 최소 한도의 방해 현상만을 줄이고 수신기의 감도 저하를 최소로 하도록 조정해야 한다.

6) 휘도(Brilliance) 조정기

화면의 밝기를 조절하는 것으로 화면상에 회전하는 소인선의 자취를 겨우 알 수 있는 정도로 조정하는 것이 좋다. 휘도를 지나치게 높이면 화면이 전체적으로 밝게 되어 반사파에 의한 물체의 식별이 어렵게 될 수 있으므로 주의해야 한다. 또, 야간 항행시에 선교내를 외부보다 밝게 하게 되어 외부 경계시 시력을 적응시키는 데 상당한 시간이 걸리므로 주의해야 한다.

7) 탐지거리(Range 또는 Scale) 선택기

지시기 화면의 중앙으로부터 원주까지의 반지름에 해당하는 레이더의 탐지거리를 전환시켜 주는 스위치이다. 레이더에 따라 선택할 수 있는 범위가 다를 수도 있으나, 대체로 0.75, 1.5, 3, 6, 12, 24, 48, 96해리 등의 범위로 선택할 수 있다.

8) 가변거리환조정기(VRM)

자선에서 원하는 물체까지의 거리를 화면상에서 측정하기 위하여 사용하는 조정기이다. 이 조정기를 시계방향으로 돌리면 돌리는 정도에 따라 거리측정용 휘점 또는 거리환이 중심에서 먼 쪽으로 움직이게 되며, 조정기의 움직임을 멈추면 일정한 곳에 멈춘다.

거리의 측정은 이 가변거리환이 물체의 안쪽 경계면에 접하도록 하고, 그때 거리 표시기에 나타난 숫자를 읽으면 된다.

9) 방위선(Cursor 또는 EBM)

화면의 바로 위에 물체의 방위를 측정하기 위해 일련의 평행선이 그려진 투명 원판이 있는데, 방위선 조정기는 이 원판을 돌려 방위의 측정이 가능하도록 하는 조정기이다. 소형 물체에 대한 방위측정의 경우에는 소인선의 기점이 화면의 중심에 있는지를 확인하고, 화면의 중심을 지나는 가로선이 물체의 휘점을 2등분 하도록 방위선을 맞추고 화면의 외주에 있는 방위 눈금판의 값을 읽으면 된다.

최근의 레이더에서는 물체에 대한 정확한 방위측정에 편리한 전자식 방위선(EBM, EBL, EBC)을 채용하고 있다. 이러한 전자식 방위선은 보통 소인선의 기점에서 시작되는 하나의 휘선으로서, 소인 기점이 화면의 중심이 아닌 곳에 있게 하는 오프센터(OFF CENTER)를 이용하는 경우와 진운동 표시방식의 화면 등에서 매우 편리하다.

또, 평행 방위선을 사용할 때 발생할 수 있는 소인 중심 오차와 화면을 보는 눈의 위치에 따라 생기는 오차인 시차에 의한 오차가 발생하지 않는다. 전자식 방위선과 구별하기 위하여 일반적인 방위선을 기계식 방위선 또는 평행 방위선이라 한다.

10) 중심 이동 조정기(Off Center)

필요에 따라 소인선의 기점인 자선의 위치를 화면의 중심이 아닌 다른 곳으로 옮길 수 있도록 하는 조정기이다. 이 조정기는 자선의 위치를 좌우 및 상하 어느 방향으로든 이동시킬 수 있도록 되어 있으며, 동일한 탐지거리에서도 자선 전방의 탐지거리를 크게 할 수 있다. 이러한 중심 이동 기능은 강이나 좁은 수로 등을 장시간 항행할 경우에 상당히 편리하다.

자선의 위치가 화면의 중심에서 이동된 경우에는 물체의 방위를 바로 측정할 수 없으므로, 이때에는 전자 방위선에 의한 방위지시값을 읽거나 평행 방위선을 이용하여 자선에서 물체까지의 방위와 평행한 방위선을 화면의 중심으로부터 읽어 방위를 측정하여야 한다.

11) 방위선택 스위치(Bearing True / Relative)

상대운동 표시방식의 레이더 화면의 표시방식에는 선수 휘선이 가리키는 방위에 따라서 진방위 지시방식(north up)과 상대방위 지시방식(head up)의 두 가지가 있는데, 방위선택 스위치로 이들은 선택할 수 있다.

방위선택 스위치를 NORTH-UP 또는 TRUE로 하면 화면의 상단, 즉 자선의 선수쪽 방향은 항상 진북으로서 0도이며, 선수 휘선은 자선의 실제 침로를 가리키게 된다. 이 방식은 선체의 움직임에 의한 영상의 흔들림이 생기지 않고, 변침시에도 자선의 선수 휘선만 이동하므로 해도와 비교할 때 육지의 영상을 손쉽게 파악할 수 있는 좋은 점이 있어 플로팅 실행이나 연안 항해 및 협수로 항해 등에 편리하다.

선택 스위치를 HEAD-UP 또는 RELATIVE로 하면 선수 휘선이 항상 화면의 위쪽을 향하게 되어 자선의 침로가 화면의 위쪽의 방위가 되므로, 모든 물체의 방위는 자선의 선수에 대한 상대방위로 표시된다. 이 방식은 선수 휘선이 자선의 진행방향과 일치하여 레이더의 영상과 자선 주변에 있는 물체들의 위치가 일치하는 편리한 점이 있으나, 자선의 움직임에 따라 영상이 흔들리게 되어 방위의 정확도가 떨어지고 플로팅을 할 때 그 정확성도 떨어진다. 그리고 변침시에는 화면상의 모든 영상이 자선이 선회하는 반대방향으로 움직이게 되어 그 잔상과 더불어 영상의 판독이 어려운 단점이 있다.

12) 선수 휘선 억제기(Head Line Off)

이 조정기는 선수 휘선상에 소형 물체가 있을 경우 또는 있을 것이라고 추측되는 경우에, 잠시 동안 선수 휘선이 화면상에 표시되지 않도록 하여 물체의 탐지를 가능하게 하는 스위치이다. 이것은 누름 스위치로 되어 있어서 필요한 경우에 스위치를 누르고 있으면 그동안에는 선수 휘선이 나타나지 않는다.

2. 레이더 작동법

선박용 레이더의 작동은 일반적으로 다음과 같은 순서에 따라 행한다.

① 스캐너 부근에 장애물이나 작업자가 없는지를 먼저 확인한 다음, 모든 조정기가 최소값의 위치에 있는지를 확인한다.

② 전원 스위치를 OFF에서 STAND-BY로 한다.

③ 음극선관과 송신장치가 예열되도록 2~4분 정도 기다린 뒤 준비가 되면 ON으로 한다.

④ 원하는 거리 스케일을 선택하고, 소인선의 자취가 약간 나타날 정도로 휘도 조정기를 조절한다.

⑤ 동조 조정기를 조정하여 동조 지시기의 표시를 최대가 되도록 맞춘다.

⑥ 화면을 보면서 물체의 영상과 화면이 가장 선명하게 되도록 수신기의 감도 조정기를 조절한다.

⑦ 해상 및 기상상태에 따라 해면반사억제기(STC)나 비 · 눈 반사억제기(FTC)를 사용하여 방해현상을 적절하게 조절한다.

⑧ 원하는 방위표시의 방식을 선택한다.

⑨ 물체의 거리를 측정하기 위한 가변거리환 또는 고정거리환의 휘도를 적절히 조절하고, 올바른 방위측정을 위해 소인선의 기점이 화면의 중심에 있는지를 확인하여 사용한다.

레이더의 사용을 마치려면 위의 작동순서와 반대로 하면 된다.

1.2.5 레이더를 이용한 선위결정

레이더의 가장 큰 특징은 다른 전파 계기와는 달리 자선 주위의 목표물이나 지형이 자선을 중심으로 화면상에 나타난다는 점이다. 따라서, 레이더는 자선 주위의 목표물이나 지형을 이용하여 선박의 위치를 결정하는 데 이용할 뿐만 아니라, 악천후나 시간의 제약을 거의 받지 않고 선박의 안전운항에 유용하게 이용할 수 있는 것이다. 레이더는 육지의 초인, 연안 항해, 협수로 항해에 효과적으로 이용된다.

1. 원양에서 연안으로 접근 시의 이용법

안개 등으로 시정이 나쁜 상태에서 연안으로 접근할 때 레이더는 아주 유용하다. 그러나 레이더로 맨 처음 구한 위치는 매우 불확실하다. 그 이유는 자선의 위치를 구하기 위해서는 추정위치를 기준으로 화면상의 영상을 판독하게 되는데, 처음 항해하는 지역에서 레이더에 나타난 원거리 목표물을 해도에서 찾는 것은 매우 어려운 일이기 때문이다. 그러나 다음과 같은 방법을 이용하면 목표물을 확인하여 위치를 구할 수 있다. 레이더 화면상에서 현저한 목표물을 3개 이상 선정하여 방위와 거리를 측정한다.

[그림 1-20]과 같이 투명지에 자선의 위치 O점에서 레이더 영상의 방위선과 거리를 A, B, C로 표시한다.

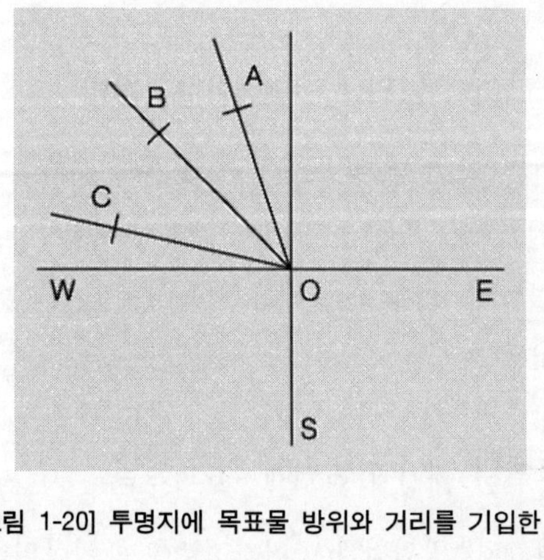

[그림 1-20] 투명지에 목표물 방위와 거리를 기입한 예

다음에 이 종이를 해도의 추정위치 부근에서 자오선을 평행으로 유지하면서 움직여 A, B, C의 각 점이 해도상의 목표물과 일치하도록 하면 O점이 자선의 취치가 된다. 이와 같이 하여 구한 위치는 반드시 정확하다고 할 수 없으므로 계속 주의하면서 확인해야 한다.

2. 연안 항해에서의 이용법

선박이 연안을 항해하면서 레이더에 의하여 선위를 결정하는 방법은 화면에 나타나는 물체의 방위와 거리를 측정하여 결정하게 된다. 그러므로 방위선과 거리에 의하여 선위를 결정하는 방법에는 다음과 같은 여러 가지가 있으나, 특히 방위의 정밀도는 거리의 정밀도에 비하여 신뢰도가 낮다는 점에 유의하여야 한다.

1) 레이더 거리와 실측방위에 의한 방법

눈으로 볼 수 있는 고정 목표물에 대하여 컴퍼스로 방위를 측정하고 레이더로 거리를 측정함으로써 자선의 위치를 구하는 방법으로 가장 정확한 방법이다. 해도상에 고정 목표물의 방위선을 그리고 그 목표물을 중심으로 해당 거리를 반지름으로 하여 원호를 그리면 그 교점이 위치가 된다.

2) 둘 이상 목표물의 거리에 의한 방법

적당한 교각, 통상 30도 이상을 이루는 2개 이상의 목표물에 대하여 레이더로 그 거리를 측정한 다음, 각 목표물에서부터 측정거리를 반지름으로 하는 원호를 그리면 그 교점이 위치가 된다. 이 방법을 사용할 때에는 튀어나온 곶이나 섬, 그 밖에 화면상에서 뚜렷한 목표물을 잘 선정하여 측정해야 한다. 이것도 비교적 정확한 방법이다.

3) 한 목표물의 레이더 방위와 거리에 의한 방법

레이더에 나타나는 작고 뚜렷한 고정 목표물에 대하여 가변거리환에 의하여 거리를 측정하고 커서 라인(cursor line)을 돌려 진방위를 구함으로써 선위를 결정하는 방법으로, 다른 목표물을 식별할 수 없을 때에 사용한다. 이 방법은 정확도는 다소 떨어지지만 신속하게 측정할 수 있는 장점이 있다.

4) 둘 이상 목표물의 레이더 방위에 의한 방법

연안 항법에서의 교차 방위법과 마찬가지로 2개 이상의 목표물에 대한 레이더 방위를 측정함으로써 선위를 구하는 방법이다. 일반적으로, 레이더 방위는 레이더 거리보다 오차가 크기 때문에 정확도가 가장 떨어지는 방법이기는 하지만, 개략적인 선위를 신속하게 구하고자 하거나 시계가 불량할 때에 사용된다.

이상에서 설명한 바와 같이 레이더로 위치를 구할 때에는 레이더의 방위는 수평 빔폭의 영향으로 오차가 크게 나타나므로, 부득이한 경우가 아니면 레이더 방위를 이용하지 않는 것이 좋다.

3. 협수로에서의 이용법

협수로를 항해시에는 주위 상황의 변화가 빠르므로 넓은 해역을 항행할 때보다 위치를 신속하고 정확하게 구해야 한다. 협수로에서는 선박의 교통량이 많고, 자선의 조종 가능한 해면이 제한되므로, 레이더로부터 짧은 시간 내에 필요한 모든 정보를 전부 얻어야 한다. 또, 방위나 거리를 측정하여 해도에 작도하는 시간적 여유가 없는 협수로도 있으므로, 이 때에는 해도를 영상판독을 위한 보조적 수단으로 사용하면서 영상판독을 정확히 하면서 레이더를 직접 항법에 사용하여 항행해야 한다. 그리고 간접 반사 등의 허상(거짓상) 및 맹목구간에 대하여 특히 조심해야 하며, 다른 선박의 이동을 정확히 파악하는 동시에 소형선, 부표 등의 영상판독에도 익숙해야 한다.

협수로에서 레이더를 사용하는 경우에는 영상의 이동이 빠르므로, 협수로에 진입하기 전에 미리 변침점, 침로, 선수방향의 목표물, 피험선 및 주요 목표물들의 정횡거리 등을 미리 확인해 두도록 한다.

〈실습〉 본선의 레이더(radar)를 이용하여 한 당직에 선위를 3개 이상 측정하여 보자.

1.3 GNSS(위성측위시스템)

GNSS(Global Navigation Satellite System)는 제2세대 위성항법방식인 GPS(Global Positioning System)와 GLONASS(Global Navigation Satellite System)와 Gallileo 등을 통칭하는 용어로 IMO, IALA, ITU, CCIR에서 공식으로 사용하는 용어이다.

GPS는 전투기용으로 실시간 연속측위 시스템을 모색하던 미 공군과 차세대 측위 시스템에 관해 검토를 시작한 미 해군이 상호 협력하여 1973년 개발에 착수하였으며, 26개의 위성을 지상 2만km 궤도상에 배치한 1993년 12월 정식으로 운용이 개시되었다.

1.3.1 GPS

1. GPS의 개요

1) 내브스타 GPS의 위치 측정방식

내브스타 GPS의 시스템은 지금까지 개발된 첨단 장비를 이용하고는 있지만, 그 원리는 아주 간단하다. 이 내브스타 GPS는 위치를 알고 있는 여러 개의 중거리에 있는 인공위성에서 발사하는 전파를 수신하고, 그 도달시간으로부터 관측자까지의 거리를 구하여 위치를 결정하는 방식이다. 관측자의 위치를 지구의 중심을 원점으로 하고, 지구의 자전과 더불어 회전하는 3차원의 지구 좌표계를 사용하여 구하므로 위도, 경도, 높이로 표현할 수 있고, 또 도플러 주파수를 측정하여 관측자의 속도성분을 알 수 있다.

(1) 위성까지의 거리

내브스타 GPS는 위성까지의 거리가 기본이 된다. 지구상의 관측자의 위치는 우주공간에 있는 여러 개의 인공위성으로부터의 거리를 측정하여 구한다. 여기서 의문이 되는 것은 우주공간에 있는 인공위성에서 지구상의 우리가 있는 곳까지의 거리를 어떻게 정확하게 측정할까 하는 점과 또 움직이는 인공위성의 위치를 어떻게 정확하게 알 수 있는가 하는 점일 것이다. 이 문제는 다음 절에서 설명하기로 하고, 여기서는 위성이 어디 있는지를 정확하게 알고 있고, 위성에서 우리가 있는 곳까지의 거리를 정확하게 알고 있지만, 우리는 현재 지구상의 어디에 있는지 모른다고 가정하자.

상상력을 동원하여 생각하여 위성 '가'를 기준으로 우리가 있는 곳까지의 거리가 24,000km라면 위성 '가'를 기준으로 우리가 있을 수 있는 곳은 위성 '가'를 중심으로 만들어진 공의 표면 어딘가에 있다고 생각할 수 있다. 위성 '나'에서의 거리가 22,000km라면 위성 '가'와 똑같이 위성 '나'를 중심으로 한 공의 표면상의 한 점이 된다.

그러면 위성 '가'를 중심으로 한 공의 표면과 위성 '나'를 중심으로 한 공의 표면상의 한 점이 된다. 그러면 위성 '가'를 중심으로 한 공의 표면과 위성 '나'를 기준으로 한 표면은 반드시 겹치게 되어 원이 생길 것이다. 즉, 우리의 위치는 이 원주의 어딘가에 있다고 할 수 있다.

또 다른 위성 '다'까지의 거리가 20,000km라면 이들 3개의 공이 겹치는 곳은 두 점이 될 것이다. 이와 같이 지구상에서 우리의 위치가 어디인지 전혀 모른다 하더라도 3개의 위성까지의 거리를 알 수 있으면 우리의 위치는 [그림 1-21]과 같이 두 교점 중에 하나나라고 할 수 있다.

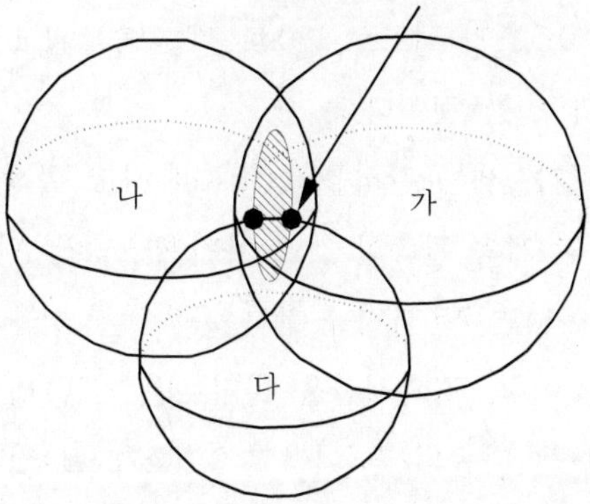

[그림 1-21] 3개의 위성으로 거리를 구하는 위치

통상 우리의 위치를 대략적으로는 알고 있기 때문에 두 교점 중에 어느 것이 진짜 우리의 위치인지는 쉽게 결정할 수 있다. 이론적으로 말하면, 지구상에서의 우리의 위치는 최소 3개의 위성까지의 거리만 알고 있으면 구할 수 있다. 그런데 선박은 항상 지표상에 있으므로 최소 2개의 위성까지의 거리만 알고 있으면 위치를 구할 수 있다.

그러나 위성의 시계와 수신기 내의 시계에는 오차가 있으므로 하나의 위성까지의 거리가 추가로 필요하다. 요약하여 말하면, 비행기의 경우에는 높이도 알아야 하므로 4개의 위성까지의 거리가 필요하고 선박의 경우에는 3개의 위성까지의 거리가 필요한 것이다.

(2) 위성까지의 거리측정

GPS는 우리가 있는 곳에서 위성까지의 거리를 알 수 있다는 것이 전제가 되므로 거리를 측정해야 한다. 일반적으로 거리는 자동차와 같은 이동체가 한 시간 동안에 60km를 갈 때 2시간 동안에는 얼마나 갈까 하는 문제이다. 이 때 거리는 1초에 3억 m를 진행하므로 전파의 전달시간을 알면 이 둘을 곱하면 구할 수 있을 것이다.

전파의 전달속력이 일정하다고 하면, 위성에서 우리가 있는 곳까지의 거리는 시간이 얼마만큼 걸리는가 하는 것이므로 결국은 시간을 측정하는 문제로 볼 수 있다. 시간의 측정은 원리적으로 아주 간단하다. 운동장의 양끝의 거리를 측정하여 보자.

여기서 학생 A와 학생 B가 운동장의 양끝에 서로 마주보고 서서 똑같이 큰소리로 하나에서 열까지를 계속 반복하여 센다고 하고, 이 때 각 숫자를 세는 간격은 정확하게 1초라고 하자. 예를 들어 학생 A가 '셋' 하면서 학생 B가 '둘' 하는 소리를 들었다면, 학생 A는 학생 B와의 시간차가 1초임을 알고 있고, 또 소리의 속력은 1초당 340m씩 이동함을 알고 있기 때문에 그 거리가 340m임을 쉽게 알 수 있을 것이다. 만일, 세는 속도가 2배 정도 빠르면 세는 간격은 0.5초가 되므로 170m, 세는 속도가 100배이면 그 간격은 0.001초가 되므로 3.4m가 된다고 할 것이다.

다시 예를 들어 보자. 세는 간격을 0.01초라 하고 학생 A가 '셋'하면서 학생 B가 '둘' 하는 소리를 들었다면 계속 관측한 것이 아닌 한, 학생 A는 학생 B가 지금 막 '둘'을 한 것을 들은 것인지, 아니면 '열'까지를 센 다음의 '둘' 한 것을 들은 것인지를 파악할 수 없을 경우가 있을 것이다. 경과시간을 살펴보면 지금 방금 '둘' 한 것이라면 0.01초에 해당하지만 '열'까지 센 다음의 '둘'이라면 0.1초가 될 것이다.

이런 문제가 발생한 것은 여기서 사용한 시간자(time ruler)가 '하나'에서 '열'까지 반복되는 시간자를 사용하면 될 것이다. 이와 같이 시간자의 한계 때문에 발생하는 문제를 GPS에서는 미확정 정수(unknown integer) 또는 애매성(ambiguity) 문제라고 한다.

위의 예는 학생이 '하나, 둘, 셋, ……' 하는 소리를 사용하지만, 내브스타 GPS는 가짜 잡음신호(Pseudo-Random Noise code, PRN code)라는 일련의 복잡한 디지털 신호를 사용한다. 그 이유는 위성의 신호와 수신기의 신호를 비교하기 쉽고 잡음으로 인한 모호성을 피하기 위한 것이지만, 더 큰 이유는 미국 국방부의 전략적인 목적이라고 볼 수 있다.

따라서, 미국 국방부에서는 일반 선박에서 사용하여도 별 지장이 없다고 생각하는 C / A(Coarse Acquisition) 코드만을 개방하고 있는 실정이다. 현재 일반 선박용 내브스타 GPS 수신기는 이 코드를 사용하고 있다.

(3) 위성의 시계와 수신기 시계와의 동기

위성과 똑같은 시간에, 똑같은 시간간격으로, 똑같은 가짜 잡음신호를 우리가 가진 수신기에서도 만들어 내어야만 위성으로부터의 도착시간을 정확하게 측정할 수 있으므로 위성과 수신기에는 정확한 시계가 있어야 한다. 그러기 위해서는 수신기에도 위성에 설치된 원자시계와 똑같은 시계가 있어야 하지만, 이 원자시계의 값이 워낙 비싸므로 보통은 수정시계로 대신하고 있다. 그러므로 측정한 전달시간에는 수신기의 시계와 위성의 시계와의 차이만큼 오차가 있다. 이 시간 오차는 일정하다고 볼 수 있으므로 이것을 수정하려면 추가로 하나의 위성까지의 시간을 측정해야 한다.

여러분은 중학교에서 배운 연립 방정식을 생각하여 보면 쉽게 이해할 수 있을 것이다. 미지수의 개수만큼 방정식의 개수가 필요하기 때문이다. 즉, 비행기의 경우, 미지수가 위도, 경도, 높이, 시간오차의 4개이므로 최소 4개의 위성까지의 거리로 방정식을 만들어야 하고, 선박의 경우는 위도, 경도, 시간오차의 3개이므로 최소 3개의 위성까지의 거리로 방정식을 만들어야 한다.

(4) 위성의 위치

지금까지 우리는 위성의 위치를 알고 있는 것으로 하였다. 그런데 우리는 위성의 위치를 어떻게 알까? 위성은 20,200km의 높이로 지구 주위를 돌고 있다. 미공군에서는 이 GPS 시스템 계획에 따라 각 위성은 아주 정확한 궤도를 따라 움직이도록 하였다.

그러므로 대기의 영향이 없는 한 위성은 정확하게 자기의 궤도를 따라 움직이므로 우리는 미리 위성의 위치를 알 수 있다. 어떤 수신기는 각 위성의 궤도를 표시하는 위성 궤도력(軌道曆, ephemeris almanac)을 컴퓨터의 롬(ROM)에 저장하였다가 사용하기도 한다.

위성의 궤도에 대한 수학적 모델은 그 자체로도 정확하지만 더 확실히 하기 위해서는 위성을 계속 감시하여야 한다. 이 일은 미국 국방부가 관할하는 지상의 4개의 감시국에서 하고 있다. 각 위성은 12시간마다 한번씩 지구 주위를 돌고 있으므로, 감시국 중의 어느 한 국을 하루에 2번씩 지나게 되어 있다.

위성이 지날 때 감시국은 위성의 높이, 위치, 속력을 정확히 측정한다. 이 값은 위성의 원래 값과 차이가 있는데 이를 궤도오차(ephemeris error)라고 한다. 이 궤도오차는 달과 태양의 인력과 태양의 복사압으로 생기며 그 크기는 작다. 육상감시국은 이 오차를 측정하여 이것을 위성에 보낸다. 위성에서는 이 값을 수신기쪽으로 송신한다. 그러므로 위성은 가짜 잡음신호를 송신할 뿐만 아니라 정확한 위성의 위치오차와 시스템의 상태에 관한 데이터 메시지를 송신한다.

2) 내브스타 GPS의 구성

내브스타 GPS는 21개의 기본 위성과 3개의 예비 위성으로 구성되는 24개의 위성과 이들을 지원하는 육상제어시설로 구성된다. 육상제어시설은 위성의 궤도와 위성시간을 측정하는 적어도 4국 이상으로 구성되는 육상감시국과 이들의 자료를 수집하여 궤도를 계산하는 주제어국 및 이들 자료를 위성에 송신하여 입력시키는 송신국으로 구성된다.

위성궤도는 [그림 1-22]와 같이 20,200km의 높이에 6개의 거의 원모양의 궤도가 배치되어 있고, 이 궤도에는 공전주기가 약 12시간인 위성이 균등한 간격으로 4개씩 모두 24개의 위성이 배치되어 있다. 이렇게 하면 지구상의 어디에서나 적어도 4개, 평균 5~6개의 위성 전파를 수신할 수 있다.

[그림 1-22] GPS 위성 배치도

3) GPS 위치선의 오차

GPS에서 거리를 측정할 때 GPS의 전파속도가 일정한 것으로 생각하였지만 전파의 속도는 변하므로 이에 따라 오차가 발생한다. 그밖에도 시계의 오차, 다중경로로 인한 오차, GDOP로 인한 오차, 고의 오차가 있다.

(1) 전파속도의 변동에 따른 오차

전파의 속도는 우주 공간에서는 일정하지만 전파가 내브스타 GPS 위성에서 지상의 관측자까지 오려면 이온층과 대기층을 지나므로 이 곳에서 전파의 속도가 변한다. 우선, 이온층에 대하여서는 다음과 같은 방법을 이용하여 해결하고 있다.

첫째로, 장기간의 관측을 통하여 이온층에서의 평균적인 속도변동을 구하고 이 값을 측정값에 가산하는 방법이다. 그러나 이 값은 실제와 차이가 있다. 둘째로는 2개의 서로 다른 주파수를 가진 전파를 이용하는 방법으로 이것은 이온층이 전혀 없는 것과 같은 효과를 얻을 수 있다.

대기층에서는 물방울이 GPS의 신호에 영향을 주고 있으나 이것을 정확하게 수정하는 것은 불가능하다. 다행히도 이것은 위치에 영향을 줄만큼 크지 않다.

즉, 고주파 신호가 전리층을 지날 때는 속도감소는 물론, 전파의 굴절로 인하여 전파의 진행방향이 휘게 된다. 전파의 전체 지연값은 주파수의 제곱에 거의 반비례하는데, 전술한 바와 같이 항법신호를 L1, L2의 2개 주파수로 송신하는 것은 이들 2개 주파수를 비교해서 지연값을 결정하려는 것이다.

역시 MCS에서는 보정에 필요한 파라미터를 결정해서 이를 주기적으로 위성에 보내고, 위성은 이를 다시 GPS 사용자에게 송신한다. 한편, 대류권에서의 지연은 주파수와 무관하며 비교적 작은 값이다. 전리층과 대류권을 다 고려할 때 전파지연으로 인한 거리오차는 2.4～5.2m 정도이다.

(2) 시계오차와 수신기 오차

위성시계 자체는 정확하지만 상대성 이론에 따르면 이것도 약간의 오차가 있다. 이 오차는 감시국에서 조정하지만, 그렇게 한다하더라도 때때로 측정위치에 오차를 생기게 하는 수가 있다. 각 위성에 탑재된 시계가 매우 안정된 것이기는 하지만 이 역시 GPS 시스템 타임에 비해 최대 976μs까지 오차가 생길 수 있는데, 이 오차는 수신기에서 항법신호(navigation message)에 포함된 시계 보정계수를 이용하여 수정된다. 시계오차 자체에 따른 거리오차는 사실 1ft 내외로 극히 작지만, 이 오차는 Ephemeris 오차에 포함된 상태에서 별도로 분리할 수가 없기 때문에 통상 Ephemeris(위성위치를 표시하는 천체력) 오차와 하나로 묶어서 취급한다.

수신기에서도 전기적인 상호간섭 또는 수학적인 반올림에 의한 오차가 생기는 데 이 오차는 큰 경우도 있고 작은 경우도 있다. 수신기측 하드웨어와 소프트웨어에 의한 신호처리에서 생기는 잡음이나 분해능도 거리측정시 오차를 유발하는데, 이 오차는 성능이 우수한 4채널 수신기를 사용할 때 약 1.5m 정도이다.

(3) 다중경로 오차(Multi-path Error)

이 오차는 위성에서 발사된 신호가 육지나 다른 곳에 부딪혔다가 수신기에 갈 때 생기는 오차이다. 최근의 수신기는 진보된 신호처리 기술과 특수한 안테나를 사용하여 이 문제를 최소로 줄이고 있으나, 상황이 나쁜 경우에는 측정위치에 큰 오차가 발생하기도 한다.

신호의 전파 도중 주변 건물 등에 반사됨으로써 1개 이상의 여러 경로를 통해서 신호를 수신하게 되는 경우 거리측정에 관계되는 신호의 특성이 왜곡되어 오차가 생기는 것을 말한다. 이 다중경로 전파로 인한 오차는 비교적 작으며 대개 1.2∼2.7m 정도이다.

한편, 다른 요인에 의한 오차는 경감시킬 수 있으므로 측위의 정확도를 관리할 수가 있으나 이 다중경로에 의한 문제는 발생을 예측하기 곤란하며 예기치 못한 오차가 되어 버리는 수가 있다. 일반적으로, 위성으로부터의 신호가 물체에 반사된 후 수신 안테나에 도래하는 것은 위성의 앙각이 낮은 경우가 많기 때문에, 안테나의 수평방향 감도를 낮게 하여 저고도의 위성으로부터는 신호를 수신하지 않게 하는 것이 유일한 대책이 된다.

(4) GDOP(Geometric Dilution Of Precision) 오차

이 오차는 기하적인 오차를 말하며, 위치를 정확히 측정하기 위해서는 우리의 위치에서 볼 때 위상의 사이의 각도가 큰 위성을 선택하여야 할 것이다. 이것을 이론적인 개념으로 설명한 것이 바로 이 GDOP이다. 좋은 수신기에서는 보이는 모든 위성의 상대적인 위치를 분석하고 이 GDOP가 가장 작은 4개 이상의 후보 위성을 선택하여 위치를 구한다.

(5) 고의 오차(Selective Availability, S / A)

미국 국방부에서는 위에서 말한 오차 이외에 오차를 발생시켜 일부로 위치의 정확도를 떨어뜨리고 있다. 이것은 걸프 전쟁 이후부터 군사적인 목적에서 시행하다가 2000년 5월 1일부로 해제하였으나 다시 언제 시행될지 모르는 일이다.

이상을 정리하면 내브스타 GPS는 여러 가지의 오차가 있지만 그 오차의 값은 C / A 모드의 경우 100m 내외가 된다고 한다. 물론 수신기에 따라서는 이보다 훨씬 작기도 하다. 내브스타 GPS는 고의 오차가 얼마이냐에 따라 정확도가 결정된다고 볼 수 있는데, 이는 전적으로 미국의 의사에 달린 일이다. 이것에 관한 대책 및 연안 또는 육상에서 보다 정확한 위치를 측정하기 위하여 각 나라에서는 로란 C를 보완하여 이용하거나 DGPS를 개발하여 운용하고 있다.

(6) 위성 천체력 오차

위성의 Ephemeris(위성위치를 표시하는 천체력)는 MCS(Master Control Station)에서 결정되는데, 사용자가 4개 위성으로부터 거리를 측정하여 자신의 위치를 산출하는 것과는 반대로, 이번에는 위성이 4개의 감시국(monitoring station)으로부터 거리를 측정하여 위성위치를 산출하는 방식에 의해 MCS에서 위성의 위치를 결정한다. 이때 위성위치의 정확도에는 위성에 미치는 중력이나 Solar Pressure Parameter, 감시국의 위치와 감시국

시계의 오차 및 신호처리 지연특성 등이 관련된다.

MCS에서는 Ephemeris Parameter가 포함된 항법 데이터를 위성에 주기적으로 송신하며, 위성은 이 신호를 수신해서 자신의 위치를 산출, 보정하는 데에 이용한다. 위성의 시계 오차와 Ephemeris 오차는 1.5m 정도의 거리오차를 유발한다.

(7) 위성에서의 신호처리 지연

위성에서 신호를 처리하고 이를 통과시키는 데에서 지연되는 것을 의미하는데, 그 값은 통상 지상에서의 실험을 통해서 교정시키고 있다. 이에 따른 오차 역시 항법신호에 포함되는 위성시계 오차보정용 파라미터에 같이 실어 보냄으로써 수정하고 있는데 신호처리 지연에 따른 오차의 크기는 1m 정도이다.

(8) 이동체의 역학적 상황

사용자측 이동체(항공기, 차량 또는 선박 등)의 역학적 상황(dynamics) 역시 거리오차를 유발하는 요인인데, 이는 수신기의 설계를 특수하게 하거나 칼만필터(Kalman Filter)를 이용하여 보상한다.

(9) 위치결정에 필요한 입력사항

내브스타 GPS로 위치를 정확히 구하려면 수신기에 따라서 차이가 있으나 다음과 같은 요소를 결정하여야 한다.

① 2차원의 위치를 구할 것인가와 3차원의 위치를 구할 것인가를 결정한다.

② 위성의 고도를 선택하여야 하고, 신호 대 잡음비를 선택하여야 한다.

③ PDOP(Position Dilution Of Precision, GDOP와 같은 것임)를 얼마로 할 것인가를 결정한다. 수신기에 따라 다르나 PDOP가 5보다 작을 때는 위치 오차는 20m 미만이라고 한다.

④ 안테나의 높이를 설정하고, 사용 해도에 맞는 측지 기준을 설정한다.

1.3.2 DGPS

1. DGPS의 개요

DGPS(Differential GPS)는 내브스타 GPS에서 C/A code를 사용하면 100m 내외의

오차라고 하지만 고의 오차가 있을 때에는 더욱 커지게 되는데, 이 때보다 정확한 위치를 측정하기 위한 방법으로 고안된 것이다. DGPS는 위치를 알고 있는 기준국의 수신기로 각 위성에서 발사한 전파가 기준국까지 도달하는 시간에 대한 보정량을 구한 후 이를 규정된 데이터 포맷에 따라 사용자의 수신기에 보내면, 사용자의 수신기에서는 이 보정량을 가감하여 보다 정확한 위치를 측정하는 방식이다.

GPS에서 제공하는 서비스인 SPS와 PPS의 정도는 〈표 1-4〉와 같으며, SPS의 경우는 S / A의 해지 이후의 오차이다.

〈표 1-4〉 GPS의 위치 정도

구 분	표준위치측정 서비스	정밀위치측정 서비스
반송파 주파수	L1	L1 / L2
PRN code	C / A code(1.023MHz)	C / A code, P code(10.23MHz)
수평위치 오차	36m(95% 2drms)	22m(95% 2drms)
수직위치 오차	77m(95% 2drms)	28m(95% 2drms)

GPS 시스템에서는 오차를 최소한으로 줄이기 위해 여러 가지 보정기법을 사용하고 있다. GPS 시스템의 오차 중에서 제거할 수 있는 오차는 기준국와 사용자의 공통오차만 제거 가능하며, 이러한 공통오차에는 S / A오차, 전리층오차, 대류권 지연오차, 궤도력오차, 위성 시계오차 등이 있고 제거할 수 없는 오차에는 수신기 잡음, 다경로에 의한 잡음 등이 있다.

GPS는 현재까지 개발된 전파에 기반을 둔 항법체제 중 가장 정확한 정보를 제공한다. 현재 실제로 많은 응용분야에 있어서도 기본적인 GPS만으로 충분한 정밀도를 제공하기는 하지만 좀더 향상된 정확도를 가지는 체계를 마련하기 위해서 Differential GPS라는 방법이 고안되었다.

DGPS 체계는 기본 GPS에 수반하는 여러 오차요인을 제거함으로써 움직이는 물체에 있어서는 수 m, 정지한 대상에 대해서는 1m 이내의 위치측정을 가능하게 만들어준다. 기본 GPS에 비해 괄목할만한 정밀도를 제공하는 DGPS는 GPS가 선박이나 항공기의 항법에 국한된 것에 비해 자동차 및 정밀성이 요구되는 측지 등에까지 응용될 수 있는 길을 마련하였다.

1) DGPS의 개념

GPS의 오차는 다음과 같이 크게 3가지로 분류된다.

① 위성오차 : 클럭 오차, Ephemeris 오차

② 전파지연 오차 : 전리층, 대류층 전파에 따른 지연 오차

③ 수신기 오차 : 잡음, 클럭 오차, 다중경로 영향 등에 의한 오차

GPS의 오차는 서로 근접하여 설치된 GPS 수신기 2대가 동일한 위성신호를 수신해서 측위를 하는 경우 2대의 수신기에서 받아들이는 신호의 오차 중 위성시계오차와 위성궤도력 오차는 동일하며 전리층 및 대류권 지연에 따른 오차도 거의 비슷하다.

따라서, 이미 위치를 알고 있는 지점의 측위에서 얻어진 오차의 크기와 방향을, 측위해야 할 지점의 결과에서 보정하면 정확한 위치를 구할 수 있다. 이 방법은 고정국과 측위해야 할 장소가 너무 떨어져 있지 않는 한 유효하며, 위성의 궤도나 시계의 오차, 전리층이나 대류권의 영향 등을 거의 제거할 수 있다.

2) 오차보정 절차

(1) DGPS 구성

DGPS는 이미 위치가 정확히 측정된 지점에 기준국(reference station) GPS 수신기를 설치하여 관측 가능한 모든 위성을 모니터링하고, 관측에 의한 위치와 이미 알고 있는 기준국의 위치를 비교하여 각 위성의 거리오차 보정값(range correction)을 산출하여 이를 라디오 비컨(radio beacon)을 통하여 방송한다. 그러면 사용자용 수신기(이동국)에서는 오차보정량을 수신하여 측정 오차를 개선한다. 또, DGPS에 이상이 발생하여 정확도가 현저하게 떨어질 때에는 이를 즉시 감시하여 경보를 송신한다.

(2) 오차보정 원리

이미 위치를 알고 있는 기준점에 기준국용 GPS 수신기를 설치하여 정밀하게 측정된 자신의 위치값과 GPS 위성신호를 받아 수신기로 계산된 위치를 비교하여 오차를 계산한 후 위성오차값을 보정하여 RTCM SC-104(Radio Technical Commission for Maritime Services, Special Committee 104)의 포맷형식에 따라 중파(283.5~325kHz)를 이용하여 이용자에게 방송하고 이용자는 이 보정신호를 받아 자신이 측정한 GPS 신호와 비교하여 측위를 계산하는 방법이다.

(3) 오차보정 방법

① 위성의 관측성이 좋은 곳에 기준국용 GPS 수신기를 설치한다.

② 정밀하게 측정된 자신의 위치와 GPS 위성신호를 받아 수신기로 계산된 위치를 비교하여 오차값을 계산한다.

③ 계산된 오차값을 주변의 사용자 수신기에 무선망을 통해 일정한 형식에 맞추어 전송한다.

④ 사용자는 자시의 수신기에 계산한 위치값에 수신된 오차값을 적용하여 두 수신기 간의 공동 오차를 제거함으로써 단독 GPS의 경우보다 정확한 위치를 계산할 수 있다.

(4) 오차와 정확

DGPS 체계의 오차요인과 GPS / DGPS의 모드별 정확도는 〈표 1-5〉, 〈표 1-6〉과 같다.

〈표 1-5〉 DGPS의 거리오차 요소

오 차 요 인	거리오차, 10(m)
위성시계 오차	0
대기(전리층, 대류층) 전파지연	0
신호처리지연(위성)	0
다중 통로	1.5
수신기 잡음 및 분해능	1.2
기타	0.5
시스템 전체 오차	2.0

〈표 1-6〉 GPS와 DGPS의 정확도 비교

구 분	P code 수신기		C / A code 수신기	
	GPS	DGPS	GPS	DGPS
	P(Y) code	C / A code	P code	C / A code
SEP	16m	4.0m	76m	7.4m
CEP	9m	2.3m	42m	4.1m
2 DRMS	5.5m	5.5m	100m	9.8m

3) 우리나라 DGPS 운영현황

우리나라의 DGPS 서비스국은 중앙관리소, 오차보정기준국, 보정송신국 및 감시국으로 구성되며, 1998년 설치를 시작하여 2000년 말 오차보정기준국 8개소(팔미도, 어청도,

마라도, 거문도, 영도, 장기곶, 주문진, 울릉도), 감시국 8개소(대진, 죽변, 독도, 소매몰도, 추자도, 소흑산도, 옹도, 소청도)를 완성하여 서비스를 하고 있다.

송신주파수 300kHz(Radio Beacon : 283.5~325kHz)대로 송신 데이터는 RCTM SC104의 Message Type 3, 5, 7, 9, 16을 포함하고 있으며, 300W의 출력으로 연안 100마일 해상에서 이용이 가능하다.

DGPS를 실현하기 위해서는 오차정보를 제공하는 시설과 통신수단이 필요하나 이 DGPS를 이용하면 정확도는 2~5m 정도로 개선된다. 따라서 입출항, 협수로 통항 시 선박의 위치정도 개선과 항만공사, 간척사업, 어장구역관리 및 수로측량 등에 활용이 가능하다.

(1) 중앙사무소(Central Office)

기준국과 감시국의 DGPS 시스템 운영상태를 통신망(PSDN)을 이용하여 원격으로 감시하고 제어한다.

(2) 기준국(Reference Station)

정확한 기준점에 GPS 안테나를 설치하여 각각의 GPS 위성신호를 수신하여 측정된 거리와 알고 있는 거리를 비교 후 그 오차값을 보정하여 RTCM SC104(Radio Technical Commission for Maritime Services, Special Committee 104)의 포맷형식에 따라 이용자에게 보정값을 방송한다. 또한 GPS 정상유무를 알리는 완전 기능을 수행한다.

(3) 감시국(Integrity Monitor Station)

정확히 알고 있는 지점에 DGPS 수신기를 설치하여 위성오차 보정신호가 한계치를 벗어날 경우와 위성신호 이상시 경보메시지를 중앙사무소에 전달 및 GPS 기준점으로 활용

우리나라의 DGPS의 보정기준국은 팔미도, 어청도, 마라도, 거문도, 영도, 장기곶, 주문진, 울릉도 등에 이미 8개소가 설치되어 있으며, 이들 국에서는 라디오 비컨(radio beacon)을 통하여 이용 범위 100마일로 발사하고 있다. 이 범위 내에서 정확도는 10m 내외를 유지한다. 아울러 소흑산도, 소청도, 고성(저진) 등 3곳에는 설치가 완료되어 우리나라는 11개의 기준국을 운영하게 될 것이다.

〈실습〉 GPS를 통한 위치측정 오차를 산출하여 보고 그 이유에 대하여 토론하여 보자.

1.3.3 GLONASS

GLONASS는 구소련이 개발한 시스템으로 미국에서 개발한 GPS와 비교할 때 사용하는 주파수대, 스펙트럼 확산통신방식, 측위의 원리 등이 거의 같다. 몇 가지 차이점을 들면 GPS가 위성마다 다른 PN code를 사용하고 같은 반송파 주파수를 사용하고 있는데 대해, GLONASS는 반대로 같은 의사잡음 코드를 사용하고 위성마다 다른 반송파주파수를 사용하는 FDMA로 되어 있는 점 등이다.

궤도의 고도, 궤도의 수, 경사각 등에 다소 차이가 있지만 전체적으로는 거의 유사하다. GPS와 마찬가지로 두 반송파 주파수가 사용되고 있는 것은 전리층에서의 굴절에 의한 오차를 보정하기 위함이다.

〈표 1-7〉 GPS와 GLONASS의 비교

구 분	GPS	GLONASS
위성수	21+3(spare)	21+3(spare)
궤도 고도	20,200km	19,100km
궤도 경사각	55°	64.8°
궤도 주기	11시간 59분	11시간 15분 44초
궤도수	6, 위상 60°	3, 위상 120°
각 궤도의 위성수	4, 불등간격	8, 등간격
반송주파수 (MHz)	L1 : 1,575.42 L2 : 1,227.60	(1,602+k×9 / 16) (1,246+k×7 / 16) k=0, 1, …, 24
데이터 레이트	50bps	50bps
메시지 길이	12.5m	2.5m
출력	14.25dBw	12dBw
PN code	위성마다 다름 C / A code: 1.023 Mbps P code : 10.23 Mbps	위성에 공통 C / A code : 0.511Mbps P code : 5.11Mbps
정도	10~25m(without S / A) 100~156m(with S / A) 0.1μs	100m, 1μs(No S / A) 15cm / s
측지계	WGS-84	SGS-85
궤도 데이터	매시 수정(케플러 궤도요소)	30분마다 위치, 속도, 가속도 수정
기준협정시	UTC(USNO)	UTC(SU)
위성신호분할	코드분할 다원접속	주파수분할 다원접속
운용	Joint Program Office U.S.D.O.D	Space Force C.I.S

그러나 GLONASS도 1996년 구축 후 잠시 이용이 가능하였으나, 평균수명이 3~4년에 불과한 위성을 적기에 정비하지 못하여 현재 정상운용 중인 위성이 일부에 한정되고 있다.

[그림 1-23] 러시아의 GLONASS 위성 배치도

1.3.4 GALILEO 시스템

90년대 후반 EU에서는 미국의 GPS와 러시아의 GLONASS가 모두 군사용이며, 그 유효성과 완전성에 대한 보장이 없고, 장래의 부과금 문제와 산업경쟁력의 제한 등의 문제를 고려하여 독자적인 인공위성 측위시스템의 확보에 관한 검토를 하였다.

1999년 2월 20억 유로를 투입하여 GALILEO라 명명된 상용 위성측위시스템을 독자적으로 개발하여 2008년 운용을 개시하겠다고 발표하였으나, 예산 문제로 현실화되지 못하고 있다.

GALILEO는 GPS와 GLONASS와 같은 MEO 위성 외에 정지위성도 이용하며, L1-Band의 3개 주파수와 C-Band의 반송파를 함께 이용하므로 측위정도가 향상될 것으로 예상된다.

1.4 ECDIS(전자해도표시정보시스템)

ECDIS(Electronic Chart Display and Information System)는 기존의 종이해도를 대신하여 항해용 전자해도정보를 디스플레이 해주고, GNSS, Gyro compass, Speed log 등의 센서를 이용해 선위 및 자선 정보를 표시해 주는 기능을 가지고 있을 뿐 아니라, 그 밖의 여러가지 센서와 접속하여 다양한 정보를 인터페이스 하는 항해기기이다.

항해당직자가 ECDIS를 사용해 다양한 정보를 안전하고 효율적으로 이용해 항해안전을 강화하기 위해 ECDIS 교육을 강제화하고 있다. 이러한 교육목적을 달성하기 위해 'IMO Model Course 1.27' (Operational Use of Electronic Chart Display and Information Systems 2012 Edition)에 규정된 37개의 각 교육항목을 목표로 설정해 이론교육(좌학) 및 ECDIS 시뮬레이터를 활용한 실습을 실시하는 것이 효과적이다.

1.4.1 ECDIS 정의 및 성능기준

1. ECDIS 정의

국제해사기구(IMO)의 ECDIS 성능기준(IMO Resolution MSC.232(82))에 따르면 "전자해도표시정보장치(ECDIS)는 적절한 백업장치를 갖춘 경우에 1974년 SOLAS 협약 제5장 제19규칙 및 제27규칙이 요구하는 최신판 해도도 승인된 항해용 센서로부터 위치정보를 사용해 항로계획 및 항로감시, 또한 필요에 따라 항해 관련 정보를 선택하여 표시하는 것에 의해 선원을 지원하는 것이 가능한 항해정보시스템이다"라고 정의하고 있다.

따라서 ECDIS라는 용어가 사용되는 경우 IMO의 ECDIS 성능기준 및 기타 관련 IMO 성능기준에 기초하여 테스트 및 승인되고 인정된 항해용 전자해도시스템이고, 따라서 SOLAS 협약 제5장에서 정하고 있는 ECDIS 해도 구비요건에 적합함을 의미한다.

2. ECDIS 성능기준

IMO의 ECDIS 성능기준은 1995년 11월 'Res.A.817(19)'로 처음 채택되었으나, 성능기준에서 채택한 기능과 기술사양 등의 문제점을 해결하기 위하여 2009년 이후 시스템을

대상으로 하는 The Revised Performance Standards for ECDIS로서 「IMO Resolution. MSC 232(82)」가 2006년 12월에 채택되어 현재의 성능기준에 이르고 있다.

ECDIS 기능은 다음 그림과 같이 성능요건(performance standard)에서 요구되는 기본 기능과 그 외의 부가기능으로 크게 나눌 수 있다.

[그림 1-24] ECDIS 기능

ECDIS는 종이해도를 대신하는 기능뿐 아니라 GNSS를 이용한 Positioning 기능, 언제든지 재이용 가능한 항로계획(route planning) 기능, 계획된 항로로부터 이탈이나 변침점의 방위거리를 나타내는 항로감시(route monitoring) 기능, 설정한 안전등심선의 횡단항해, 위험물 접근 등을 알려주는 알람(Alarm) 기능 등 기본 기능만 보더라도 다양한 기능을 가진 것을 알 수 있다.

더욱이 부가기능으로서 Target 추적 데이터의 표시, 레이더 영상의 오버레이, AIS 데이터 표시 등 종이해도에 머무르지 않고 항해정보를 통합적으로 관리하는 사용자 편의의 항해용 정보기기라 할 수 있다.

3. 탑재요건

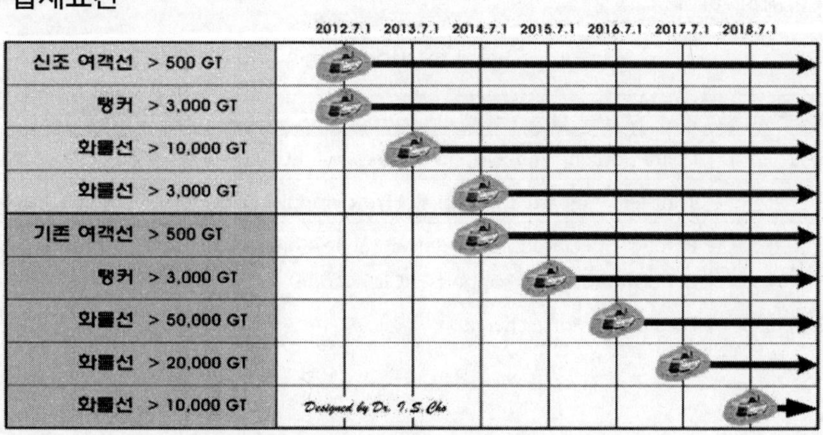

[그림 1-25] ECDIS 기능

2009년 제86차 해상안전위원회(MSC)에서 개정이 채택된 SOLAS는 2012년 7월부터 2018년 7월까지의 단계적 일정으로 ECDIS의 선박 탑재를 의무화하고 있다.

4. ECDIS 관련 국제협약

1) 국제해사기구(International Maritime Organization, IMO)

국제수로기구의 ECDIS 관련 표준현황은 〈표 1-8〉과 같으며, ECDIS는 SOLAS 협약 제5장 제19규칙에 해도를 포함한 선종별 탑재기기 등에 대한 요건을 정하고 있다. 또한, 성능기준 및 Model course 내용 등을 규정하고 있다.

〈표 1-8〉 IMO의 ECDIS 표준

구 분	제 목	연도
SOLAS V / 19	선박용 항해장치 및 설비의 탑재요건	–
Res.MSC.232(82)	The revised performance standard for ECDIS for 2009 and later system	2006
Model course 1.27	Operational use of Electronic Chart Display and Information Systems	2012

2) 국제수로기구(IHO)

국제수로기구의 ECDIS 관련 표준현황은 〈표 1-9〉와 같다. 특히, 최신 버전의 IHO 기준으로 유지되고 있지 않은 ECDIS는 SOLAS 협약 제5장 제19규칙에 적합하지 않은 것임을 유의해야 한다.

〈표 1-9〉 IHO의 ECDIS 표준

구 분	제 목	연도
S-52	Chart Content and Display Aspects of ECDIS	2010
S-57	Transfer Standard for Digital Hydrographic Data	2000
S-61	Product Specification for Raster Navigational Chart (RNC) (only if ECDIS software supports RCDS mode)	1999
S-63	Data Protection scheme	2012

3) 국제전기기술위원회(IEC)

IMO의 ECDIS 성능기준(MSC 232(82)) 및 IHO 전자해도에 관한 기준(S-52, S-57, S-61, S-63)에 기초해 작성한 ECDIS의 테스트 기준인 IEC 61174 Ed.4.0(2015)를 규정하고 있으며, 이에 의한 테스트가 이루어져 기국에 의해 승인된 인정기관에 의해 형식승인을 받을 필요가 있다.

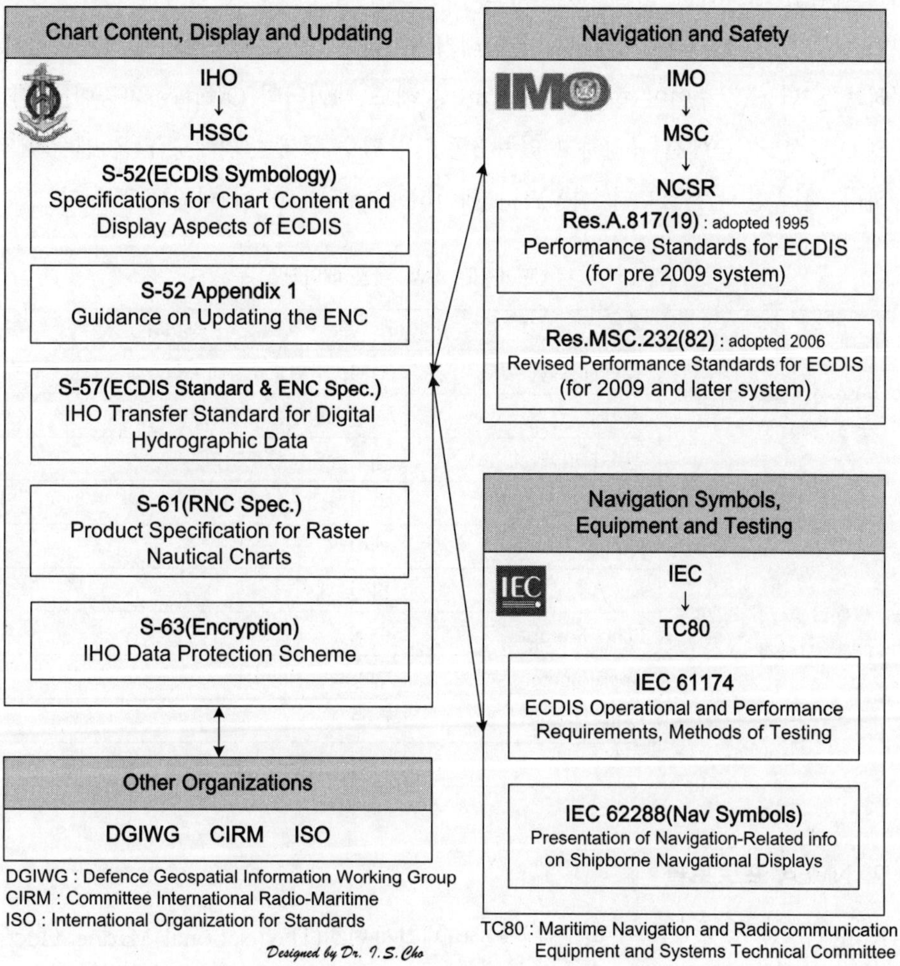

[그림 1-26] ECDIS 관련 국제기구 및 표준현황

1.4.2 센 서

1. 센서 제공 데이터

센서(sensor) 관련 IMO의 ECDIS 성능기준에 따르면 ECDIS에서 센서 정보를 제공하는 어떠한 장치의 성능도 저하시키지 않는 것이어야 하며, ECDIS의 기능이 성능기준 이하가 되는 제품은 접속하지 말아야 한다. 또한, 반드시 접속해야 할 센서는 선위측정 시스템, 자이로 컴퍼스, 선속거리계의 3가지 항해기기이다. 그리고 외부장치에 SENC 정보를 제공하는 수단을 갖추어야 하는데, Radar 및 해도 데이터의 Overlay 기능이 있다.

ECDIS 성능기준에서 규정하고 있는 3종류의 필수 센서 이외에도 많은 센서가 접속가능하다. 접속한 센서로부터 제공되는 데이터를 〈표 1-10〉에 나타내고 있다.

〈표 1-10〉 센서 제공 데이터

센 서		데이터
성능기준에서 규정한 필수 센서	측위시스템	일시, 경위도, 상대속력, 대지침로
	자이로 컴퍼스	진선수방위, ROT
	선속거리계	대수속력, 항주거리
성능기준에 규정되지 않은 선택적 센서	ARPA	추적한 Target 데이터
	Radar	레이더 영상
	AIS	타선 데이터
	Echo Sounder	수심
	Anemometer	진풍향, 진풍속
	Drift Meter	Drift
	TCS	타각, 선회각속도

2. NMEA 프로토콜

NMEA 표준 프로토콜은 미국 해상장비제작사협회(The National Marine Electronics Association, NMEA)에서 제정한 선박용 전자장비의 표준 디지털 통신 프로토콜로서, ECDIS의 등장 이전까지는 장비와 장비 간 1 대 1 연동신호로만 사용되거나 주로 아날로그 연동신호만 운용되었으며, ECDIS 등장과 더불어 비로소 ECDIS 터미널을 중심으로 한 통합적인 연동이 가능해졌다.

NMEA 0183은 시간, 위치, 방위 등의 정보를 전송하기 위한 규격으로서 NMEA 0183의 데이터는 Gyrocompass, GPS, Log 등의 여러 항해장비를 연동할 수 있는 종합항법시스템(INS)에서 사용된다. NMEA 0183은 직렬(serial)방식의 통신을 사용한다.

NMEA 0183은 3가지 레이어로 구성되어 있으며, 이것은 각각 물리 계층, 데이터링크 계층, 애플리케이션 계층이다. 물리 계층은 RS-232, RS-422 등의 전기적인 전송규격을 뜻한다. 데이터링크 계층은 Baud rate, Data bit, Parity bit, Stop bit 등을 정해 놓는다. 애플리케이션 계층은 데이터를 전송하는 Sentence에 대한 규약이다.

1.4.3 표시 카테고리 및 정보 레이어

1. 표시 카테고리

ECDIS는 해도표시 구역내에 표시된 정보를 다음과 같은 카테고리로 구분하여 필요한 정보를 선택해 표시할 수 있는 기능이 있다.

1) 기본표시

'기본표시(display base)'는 전자해도상에 가장 기본적인 정보만을 표시해 주는 카테고리이다. 해안선이나 안전등심선 등 해도로서 필요한 최저요건이 되는 다음 정보를 포함한다. 따라서 이러한 정보의 소거는 불가하다. 또한, 이 카테고리는 안전한 항해에 대해 충분한 정보표시가 아님을 유의해야 한다.

① 해안선(고조시)

② 자선의 안전등심선

③ 안전등심선에 의해 표시된 안전한 해역 내에 있는 안전수심보다 낮은 수중독립 위험물

④ 안전등심선에 의해 표시된 안전한 해역 내에 있는 고정구조물, 가공선 등의 독립된 위험물

⑤ 축척, 레인지 및 방위

⑥ 수심 및 높이의 단위

⑦ 표시 모드

2) 표준 표시

'표준 표시(standard display)'는 기본표시에 부가해 부표나 비컨과 같은 항로표지나 그 명칭, 정박지나 항로의 경계선 등 항로계획 및 항로 모니터링에 있어 최저요건으로 사용되는 정보가 포함된 카테고리이다. IMO에서 정하는 성능기능에서는 항상 한 번의 조작으로 이 표준 모드로 변경이 가능하도록 정하고 있다.

① Display base 정보
② 간출선
③ 부표, 비컨 및 기타 고정항로표지나 고정구조물
④ 항로, 해수로 등의 경계
⑤ 목시 및 레이더로 확인 가능한 지리적 특징
⑥ 항행금지 또는 제한된 해역
⑦ 해도축척 경계
⑧ 경고문의 표시
⑨ 항로경계시스템과 Ferry 항로

3) 모든 표시

'모든 표시(all other information)'는 전자해도가 가지고 있는 모든 정보를 포함하여 표시해 주는 카테고리이다. 수심이나 해저케이블, 항로표지의 등질 및 기타 지명 등 대단히 상세한 정보가 표시된다.

① 임의 지점에서의 수심
② 해저 케이블 및 라이프라인
③ 독립된 모든 위험물의 상세
④ 항로표지의 상세
⑤ 경고문 내용
⑥ ENC 갱신일
⑦ 최신 해도갱신번호
⑧ 자침편차
⑨ 경위도선

이렇게 3가지의 카테고리는 사용자에 의해 정보의 추가(all other information 모드를 제외) 및 비표시(base 모드 제외)가 가능하다. 따라서 항해의 안전을 전제로 한 경우 사용자가 사용하기 쉬운 표시로 수정해 사용하는 것이 필요하다. 다만 이 경우 표시모드(standard display)에는 부표나 항로 등 감시대상으로 사용되는 오브젝트가 포함되어 있기 때문에 최소한 표준표시 이상의 모드를 사용할 것을 권장한다.

2. 정보 레이어

ENC 및 벡터 포맷 전자해도정보는 위에서 설명한 바와 같이 Display Base, Standard Display, All Other Information를 이용할 수 있어야만 한다. 또한 ENC는 '정보 레이어'라고 하는 데이터가 몇 장이나 오버레이 되어 하나의 화면을 구성하고 있다.

전자해도가 가지고 있는 오리지널 정보의 레이어에 수동 업데이트를 이용한 수동으로 수정된 레이어나 항로계획기록(㉾ VTS 보고 및 Call Captain 지점 등)과 같은 정보를 입력한 레이어(사용자 해도) 등을 오버레이 하여 하나의 화면에 해도정보를 표시하고 있다.

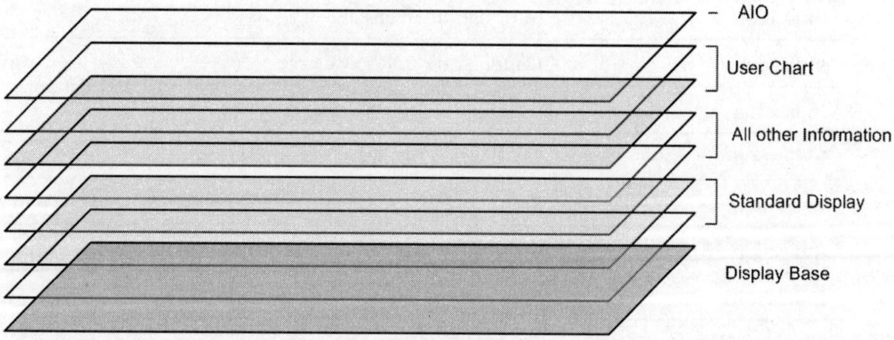

[그림 1-27] 정보 레이어

1.4.4 알 람

ECDIS와 연동되어 접속하는 센서로부터 받는 데이터 및 하드웨어에 이상이 발생한 경우에 시스템 에러로서 경고(Alarm) 및 표시(indication) 하는 기능이 있으며, IMO 성능기준에서 정하고 있는 주요 경고 및 표시현황은 〈표 1-11〉과 같다. ECDIS에서는 위와 같은 에러가 검출된 경우 알람 표시화면 및 경보표시 구역의 경고표시색을 변경하는 것과 함께 알람음을 울려 사용자에게 경고한다.

항해사는 알람음이나 표시를 소거하기 전에 어떠한 장애가 발생하고 있는가를 반드시 확인할 필요가 있다. 특히, 전자해도 위에 본선의 위치를 표시하는 ECDIS의 기본특성상 측위시스템으로부터 입력되는 신호에 이상이 발생한 경우에는 반드시 확인 및 점검이 필요하다.

〈표 1-11〉 경보 및 표시

구 분	내 용
Alarm	Crossing safety contour
Alarm or Indication	Area with special conditions
Alarm	Deviation from route
Alarm	Positioning system failure
Alarm	Approach to critical point
Alarm	Different geodetic datum
Alarm or Indication	Malfunction of ECDIS
Indication	Default safety contour
Indication	Information overscale
Indication	Larger scale ENC available
Indication	Different reference system
Indication	No ENC available
Indication	Route planning across safety contour & specified area
Indication	Crossing a danger in route monitoring mode
Indication	System test failure

* Alarm(경보) : An Alarm or Alarm system which announces by audible means, or audible and visual means, a condition requiring attention
* Indicator(표시) : Visual indication giving information about the condition of a system or equipment

1.5 AIS(선박자동식별장치)

1.5.1 AIS의 개요 및 주요 기능

선박자동식별장치(Automatic Identification System, AIS)는 선박과 선박 간, 선박과 연안기지국 간의 항해 관련 데이터 통신이 가능하게 된 시스템이다. 이러한 AIS는 선박의 식별, 선명, 목적지, 선위, 침로, 속력 등의 데이터를 수신하여 상대선박의 호출 및 상대선박과의 피항조치를 올바르게 할 수 있도록 도와준다.

이러한 AIS의 등장으로 기존의 충돌예방 및 VTS 기능이 한층 확장되어 선박의 자동추적 및 관제가 보다 간소화되었다. 이러한 AIS의 주요 기능을 요약하면 다음과 같다.

① 충돌예방(collision avoidance) 기능

② VTS 기능

③ 선위보고제도(ship reporting schemes) 기능

④ 항행원조 및 수색구조

⑤ 항적분석을 통한 해양사고 조사

1.5.2 AIS 구성

AIS는 채널 활용을 극대화하기 위하여 하나의 기준 시간 동안 육상국 및 모든 AIS 설치 선박들이 타임슬롯을 할당하는 방식(time slot allocation)을 사용한다. 하나의 채널은 9,600bps의 전송률로 분당 2,250개의 타임슬롯으로 나누어 이를 각 선박에 할당하여 주어진 시간간격으로 정보를 송신할 수 있다.

각 기지국은 각자의 전송 스케줄, 즉 슬롯을 결정한다. AIS의 위치 메시지는 60초 단위로 이루어진 2,250개 타임슬롯 중 하나를 차지한다. AIS 트랜스폰더는 서로를 동기화하여 동일 슬롯내의 메시지 전송을 피하게 된다.

AIS 트랜스폰더는 두 개의 독립된 VHF 수신기이며, 수신기는 두 개의 채널에서 동시에 메시지를 수신할 수 있다. 따라서 분당 4,000개 이상의 메시지 수신이 가능하다.

AIS는 한 개의 송신기로 AIS01과 AIS02를 번갈아 가며 전송을 한다.

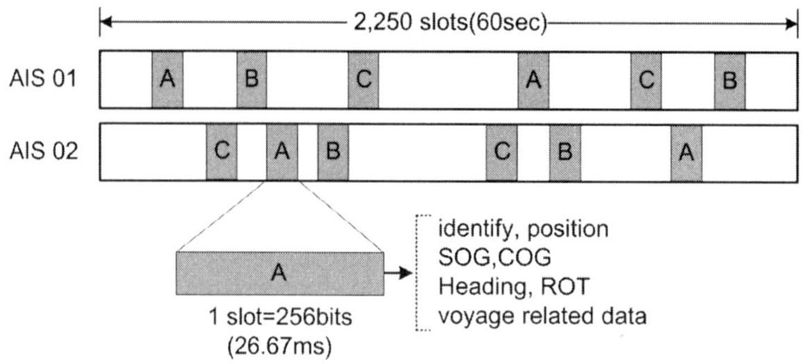

[그림 1-28] 타임슬롯을 이용한 데이터 전송방식

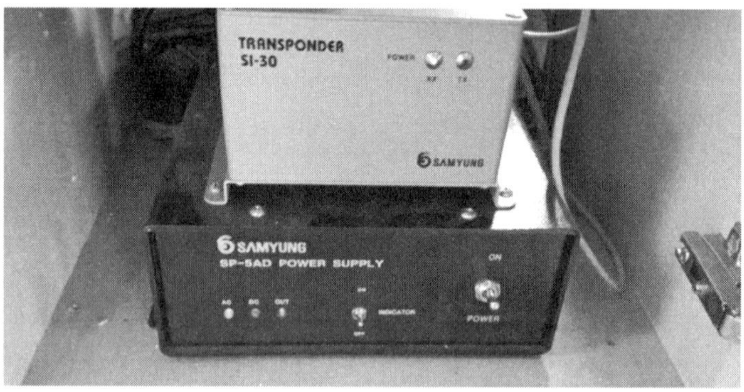

[그림 1-29] AIS 트랜스폰더

1.5.3 AIS 장비유형

1. Class A

Class A AIS는 IMO SOLAS 협약에 적용을 받지 않는 총톤수 300톤 이상인 모든 선박의 의무 장착 사항이다. 항행 문자전송은 매 2~10초마다 선박의 속도와 ROT에 따라서 방송된다.

2. Class B / CS

CLASS B / CS는 IMO 협약의 제약을 않는 선박에 한하여 요구되는 장착사항이다. 이 CLASS는 레저용 선박을 포함한다(CLASS B / CS의 기능은 CLASS B를 제외한 CLASS A와 유사하다).

3. Class B 특징

Class A와 비교할 때 Class B의 특징은 다음과 같다.

① IMO 번호나 선박의 Call sign을 전송하지 않는다.

② ETA나 목적지를 전송하지 않는다.

③ 항행상태를 전송하지 않는다.

④ 항행정보를 수신하는 것만 요구되며, 정보들을 전송하는 사항은 요구되지 않는다.

1.5.4 AIS 전송정보

1. 송신정보

AIS는 선명을 포함한 선박정보를 자동적으로 식별하는 장치이므로 연속적으로 본선 정보를 상대선이나 연안기지국에 송신하여야 하고, 상대선이나 연안기지국의 데이터를 수신하여야 하며 이런 데이터들을 표시할 수 있어야 한다.

1) 정적정보(Static Information)

선박이 결정되면 변화하지 않는 정보이다. 즉, MMSI 번호, IMO 번호, 선명, Call Sign, 선폭과 선박길이, GNSS 안테나의 위치, 선박타입 및 선박 내 고정 안테나 위치 등이다. 이 정보는 매 6분 또는 요청이 있을 때 업데이트된다.

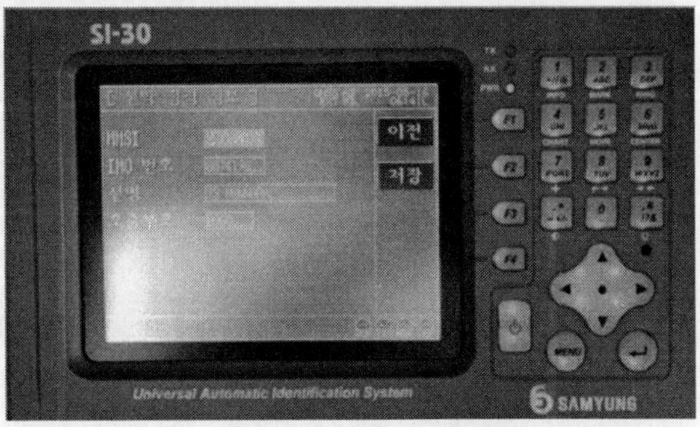

[그림 1-30] 정적정보 표시화면

2) 동적정보(Dynamic Information)

선박의 움직임과 관련된 정보를 표시해 준다. 선박의 위치(경위도), 대지침로(COG) 및 속력(SOG), 선수방위(heading), 선회각속도(ROT), 항해상태 등이다. 제한된 수역에서 선박의 위치정확도는 항적추적, 충돌방지 등의 목적으로 15m 이내이어야 한다.

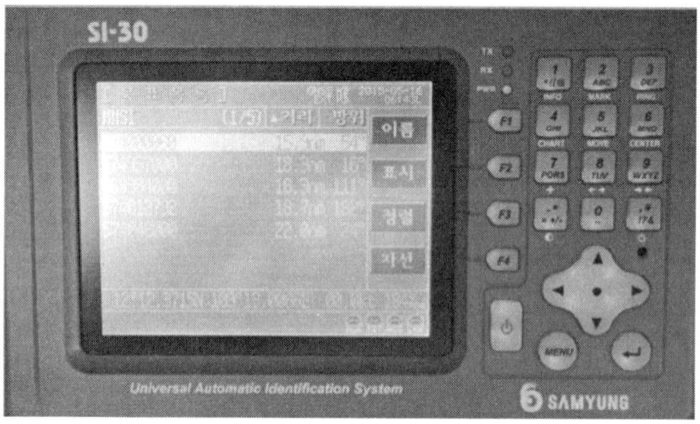

[그림 1-31] 동적정보 표시화면

3) 항해 관련 정보(Voyage Related Information)

목적지(destination), 도착예정시간(ETA), 선박 흘수(draft), 승선인원, 변침점 등 항로 설정에 관한 등에 관련된 정보이다.

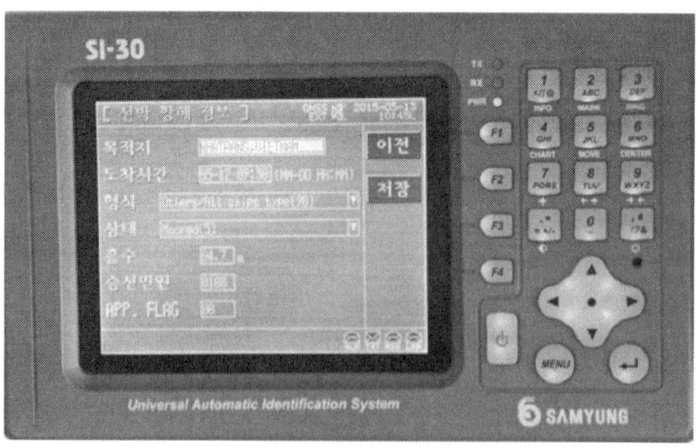

[그림 1-32] 선박항해정보 표시화면

2. AIS 정보의 특징

레이더는 기상상태가 악화되어 레이더의 수신감도가 떨어지면 물표탐지에 어려움이 발생하고, 소형선박이 원거리에 있을 경우 탐지가 어렵고, 반사를 통해 선박 등을 식별하는 레이더 특성상 만곡부나 섬 반대편의 선박탐지가 어렵다. 또한, 선박탐지시에도 선명에 대한 식별은 불가하다는 한계점을 가지고 있다.

이러한 ARPA / Radar 정보의 한계점을 극복한 AIS 정보가 가지는 특징을 분석해 보면 다음과 같다.

① 갱신시간이 짧기 때문에 거의 실시간 정보로 상대선의 움직임을 실시간으로 파악할 수 있다.

② ARPA에 나타나는 목표물 상실, 섬 등으로 상대선이 차폐되어도 정보취득이 가능하다.

③ 목표물이 고속으로 이동하여도 잃어버릴 가능성이 낮다.

④ 선박의 통항이 많은 해역에서는 무선 채널의 과부하가 발생한다.

⑤ 레이더 영상과 AIS 정보가 중첩되어 표시되는 경우 두 정보간 불일치 현상이 발생한다.

3. 송신 프로토콜

AIS에서 채용하고 있는 송신 프로토콜 방식은 다음과 같다.

① SOTDMA(Self Organized Time Division Multiple Access) : AIS slot map을 보관하는 Class A 유닛을 위해 고안된다.

② CSTDMA(Carrier Sense TDMA) : AIS slot map에서 사용가능한 장소를 찾는 Class B 유닛을 위해 고안된다.

③ RATDMA(Random Access TDMA) : 주로 송신하는 장소가 없는 Base station에 의해 조정되어지는 AIS A to N에 사용된다.

④ FATDMA(Fixed Access TDMA) : 주로 AIS base station과 AIS Aids to Navigation에 의해 사용된다.

⑤ PATDMA(Pre Announced TDMA) : SART를 위해 만들어진다.

송신 프로토콜 중에 자율적이고 계획적으로 반복 송신하는 경우 사용하는 것은 SOTDMA 방식이고, 갱신율을 변경하거나 반복성이 없는 통신문을 전송할 때에는 기타 다른 방식을 사용한다.

AIS 통신에서는 GNSS 신호를 수신하는 경우 UTC 시각으로 동기화시키고 있다. 그 1분간을 프레임(frame)이라고 하고 그 프레임을 2,250으로 나누어 그 하나를 슬롯(slot)이라고 한다.

4. AIS Target 심벌

Radar 및 ECDIS 등에서 사용되는 AIS 심벌을 [그림 1-33]에 나타내고 있다. 상태에 따라 심벌이 변화하게 되고 AIS Target를 이용할 때에는 다음과 같은 주의가 요구된다.

① 기호의 위치는 Target이 송신한 GNSS 안테나 위치를 나타낸다.

② AIS Target은 선박의 선수방위(송신된 경우)를 나타내는 이등변삼각형(색변동 가능)으로 그래픽 표시된다(선회방향을 나타내는 표시 포함)

항 목	심 벌	항 목	심 벌
AIS Target (sleeping)		Selected Target	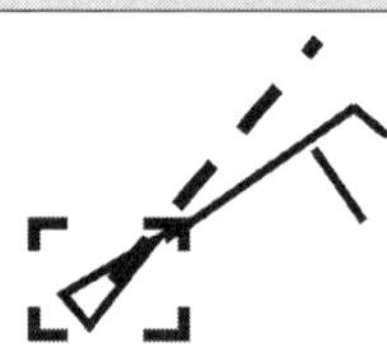
Activated AIS Target including Dangerous Target	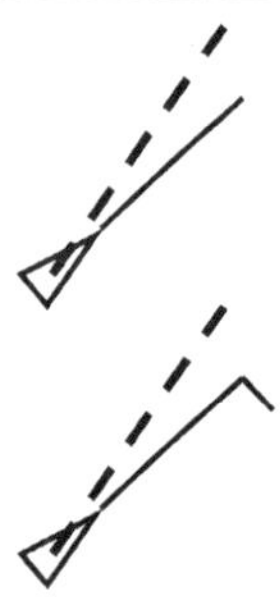	Lost Target	
AIS Target True Scale Outline		Target Past Positions	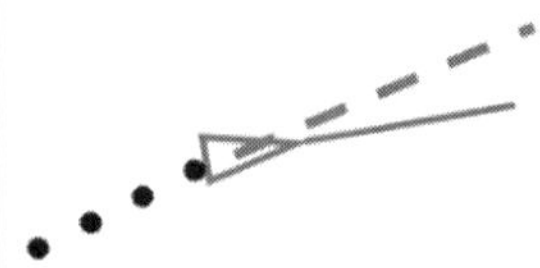
AIS Target turning to Starboard		AIS Target turning to Port	

[그림 1-33] AIS Target Symbols

③ 정적정보가 확립될 때까지의 식별자는 MMSI 번호이다. 그 이후 선명과 Call Sign을 표시하는 것이 가능하다.

1.5.5 사용상 주의사항

1. AIS 정보의 확인

AIS를 통해 수신한 상대선 정보의 정확도는 전적으로 송신기측의 송신정보에 의존한다. 따라서 본선의 송신정보를 반드시 체크할 필요가 있다. 잘못된 정보는 AIS 고유기능을 수행하는데 장애요소가 될 수 있음을 명심해야 한다.

AIS의 송신정보 중 선박항해정보(목적지, 도착예정시각, 선박형태, 선박상태, 흘수, 승선인원 등)에 해당하는 사항은 본선에서 수동으로 입력을 하여야 한다. 이들 정보가 틀리지 않도록 선박의 운항상태가 변화된 경우에는 반드시 해당 정보의 갱신을 통해 항상 정확한 정보가 송신되도록 유지하여야 한다.

AIS에서 자동적으로 갱신되는 정보(위치, 속력, 선수방위 등)가 정상적으로 갱신되고 있는지 Source 센서에 해당되는 GPS 등과의 비교를 통해 정기적으로 확인할 필요가 있다. 또한, 많은 선박이 AIS를 탑재하고 정상적인 정보를 송신하면 상대선에 대한 선박정보는 AIS로 수집되어 해적행위 활동 등에 악용될 수 있다.

따라서 AIS 전원 스위치를 꺼 놓거나 잘못된 송신정보를 입력하는 경우가 있으니 AIS 정보를 과신하지 말고 레이더 및 목시관측을 통해 직접 확인할 필요가 있다.

2. AIS 상시 작동

AIS는 항시 사용하는 것이 원칙이므로 정박 중에도 항상 작동시켜야 한다. 그러나 해적 출현과 같이 본선 정보의 공개로 인해 선박의 안전에 위협을 받을 경우 전원 스위치를 꺼 놓을 수 있다. 단, 그 경우에도 로그북에 그 사실을 기록하고 위험이 없을 경우 곧바로 AIS를 켜 놓도록 한다. 만약 해적 피납을 피하기 위해 작동하지 않은 상태로 해적에 피납된 경우에는 즉시 전원을 켜서 본선의 위치를 다른 선박들에게 알릴 필요가 있다.

3. AIS 감시범위

AIS는 VHF 주파수를 사용하므로 감시범위가 해안으로부터 약 30마일 내외로 제한된다는 단점이 있다. 하지만 AIS의 주요 기능에 해당되는 충돌예방 및 VTS 기능 측면에서는 적절한 감시범위로 판단된다.

1.6 BNWAS(선교항해당직경보장치)

1.6.1 선교항해당직경보장치의 개요

1. 채택배경 및 목적

선교항해당직경보장치(Bridge Navigational Watch Alarm System, BNWAS)는 해양사고의 많은 부분이 인적오류에서 기인하는데 이러한 오류의 많은 부분을 경계소홀, 당직사관의 부재, 근무태만 및 졸음 등에서 기인한다는 이유로 항공기 및 철도분야에서 채용하고 있는 시스템을 도입 검토하게 되었다.

즉, 해양사고를 예방하기 위해 일정시간(3분～12분)을 설정하여 카운트다운하고 종료시까지 항해당직자에 의해 리셋 입력이 되지 않을 경우 이를 정상적인 당직활동이 이루어지지 않았다고 판단하여 단계별 경보를 발생하는 장치이다.

IMO 해사안전위원회(MSC) 제86차 회의에서 채택된 Res.MSC.282(86)에 따라 2011년 1월 1일부로 SOLAS 제5장 제19규칙에 강제탑재 요건이 발효되었다.

이러한 BNWAS의 목적은 다음과 같이 요약할 수 있다.

① Bridge Safety

② 당직사관의 Alertness Check

③ 알람의 전달

④ 백업 항해사 등에게 호출 알람

2. 성능기준

IMO에서 정하고 있는 BNWAS의 성능기준은 Res. MSC.128(75)에 자세히 기술되어 있다.

1) 입출력

입력은 추가의 리셋(reset) 장치 또는 리셋 신호를 보낼 수 있는 선교장비의 연동을 통하여 접촉 또는 동등한 회로 및 직렬신호에 의해 리셋 신호의 입력이 가능해야 한다. 또한, 출력은 추가의 선교 가시/가청경보 및 원격 가청경보의 연동을 통한 출력이 가능하여야 한다.

2) 리셋 기능

당직감시를 위한 선교에서만 리셋 기능이 가능해야 한다. 즉, 알람 유니트가 선교 이외의 2단계 및 3단계 구역에 설치되어 알람이 울리더라도 리셋 기능은 선교에서만 제어가 가능한 것이다. 또한, 리셋 기능은 당직항해사관에 의한 단일 동작 입력이 요구된다. 즉, 당직사관의 물리적 활동과 정신적 경계상태를 감지할 수 있는 모션 센서 등을 이용해 리셋 기능이 가능한 것이다. 또한, 리셋 기능의 연속적인 동작이 설정시간을 연장시키거나 표시와 경보순서를 방해하지 않도록 하고 있다.

3) 휴지시간 및 보안기능

휴지시간(dormant period)은 3분~12분사이의 시간 설정이 가능하며, 3분미만 또는 12분을 초과하여 설정할 수 없도록 하고 있다. 운전 모드 및 휴지기간은 오직 선장 및 선장이 지정한 항해사가 등록열쇠나 비밀번호와 같은 잠금수단을 통해 변경하여 한다.

4) 모션 센서

모션 센서는 수동조작의 Reset Device에 부가한 추가의 Reset Device 로서만 가능하며, Reset Device로서 모션 센서만을 설치할 수는 없다. 감지범위는 선교내의 적절한 경계가 가능한 위치(예 Conning Position, Main Steering Position)로 제한되어야 한다.

또한, 모션 센서의 감지수준은 적절한 작동시험을 통하여 형식승인 시 검증되어야 하며, 선체운동에 의한 선교 커튼의 움직임, 바람에 의한 물체의 움직임 또는 Window Wiper 등과 같은 움직임을 감지하여 리셋되어서는 안된다. 그리고 감지범위는 선교 커튼 앞쪽의 선교구역으로 제한하여야 하며, 감지범위에 선교 의자를 포함하여서는 안되도록 규정하고 있다.

5) 비상호출 기능

비상호출(emergency call) 버튼은 즉시 2단계 및 3단계 원격 가청경보를 발생시키는 수단으로 선교에 제공될 수 있어야 한다. 예를 들어, 항해당직사관이 갑자기 건강상의 이유로 정상적인 항해당직이 불가함을 직감한 경우 이 버튼을 통해 선장 및 백업 항해사관을 호출할 수 있는 기능이다.

3. 장비구성

BNWAS의 장비구성은 [그림 1-34]와 같이 기본설정을 할 수 있는 메인 패널, 브릿지를 포함한 선박내 각 구역에 설치된 알람 유니트 및 리셋 장치의 하나로 설치되는 모션 센서 등으로 구성된다.

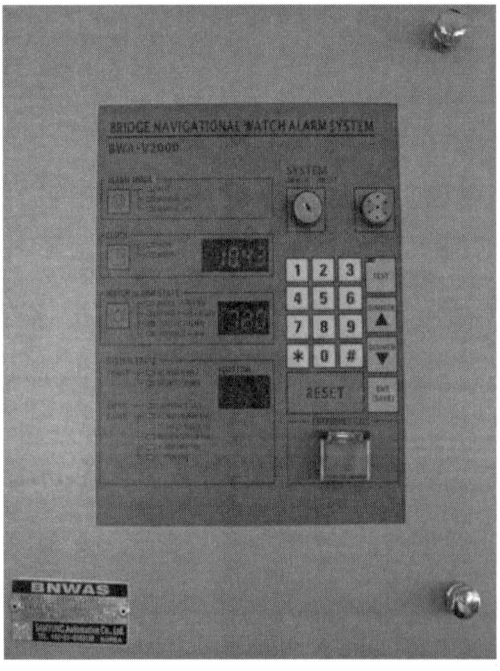

(a) main panel

(b) Alarm unit

(c) motion sensor

[그림 1-34] BNWAS 구성

1.6.2 작동절차

1. 작동 모드

① 자동(automatic) 모드 : BNWAS는 Autopilot와 연동되어 자동조타 기능이 작동될 때 BNWAS는 자동적으로 작동되어야 하고, 수동 모드(follow up)일 경우에는 자동적으로 중지되어야 한다.
② 수동작동(manual on) 모드 : 지속적으로 작동되어야 한다.
③ 수동꺼짐(manual off) 모드 : 어떠한 조건에서도 작동되지 않다.

2. 작동순서

휴지시간(dormant period)은 3분~12분사이의 시간 설정이 가능한데, 설정시간이 끝남과 동시에 선교에 설치된 시각표시(indication)가 동작된다. 이후 리셋 입력이 없으면 시각표시가 시작된 지 15초 후 선교에 1단계 가청경보가 추가적으로 동작된다.

이후에도 리셋 입력이 없다면 1단계 가청경보가 시작된 지 15초후 백업 항해사 및 선장 침실에 2단계 가청경보가 추가적으로 동작된다.

그 이후에도 리셋 입력이 없다면 2단계 가청경보가 시작된지 90~180초 후에 올바른 조치를 취할 수 있는 승무원 구역 등에 3단계 원격 가청경보가 추가적으로 동작되도록 되어 있다.

〈표 1-12〉 알람 동작

메뉴 모드	작동 설명
Bridge Visible Indication	Dormant Period(180~720초)가 끝나면 Bridge에서부터 Visual Indication이 시작됨
Bridge Audible Alarm	만약 Reset이 되지 않으면, Visual Indication 경보발생 이후에 15초 후 첫 번째 가청경보가 Bridge에 울림
2nd Stage Alarm	만약 Reset이 되지 않으면, First Stage Audible Alarm 시작된 후 Officer 및 Master 침실에 15초 동안 추가로 울림
3rd Stage Alarm	만약 Reset이 되지 않으면, Second Stage Audible Alarm 시작된 후 조치 가능한 선실에 90~180초 동안 추가로 울림

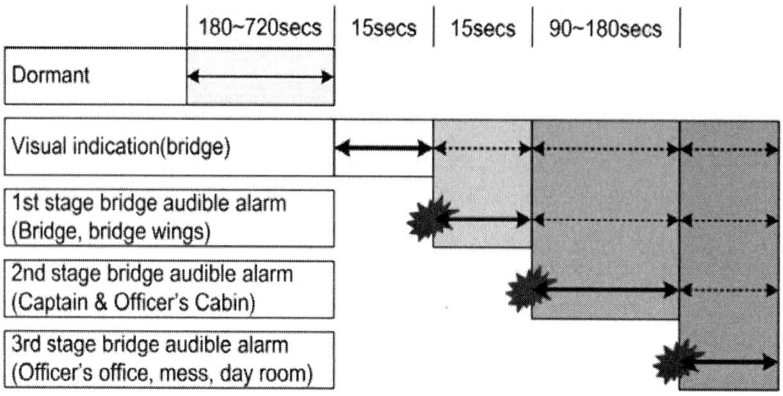

[그림 1-35] BNWAS sequence

1.7 항해기기의 유지

1.7.1 Autopilot(TOKIMEC)(Including Gyrocompass)

1. Alarm 처리

여기에서는 가장 널리 사용되고 현재 실습선(한바다호)에 설비되어 있는 TOKIMEC 제품을 기본으로 하여 작성하였다.

1) Alarm의 식별

(1) Alarm Lamp

Autopilot Steering stand 전면부에는 [그림 1-36]에서 볼 수 있듯이 중요 부분의 기능에 문제가 발생하였을 때 시각적으로 즉시 알람을 식별할 수 있도록 Lamp가 설치되어 있다. 또는 관련 알람이 발생하였을 경우는 청각적으로도 인지가 가능하도록 Alarm Sound를 발생시킨다.

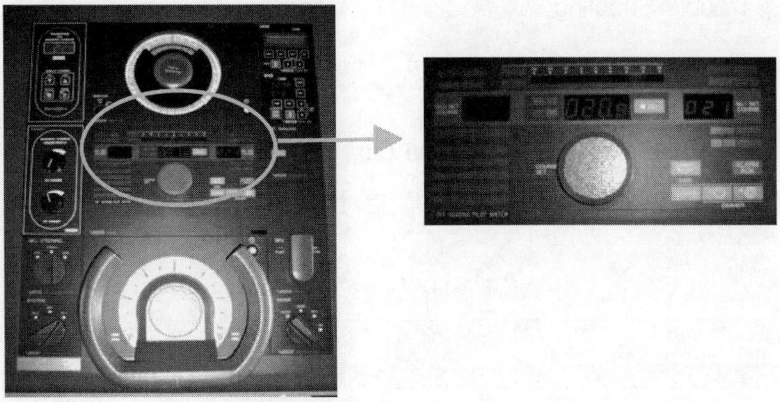

[그림 1-36] Autopilot Steering Stand 전면부

(2) Alarm List

상기의 Alarm Lamp의 내용을 포함한 알람의 정확한 원인을 코드화하여 알려준다. 이러한 Alarm Code는 해당 코드별로 〈표 1-13〉에서 보는 것처럼 알람명 및 그 원인을 알 수 있게 하여 보다 쉽게 발생된 알람을 식별하고, 그 원인을 파악하여 해결할 수 있도록 도모하고 있다.

〈표 1-13〉 Alarm List

<table>
<tr><th rowspan="2">Alarm No</th><th rowspan="2">Name of Individual Alarm (display name)</th><th rowspan="2" colspan="2">Cause of Alarm</th><th rowspan="2">Alarm Detail Display</th><th colspan="3">Group Alarm display</th><th rowspan="2">Remark</th></tr>
<tr><th>SYSTEM FAIL</th><th>AUTO FAIL</th><th>CAUTION</th></tr>
<tr><td rowspan="8">1</td><td rowspan="8">AUTO unit display area is abnormal (INDICATE)</td><td colspan="2">MMA → PID Communication is invalid</td><td>E01. 1</td><td>–</td><td>–</td><td>(○)</td><td></td></tr>
<tr><td rowspan="7">MMA-Hard ware is abnormal</td><td>EEPROM error</td><td>E01. 2</td><td rowspan="7">–</td><td rowspan="7">–</td><td rowspan="7">○</td><td rowspan="7"></td></tr>
<tr><td>RTC SRAM</td><td>E01. 3</td></tr>
<tr><td>RTC battery</td><td>E01. 4</td></tr>
<tr><td>Memory-access overflow</td><td>E01. 5</td></tr>
<tr><td>WDT restart</td><td>E01. 6</td></tr>
<tr><td>S. I/O-I input</td><td>E01. 7</td></tr>
<tr><td>S. I/O-I Loop</td><td>E01. 8</td></tr>
<tr><td>2</td><td>PILOT WATCH (PILOTW.)</td><td colspan="2">Off course during course keeping in AUTO/NAV mode</td><td>E02. 1</td><td>–</td><td>–</td><td>○</td><td></td></tr>
</table>

2) Trouble Shooting

(1) Failure Phenomena List

〈표 1-14〉에서 볼 수 있듯이 Alarm Lamp과 연계하여 Autopilot 작동상 발생할 수 있는 이상 현상을 쉽게 식별할 수 있도록 열거해 두었다.

〈표 1-14〉 Failure Phenomena List

Trouble-shoot No.	Phenomena
TS-21	Rudder limit is invalid(in auto steering)
TS-22	Rudder motion is fast/slow
TS-23	Yawing is large(in auto steering)
TS-24	Ship sails on the deviated course from the set course (in auto steering)
TS-25	Course cannot be set in auto steering
TS-26	No data on the data display
TS-27	some display lamps or Alarm indicators do not light in the lamp test
TS-28	Steering mode cannot be switched
TS-29	Bar graph display is strange
TS-30	Ship's speed display is strange
TS-31	Steering repeater is abnormal
TS-32	Illumination is too bright / dark
TS-33	SET. course display does not light
TS-34	Other than the set course is displayed in the SET. course display
TS-35	R.O.T. of the data selection indicator blinks
TS-36	Rate of turn in auto course changing is too large / small
TS-37	ADPT of the control mode indicator blinks
TS-38	Power failure indicator in the Alarm UNIT(option) lights. Display of power failure indicator in the Alarm UNIT(option) is depended on to the specification. Refer to PR-6000 Finished Plan.
TS-39	Individual Alarm indicator in the Alarm UNIT(option) lights. [Group Alarm indicator SYS.FAIL or CAUTION] Display of individual Alarm indicator in the Alarm UNIT(option) is depended on the specification. Refer to PR-6000 Finished Plan.

(2) Countermeasure Table

앞에서 식별된 Alarm 또는 Failure는 그 현상을 조속히 파악하고, 그에 따른 조치를 취하여야 한다. 이러한 일련의 과정을 Troubleshoot No. 별로 〈표 1-15〉에서 보는 것처럼 Countermeasure Table을 작성하여 두고 있기 때문에 신속한 대응이 가능한 것이다.

〈표 1-15〉 Countermeasure Table

Trouble-shoot NO.	Phenomena (contents)	Check Procedure and Action to be Taken	Remark
TS-25	Course setting in auto steering cannot be done.	① Switch the system to another when the SET. course display does not change even by turning of coruse setting knob.	Setting course can be changed only in auto steering.
TS-26		① It is not abnormal if pressing the [◁ SEL.] switch displays data.	Every pressing the [◁ SEL.] switch changes data. No display (blank) in included as one of the display.
		② When Alarm generates, take actions according to contents of the Alarm troubleshoot number.	
		③ When lighting normally by the lamp test, raise illumination by pressing the [+❂] switch.	
TS-27		① Some lamps are for optional specification. When the option is not installed on own ship, the lamps do not light by the lamp test. Refer to chapter 3, 3.3 NO.7 for details.	
		② When Alarm generates, take actions according to contents of the Alarm troubleshoot number.	
		③ When lamps do not light even by strong pressing the [LAMP TEST] switch, check for display lamps by positions of switches and control knobs, or for Alarm indicators by Alarm detail display of the data display.	
TS-28		① Use by switching the system to another.	
		② If the steering mode selection switch stops at the middle position between each steering mode, turn the switch to the correct position.	

2. 정기적 점검

Autopilot은 항행 중 24시간 사용되는 장비로 그 중요성과 항해에서 차지하는 그 비중은 언급할 필요가 없을 것이다. 이러한 이유로 제조사별로 기본적으로 점검해야 할 사항을 제시하고 있다. 또한 실무에서는 이러한 제조사에서 제시하는 점검사항과는 별도로 점검사항을 작성하여 매당직 또는 매일 점검이 이루어질 수 있도록 하고 있다. 여기에서는 제조사에서 제시하고 있는 점검항목을 살펴보기로 한다.

1) Daily Check Table

매일 점검이 이루어져야 할 사항을 제시하고 있으며, 제시된 점검항목은 기본적으로 거의 모든 제조사의 점검사항과 대동소이하기 때문에 그 내용을 명확히 파악하고, 실질적으로 점검표에 의해 점검이 시행되어야 한다.

〈표 1-16〉 Daily Check Table

(Example of note) Check mark ✓ : Normal
△ : Normal after rework or repair

	Date of Check	Installation '97.05.01													
	Inspector	TOKIMEC service ○○○○													
	Check Items														
		NO.1 system	NO.2 system												
a.	HAND mode Steering wheel PS 10°														
	Rudder angle receiver (indicator) indication (P, S 10°)	✓	✓												
	Indication HAND ON.	✓	✓												
	System selection and display	✓	✓												
b.	NFU mode, Operate steering lever leftward and rightward														
	Rudder angle indication moves in the direction above	✓	✓												
	Rudder motion stops with lever at center	✓	✓												
	Indicator NFU ON.	✓	✓												
c.	AUTO mode, setting course Press and turn knob leftward and rightward.														
	Setting course display changes.	✓	✓												
	Heading deviation bar graph display changes.	✓	✓												
	Auto course changing function	✓	✓												
	Indicator AUTO ON.	✓	✓												
d.	RC mode (option) Turn RC knob leftward, center, rightward														
	Rudder angle indication moves in the direction above.	✓	✓												
	Rudder angle 0 with knob at center	✓	✓												
	Indicator RC ON.														
e.	LAMP TEST Press switch														
	All display lamps and Alarm lamps ON.	✓	✓												
	Buzzer sounds.	✓	✓												
f.	P/S indicator ON. Helm unit														
	In the direction of order rudder angle, Green (STBD) or Red (PORT) ON	✓	✓												
g.	Warning labels coming off, dirtiness (facia panel, remote control, inside stan)														
h.	Items to be dealt with Items to be informed	none													

2) A Half Yearly / Yearly Check Table

6개월 또는 12개월을 주기로 하여 점검할 사항을 나타내고 있으며, 전문가에 의한 점검사항이 아닌 본선의 책임자에 의해 이루어져야 하는 점검사항을 제시하고 있다. 이 또한 제조사는 다르더라도 점검항목은 대동소이함을 알 수 있으며, 앞서 언급된 전문가들에 의해 이루어져야 하는 점검항목은 별도로 작성되어 있으며, 이러한 항목은 본선에서 시행할 수 없는 부분이기 때문에 여기서는 언급하지 않는다.

〈표 1-17〉 A Half Yearly / Yearly Check Table

(Example of note) Check mark ✓: Normal
△: Normal after rework or repair

	Date of check	'97.05.01													
	Inspector	○○○○													
	Check items														
		NO.1 system	NO.2 system												
a.	Fixing screws in mechanical sections														
	Connecting screws in terminal boards														
	Check and retighten loosing parts	✓	✓												
	Electronic (electric) parts mounting condition	✓	✓												
b.	Connecting wires inside Root of mounting (being near cutting)														
c.	Control knobs														
	Loosened play in fixings Retighten loosened parts	✓	✓												
d.	Switches														
	Conditions of motion	✓	✓												
e.	Repeater unit Open scale Loosened play in driving gears														
	Loosened play yes or no	✓	✓												
	Wearing play or no	✓	✓												
f.	Taking rudder time (Read rudder angle indicator indication)														
	HAND mode 0 → P30° (sec)	12	12												
	P30° → 0 (sec)	12	12												
	0 → S30° (sec)	12	12												
	S30° → 0 (sec)	12	12												
	NFU mode 0 → P30° (sec)	10	10												
	P30° → 0 (sec)	10	10												
	0 → S30° (sec)	11	11												
	S30° → 0 (sec)	11	11												
g.	Warning labels (all labels) (Cleanliness, coming off, dirtiness)	✓	✓												
h.	Items to be dealt with														

3. 기타 주요 점검항목

1) Fuse 교환

선내 전원의 불안전과 갑작스런 과부하 및 오랜 시간 사용에 따라 퓨즈(fuse)가 튀게 된다. 이러한 경우는 다음과 같은 적절한 절차에 의해 퓨즈 교환이 이루어져야 한다. 일반적으로 모든 선박에는 Spare를 일정량 보유하고 있는데 교환 시에는 필히 퓨즈의 Ampere를 확인하고 해당 퓨즈를 사용하여 교환하여야 한다.

① Steering Stand에 전원을 차단(일반적으로 Bridge 주변에 전원공급 Switch Board Panel이 있는데, 해당 Switch를 Off시킨다.)

② Steering Stand의 전면부 Cover를 Open한다.

③ Steering Stand 내부에 있는 Service Switch를 Off한다.

④ 해당 퓨즈를 제거하고 New Fuse를 넣는다.

2) Gyro Repeater의 Synchronizing

(1) Autopilot Steering Stand 전면부 Gyro Repeater

① Autopilot Steering Stand 전면부에 있는 Repeater용 Power S/W를 Off한다.

② Autopilot Steering Stand의 Repeater 중심에 위치하고 있는 Synchronizing Knob을 Pushing하면서 회전시켜 Main Gyrocompass의 Bearing값과 일치시킨다.

③ Repeater의 지시값이 Main Gyrocompass의 Bearing과 같아지면 Repeater용 Power S/W를 On한다.

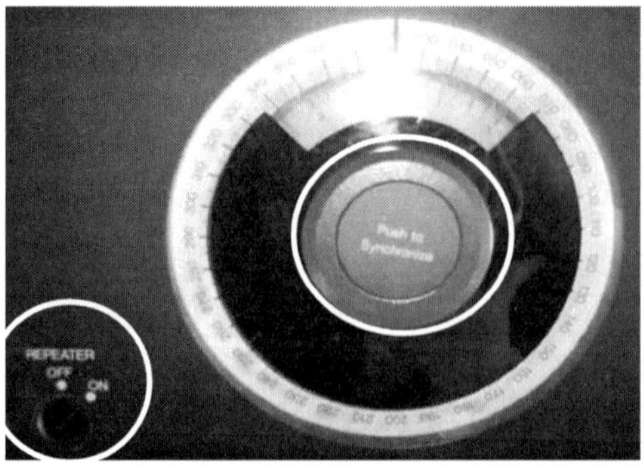

[그림 1-37] Autopilot Steering Stand 전면부 Gyro Repeater

④ Repeater의 Bearing이 Main Gyrocompass와 추종하는지를 확인한다.

(2) Local Gyro Repeater(bridge내, wing bridge, steering gear room내)

① Local Gyro Repeater 하부에 설치되어 있는 Power S/W를 Off한다.

② Main Gyrocompass의 Bearing을 Reading하면서 Local Gyro Repeater 옆면부에 부착되어 있는 Synchronizing Knob을 Pushing하면서 회전시켜 값을 일치시킨다.

③ Repeater의 지시값이 Main Gyrocompass의 Bearing과 같아지면 Repeater용 Power S/W를 On한다.

④ Repeater의 Bearing이 Main Gyrocompass와 추종하는지를 확인한다.

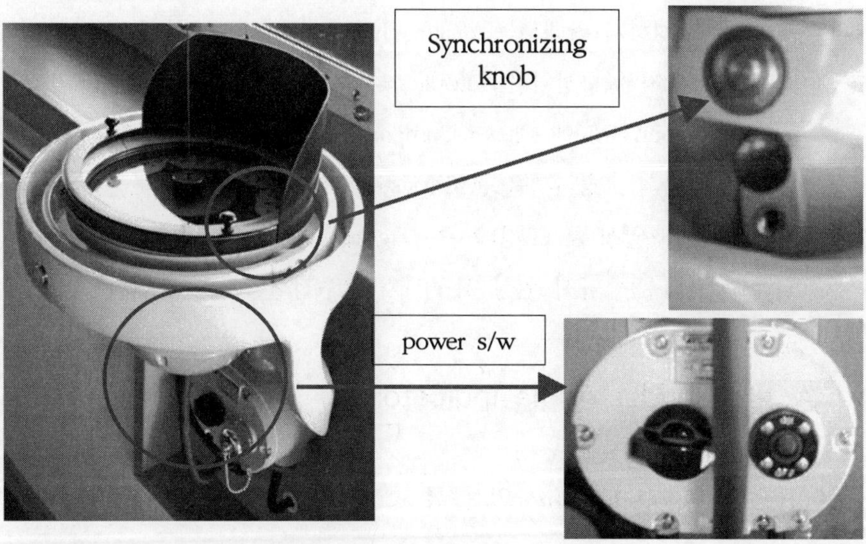

[그림 1-38] Local Gyro Repeater

3) Gyrocompass Error 수정

Gyrocompass의 Error는 여러 가지 방법에 의해 계산 가능하다. 이렇게 계산된 Gyrocompass의 Error가 일정한 값을 유지하고 그 값의 크기가 크다면 수정을 하여야 한다. 수정방법은 다음과 같다.

(1) Gyrocompass Monitor상의 수정

① 최근에 설비되고 있는 Gyrocompass에 적용되는 것으로 Gyrocompass의 Error가

측정되어졌다면 이 값을 보정한 값은 Master Gyrocompass에 직접 수정을 시행하지 않고, 이에 연결된 Gyrocompass Monitor상에서 Display되는 Gyrocompass 값을 수정하면 된다. 이렇게 Gyrocompass Monitor상에서 수정된 값이 다른 여러 장비에 정보를 보내게 된다.

② 일반적으로 장착되어 있는 Gyrocompass Monitor에 관한 수정방법은 Instruction에 쉽게 설명이 되어 있기 때문에 필요시 Instruction을 참조하여 수정하면 되고 종종 Maker별로 수정방법을 명시한 Steel Plate를 Monitor 부근에 부착한 경우도 있다.

(2) Master Gyrocompass의 수정

① Gyrocompass Monitor가 설치되어 있지 않는 Type의 Gyrocompass로서 측정된 Error를 보정하기 위해서는 Master Gyrocompass 자체에 수정을 시행하여야 한다.

② 여기에서의 자체 수정이란 Autopilot의 하부 Master Gyrocompass가 격납된 부분의 Cover를 Open한 후에 Master Compass를 외부로 취외하고, Master Compass의 하부 지지대와의 고정나사를 풀고 Master Compass 자체를 조금씩 회전시켜 Error를 수정한 후에 앞서 푼 고정나사를 Tightening시키면 된다. Error가 수정된 Master Gyrocompass는 다시 원상 복구시키면 수정절차가 완료된다.

1.7.2 Rudder Angle Indicator

1. Rudder Angle Indicator의 종류

기본적으로 Rudder Angle을 나타내고 있는 장치들은 여러 가지 Type이 있지만 여기에서는 일반적으로 많이 채택되고 있는 Type만을 언급한다.

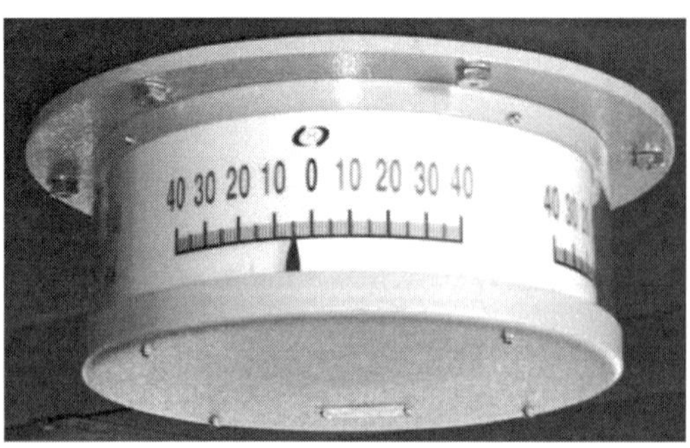

[그림 1-39] Panorama Type

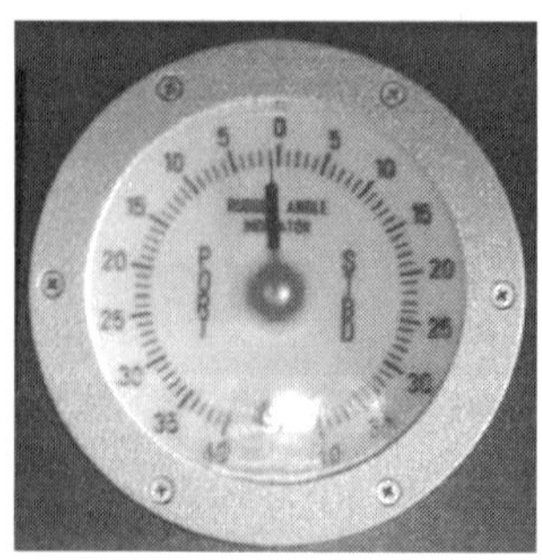

[그림 1-40] Flush Mounting Type

2. Zero setting

1) For Panorama Type

① Autopilot의 Steering Mode를 Hand Mode로 전환하고 Wheel을 중립에 둔다.
② Indicator의 하부의 Cover를 제거한다(필요에 따라서는 전원을 차단하는 것이 바람직하다).
③ Cover를 제거한 후에 Indicating Needle의 고정나사를 푼다.
④ Indicating Needle을 움직여 Zero로 맞춘 후에 고정나사를 Tightening한다.
⑤ Autopilot의 Wheel을 움직여 Indicator가 정확히 추종하는지 확인한다.
⑥ 추종 확인 후 Cover를 복구한다.

2) For Flush Mounting Type

① Autopilot의 Steering Mode를 Hand Mode로 전환하고, Wheel을 중립에 둔다.
② Indicator로 공급되는 전원을 차단한다.
③ Indicator의 전면부 Glass Cover를 제거한다.
④ Indicating Needle을 움직여 Zero에 Setting한다.
⑤ Indicator에 전원을 공급한다.
⑥ 전원공급 후에 Autopilot의 Wheel을 움직여 Indicator가 정확히 추종하는지 확인한다.
⑦ 추종 확인 후 Cover를 복구한다.

1.7.3 RADAR(JRC / JMA 9000 Series 및 ATLAS 9000 Series)

1. Routine Maintenance

일반적으로 레이더에는 고전력이 공급되므로 이를 관리 운용하는 데는 상당한 주의가 필요하다. 그 이유로 일상적으로 관리해야 할 부분은 다음과 같이 아주 제한적이다.

① 각 장비의 먼지나 녹 그리고 해수를 마른 헝겊으로 제거한다.
② 원활한 통풍을 위해 Air Vent를 Brush로 청소한다.
③ Air Vent Filter가 설치되어 있다면 Filter의 오염상태에 따라 신환한다.

2. Maintenance의 중요 부분

1) Scanner

(1) Supply Oil Seal(every six months) - Only For JMA

① Radar의 Main Power를 Off한다.

② Scanner Gear Box를 Open한다.

③ Grease Nipple을 찾아 Grease Gun을 이용하며 Instruction에 명시된 해당 Grease를 주입한다(Oil seal로 Grease가 약간 유출될 때까지 주입).

④ 주입 완료 후 Gear Box를 복구시킨다. 이때 Bolt의 Tightening은 적절한 절차(주로 Instruction에 명시되어 있음)에 따라 시행하여야 한다.

(2) Oiling Gear(at least every six months) - Only For JMA

① Radar의 Main Power를 Off한다.

② Scanner Gear Box를 Open한다.

③ Brush나 Spreader를 이용하여 Instruction에 명시된 해당 Grease를 Main Shaft Drive Gear의 표면에 바른다.

④ Gear에 Greasing 후 Gear Box의 Cover를 복구한다. 이때 Bolt의 Tightening은 적절한 절차(주로 instruction에 명시되어 있음)에 따라 시행하여야 한다.

(3) Cleaning Scanner And Gear Box

① Cleaning Scanner : Scanner의 표면에 이물질이 고착되어 있는 경우는 Radar Beam의 방사를 약하게 하거나 반사시킬 수 있기 때문에 항상 청결하게 유지하여야 한다. 이때 이물질을 제거하고 할 때에는 물이나 알코올을 부드러운 천에 적셔서 시행하여야 한다.

② Cleaning Gear Box : 습기나 해수 등에 의해 상당히 부식이 진행될 수 있기 때문에 주기적으로 점검을 실시하여 부식방지 정비를 시행하여야 한다. 일반적으로 이러한 부식을 방지하기 위한 최우선의 방법은 Painting일 것이다.

2) Display Unit

Display Unit에 먼지가 쌓일 경우는 비디오를 어둡게 하고 명확성을 떨어뜨리기 때문에 부드러운 천을 가지고 가볍게 문질러 청소를 하여야 한다. 강하게 문지르거나 Gasoline 및 Thinner 등을 이용하면 Display Unit에 Damage를 발생시킬 수 있기 때문에 피하여야 한다.

3) Coaxial Cable

Coaxial Cable의 Pipe Grand는 철저하게 Watertight가 이루어져야 한다. 이러한 Watertight를 위한 가장 좋은 방법은 주기적(every six months)으로 Painting하는 것이 추천되고 있다.

3. Function Check

일반적으로 레이더는 별도의 점검 수단을 강구하지 않고도 자체적으로 기본적인 Function Check을 할 수 있는 시스템을 구축하고 있다. 일반적으로 Self Check라고도 하는 이 기능은 쉽게 레이더 작동상의 Condition Check를 함과 동시에 문제가 있는 부분을 식별해주기 때문에 아주 유용하다. 이러한 Function Check에 포함된 점검항목은 Maker마다 다소 다르기 때문에 충분히 사용 전에 Instruction을 숙지하고 정기적으로 시행하여야 한다. 다음은 JRC사 JMA 9000 Series의 Function Check에 포함된 내용이다.

① Self Check : Check of Memory, Safety Switch, Various Currents And Voltages And Communication Lines
② Panel Check : Check of Panel
③ Arpa Check : Check of Arpa
④ Mag Current : Check of Magnetron Current
⑤ Pm : Check With Performance Monitor
⑥ Error Logging : Error Logging Display
⑦ System Info : System Information Display

4. 정기적인 부품 교환

1) Magnetron 교환

이극관으로서 양극은 매우 정확한 크기의 공동을 가진 원통형이며, 음극은 막대기형으로 원통의 중심축에 있어 말굽자석이 원통축을 따라 강력한 자계를 만드는 장치로 소모성이다. 이는 Maker별로 표준 사용시간을 명시하고 있으며, 그 이상 사용 시는 급격한 감도 저하의 원인되기 때문에 정확하게 사용시간을 Check하고 적절한 시기에 교환을 하여야 한다. 교환방법은 각 기종별로 Instruction에 명확하게 나와 있기 때문에 절차에 따라 교환작업을 시행하여야 한다. 앞서 언급한 바와 같이 레이더는 고압전류를 사용하는 장비임을 한 번 더 명심하고, 항상 주의하면서 명확한 절차에 따라 모든 작업이 이루어져야 한다. 다음은 실무에서 가정 널리 사용되고 있는 JRC와 ATLAS의 rAdar Instruction에 나와 있는 Magnetron 교환절차의 일부분이다.

(1) JRC

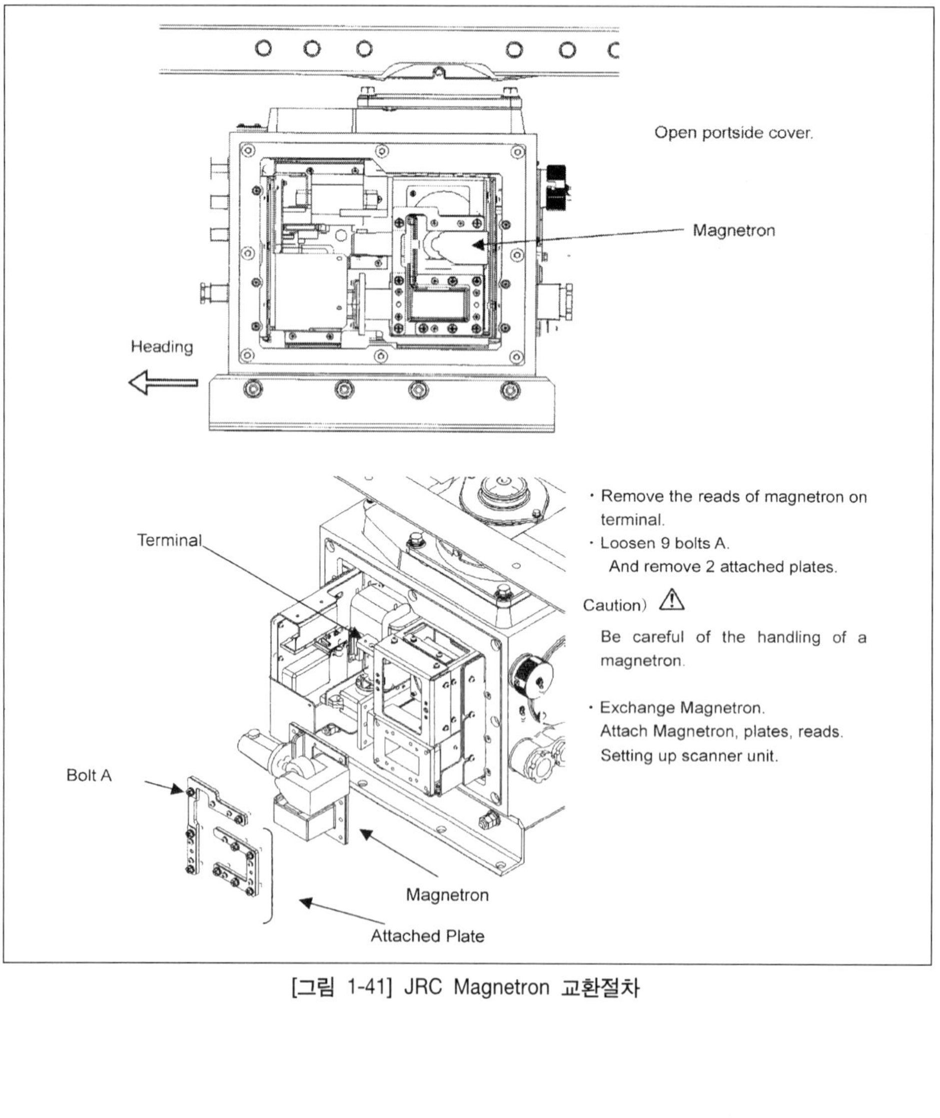

[그림 1-41] JRC Magnetron 교환절차

(2) ATLAS

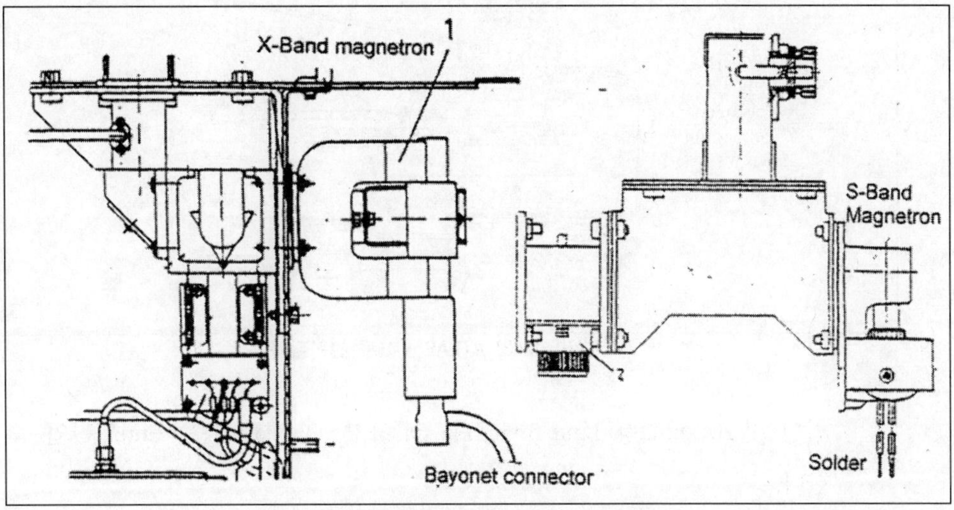

[그림 1-42] ATLAS Magnetron 교환절차

① 레이더 전원을 Off하고, Transmitter Unit의 Cover를 Open한다.

② Modulator Unit의 Screen Cover의 Screw 6개를 풀고 좌측으로 밀어서 Cover를 분리한다.

③ Magnetron을 교체한다.

㉠ X-Band의 경우 : Bayonet Connector를 반시계 방향으로 90˚회전하여 분리하고 Magnetron은 6개의 너트를 풀어 취외하고, 역순으로 신품을 취부한다.

㉡ S-Band의 경우 : Connector를 Unsolder하여 분리하고, Wire가 바뀌지 않도록 표시한 후, 고정대의 너트 6개를 풀어 취부하고, 역순으로 신품을 취부한다.

〈주의〉 Magnetron 교환 후, 즉시 Radar를 동작시키는 것보다는 1시간 이상을 STBY 상태로 Warming 하는 것이 Magnetron 수명을 연장시킬 수 있다.

2) V-belt 교환 - Only for ATLAS

ATLAS Radar의 Gear Box내부에 있는 Scanner의 회전력을 전달하는 역할을 담당하고 있는 V-Belt는 주기적인 점검이 이루어져야 한다. 장력이 적절하지 못한 경우나 V-Belt의 자체에 손상이 발생한 경우는 Scanner의 회전에 문제를 일으키고 이는 바로 레이더의 정상 기능 작동을 불가하게 만들 것이다. 다음은 V-Belt 점검절차의 일부분이다.

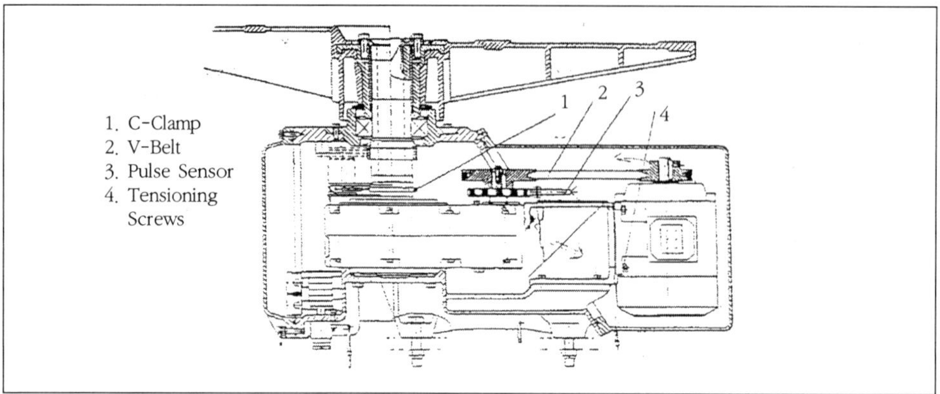

[그림 1-43] ATLAS V-belt 교환절차

① 전원 및 Antenna용 Line Switch를 Off하고, Display에 Antenna 작업 중 표식을 한다.

② Gear Bos Casing의 스위치를 이용하여 Antenna Motor의 Power를 Off한다.

③ Antenna Gear Bos를 Open한다.

④ 안테나의 V-Belt의 장력을 검사하고, V-Belt의 Tooth를 육안 검사하여 손상이 있는지 확인한다.

㉠ 손상 시는 V-Belt를 Gear Box 내의 Spare Belt로 교환한다.

㉡ V-Belt의 장력이 느슨하면 [그림 1-43]을 참조, Tensioning Screw를 이용해 장력을 조절한다.

5. Radar Limitations

레이더는 사람에게 있어 눈과 같은 역할을 하는 장비로 안전항해에 있어 그 중요성은 언급할 필요가 없을 정도이다. 하지만 이러한 중요성에도 불구하고 안전항해상 장비에 대한 과신은 반드시 피해야 한다고 명시하고 있다. 그런 이유에 있어서 레이더의 경우는 기기 자체가 다음과 같은 한계, 즉 단점을 가지고 있기 때문이다. 이러한 한계는 반드시 사전에 충분히 측정되어야 하고, 항해사들은 이를 반드시 숙지하고 있어야 한다.

1) Blind Sector

(1) 원 인

선박에 있어서 레이더의 Scanner는 일반적으로 Accommodation 상부 Radar Mast에 설치하게 되는데 이러한 이유로 Radar Mast 및 주변에 있는 Funnel 등이 [그림 1-44]처럼 Radar Scanner에서의 빔의 송수신을 차단하게 된다.

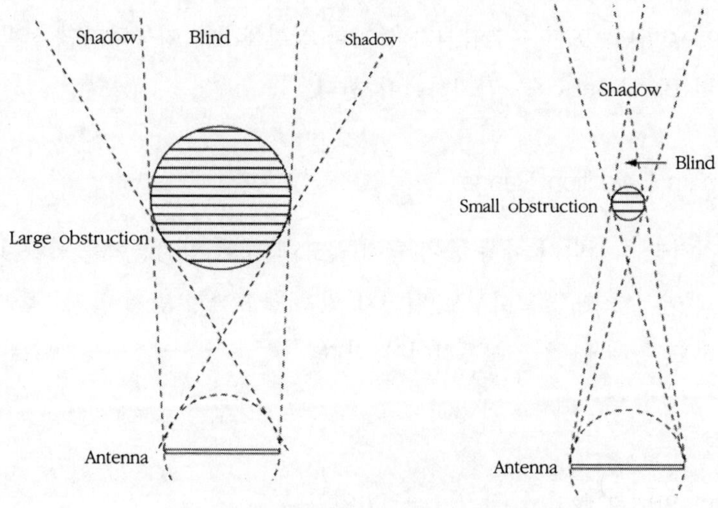

[그림 1-44] Blind Sector

(2) 측정방법

Radar의 Scale을 Small Range에 설정하고 적절한 Tune 값을 설정한 후 Gain을 최대값에 Setting을 한다. 이때 레이더 화면에는 이득률이 최대이기 때문에 화면 전체가 해면반사파로 덮일 것이다. 이러한 가운데 해면반사파가 전혀 잡히지 않는 구간이 나타나게 되는데 이 구간이 Blind Sector가 된다. [그림 1-45]는 이러한 방법을 통하여 측정된 Blind Sector의 예이다.

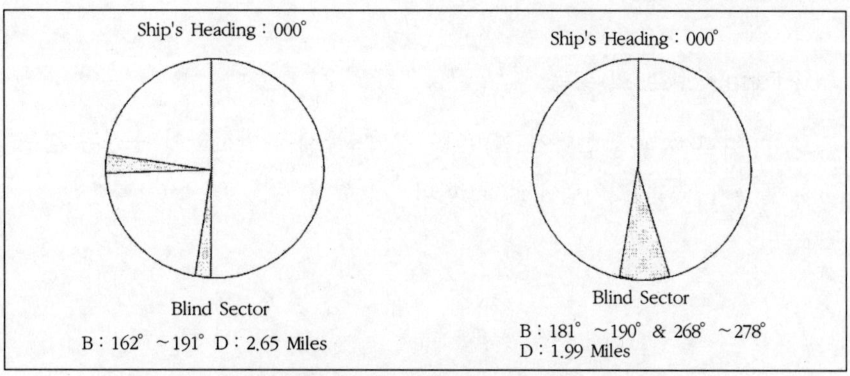

[그림 1-45] Blind Sector 작성 예

(3) 대응방법

레이더를 사용할 때 위의 방법에 의해 측정된 Blind Sector표를 레이더의 눈에 잘 띄는 곳에 부착하여 항해사에게 항상 숙지하도록 유지하고, 수시로 Blind Sector부분을 육안으로 감시하여야 한다. 또한 육안감시가 불가한 상황에서는 가능하다면 선박의 선수를 좌우 회두시켜 Blind Sector를 감시하여야 한다.

2) Minimum Detection Range

최소 탐지거리는 선박이 항행 중에 근접 물표에 대한 탐지능력을 말하며 선박에 탑재되어 있는 레이더가 최소 얼마정도 떨어져 있는 물표까지 탐지가 가능한지를 계산하여 이를 숙지하고 항해에 적극 활용하여야 한다.

(1) 규 정

최소 50m 이내의 물표를 감지할 수 있어야 한다.

(2) 계산법

본선에 장착되어 있는 Radar의 Small Range에서의 Short Pulse의 Duration을 Instruction에서 찾아 그 Short Pulse의 Duration의 1/2에 해당하는 값이 최소 탐지거리가 된다.

㉮ short pulse duration : $0.1\mu s$

$0.1/2 \times$ 전파의 속도$(3 \times 10^8) = 15$meters

3) False Echoes

(1) False Echoes의 종류

① Indirect Echo : 선박에 설비되어 있는 물체에 반사되어 수신된 경우 다른 위치에 물표가 있는 것처럼 Display한다.

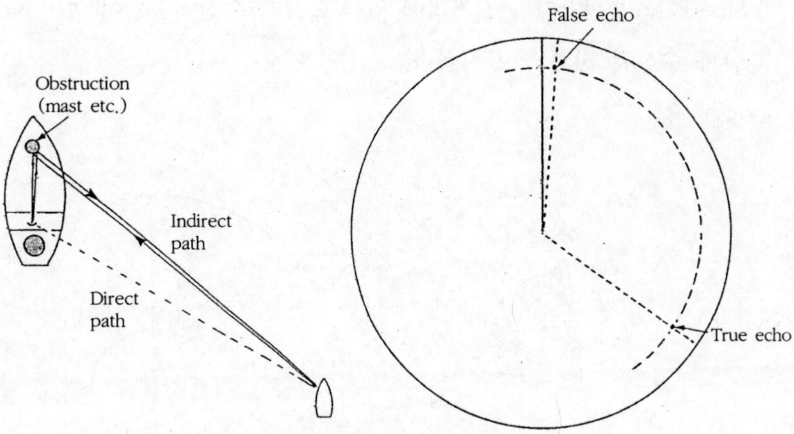

[그림 1-46] Indirect Echo

② Multiple Echo : 선박과 근접거리에 있는 선박간 다중 반사에 의한 수신으로 같은 방위에 등거리로 여러 개의 점으로 물표가 표시된다.

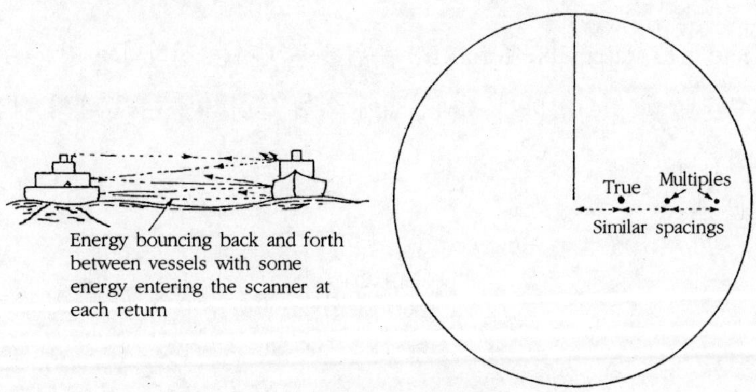

[그림 1-47] Multiple Echo

③ Side Echo : 선박의 근접거리에 있는 물표가 수신이득률이 높아 Side Lope에 의해 반사 수신된 전파가 표시된다.

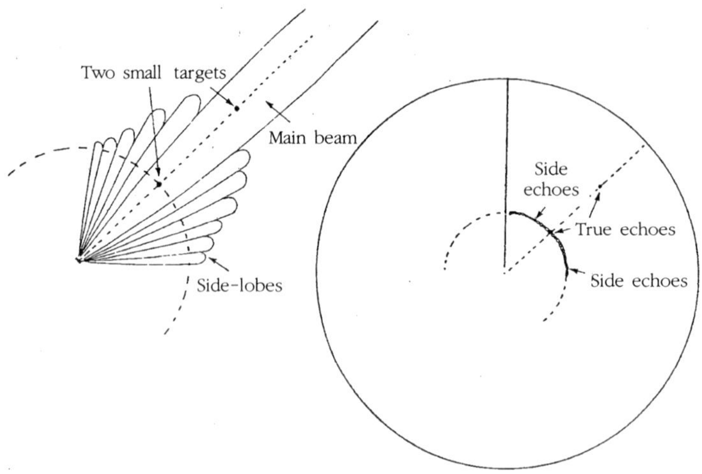

[그림 1-48] Side Echo

④ Radar to Radar Interference : 주위를 항해하는 선박과의 같은 주파수대의 레이더를 사용하므로 인하여 전파간섭에 의해 레이더에 여러 개의 나선형의 점들이 나타난다.

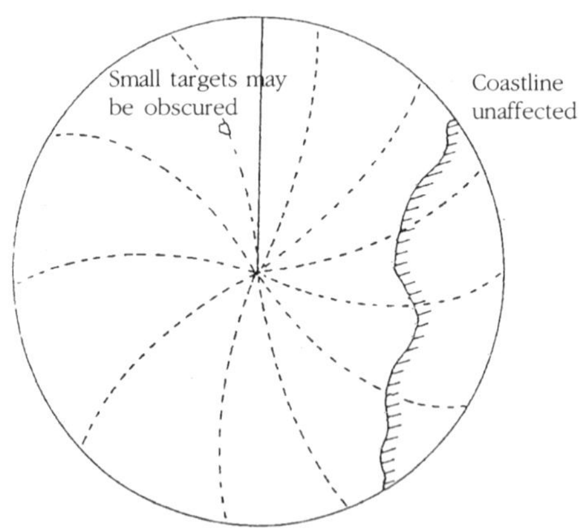

[그림 1-49] Radar to Radar Interference

(2) 대 응

① Indirect 및 Multiple Echo의 경우는 수신전파의 반사각이 우연히 맞아 선박의 Scanner로 수신된 경우이므로 선박의 Heading을 좌우로 회두시키고, Gain 값을 다소 낮추면 감쇠시킬 수 있다.

② Side Echo : 본선의 레이더의 수신이득률이 너무 높아서 Side Lope에 의해 반사된 전파도 물표로 인지를 한 경우이므로 Gain 값을 다소 낮추면 감쇠시킬 수 있다.

③ Radar to Radar Interference의 경우는 최근에 설비되는 레이더의 경우 자체적으로 Interference Rejection 기능을 갖추고 있어서 이 기능을 실행시키면 감쇠시킬 수 있으며, 만약 그런 기능이 없다면 레이더를 잠시 Standby 상태로 전환한 후 다시 on시키면 감쇠시킬 수 있다.

1.7.4 Magnetic Compass

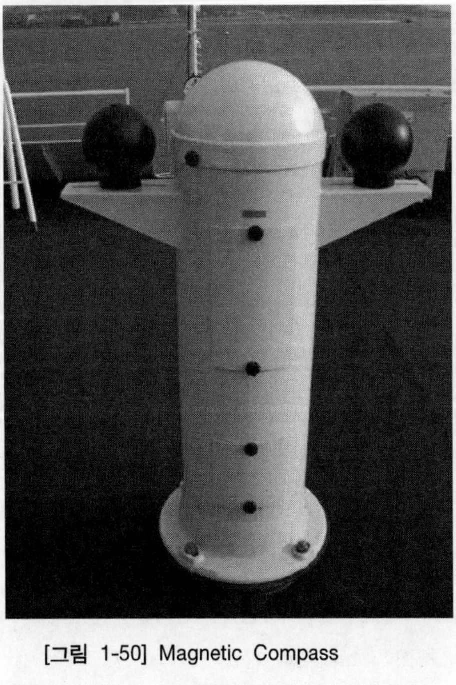

[그림 1-50] Magnetic Compass

1. Routine Maintenance

일반적으로 Magnetic Compass는 특별히 정기적으로 점검해야 할 사항은 없다. 하지만 비상시, 즉 Gyrocompass의 고장이 발생할 경우에는 그 대용으로 사용해야 하는 하므로 최소한 다음과 같은 사항에 관해서는 점검이 이루어져야 한다.

1) Lamp 확인

Magnetic Compass는 통상 선박의 외부(compass deck)에 설치가 된다. 이러한 이유로 해풍이나 직사광선에 노출이 되어 부식 및 경화가 촉진될 수 있기에, 일반적으로 보호차원에서 Cover를 씌워 관리를 하고 있다. 이때에 Magnetic Compass 내부에 설치되어 있는 Lamp가 켜지지 않는다면 Magnetic Bearing 확인이 불가할 것이다.

2) 자차 확인

Magnetic Compass는 비상대응의 차원에서 항상 관리가 되어야 하고, 항상 정확한 Bearing 값을 갖도록 유지하여야 한다. 그러므로 항상 자차를 계산하고 Log Book에 기록을 유지하고 있는 것이다. 하지만 이러한 자차는 선박의 노후 및 기타 선체 변화(물건의 이동, 개조 등)에 의해 그 자차가 변화하게 되는데 이런 경우는 적절한 절차에 의해 자차를 수정하여야 한다. 일반적으로 실무에서는 +/− 5도 이상의 자차가 생기면 수정을 실시한다.

3) Bowl 내부의 Bubble 확인

선박의 운항지역의 기온차 및 Magnetic Compass의 Bowl Sealing 부적절 등의 이유로 Compass Bowl 내부에 Bubble이 생길 수가 있다. 이러한 Bubble은 Compass의 정확한 Bearing 지시에 영향을 미치기 때문에 가능하면 조속히 제거하여야 한다. Bubble 제거 방법은 일명 De-Aeration 작업이라고 하여 상당히 장시간에 걸쳐 복잡한 절차에 의해 이루어져야 한다(통상 instruction에 자세히 명시되어 있음).

하지만, 통상 항해 중 상당량의 Bubble이 발생하였을 경우는 보유하고 있는 Spare Bowl로 교환을 하거나, 만약 Spare를 보유하고 있지 않다면 임시적으로 Bubble을 제거하여야 하는데 그 절차는 다음과 같다.

① Magnetic Compass Bowl을 분리시킨다.

② Bowl을 다소 흔들어 Bubble이 모이도록 한다.

③ Bowl을 천천히 수직으로 세워 Bubble이 Filler Hole로 모이도록 한다.

④ Filler Plug 및 Gasket을 제거한다.
⑤ 주사기를 이용하여 지정된 Liquid를 적당량 Filler Hole로 주입한다.
⑥ Bubble이 제거될 때까지 Liquid 주입 후 Fuller Plug 및 Gasket을 복구한다.

2. 자차 수정

자차 수정의 필요성에 관해서는 앞서 언급이 되어 재언급은 피하겠다. 여러 교재 및 Instruction에 자차 수정에 관한 절차가 명확히 명시되어 있다. 여기서는 가장 일반적으로 그리고 간편하게 자차를 본선 자체적으로 수정할 수 있는 방법을 제시하여 실무에서 직접 사용 가능하도록 한다.

1) 자차 수정법

(1) 사전 준비

① 선박을 가능하면 Even Keel 상태로 유지한다.
② 방위의 기준이 될 Gyrocompass의 Error 값이 수정되어 있어야 한다.
③ 해면상태가 양호한, 즉 선박의 Rolling 및 Pitching이 최소가 되는 지점에서 시행되어야 한다. 만약 다소 Compass Card의 요동이 있다면 Heeling Magnet으로 상하 이동시켜 요동을 최소화시킨다(경선차 수정).
④ 가능하면 편차가 적은 곳에서 실시하는 것이 유리하다.

(2) 4점 방위의 자차 수정

① 자침방위 090도에 Steady하고 선수미 B-magnet를 넣거나 빼고, 또는 상하 Hole로 이동시켜 자차가 최소가 되게 한다(㉮자차가 E일 때는 Red가 앞쪽으로).
② 180도에 Steady하고 횡방향 C-magnet를 넣거나 빼고, 또는 상하 Hole로 이동시켜 자차가 최소가 되게 한다(㉮ 자차가 E일 때는 Red가 왼쪽으로).
③ 270도에 Steady하고 선수미 B-magnet를 움직여 자차를 반으로 줄인다.
④ 000도에 Steady하고 횡방향 C-magnet를 움직여 자차를 반으로 줄인다.

(3) 8점 방위의 자차 수정

① 045도에 Steady하고 연철구를 움직여 자차를 최소가 되게 한다.

② 135도에 Steady하고 연철구를 움직여 자차를 반으로 줄인다.

2) 자차 수정 시 주의사항

① Gaussin Error를 없애기 위해 위의 여러 방위에 Steady일 때 적어도 2분 이상이 경과한 후에 자차 수정작업이 시행되어야 한다.

② 통상 실무에서는 4점 방위의 수정만으로도 정확한 자차 수정이 충분히 가능하다.

3) Magnetic Compass의 자차 수정 Magnet

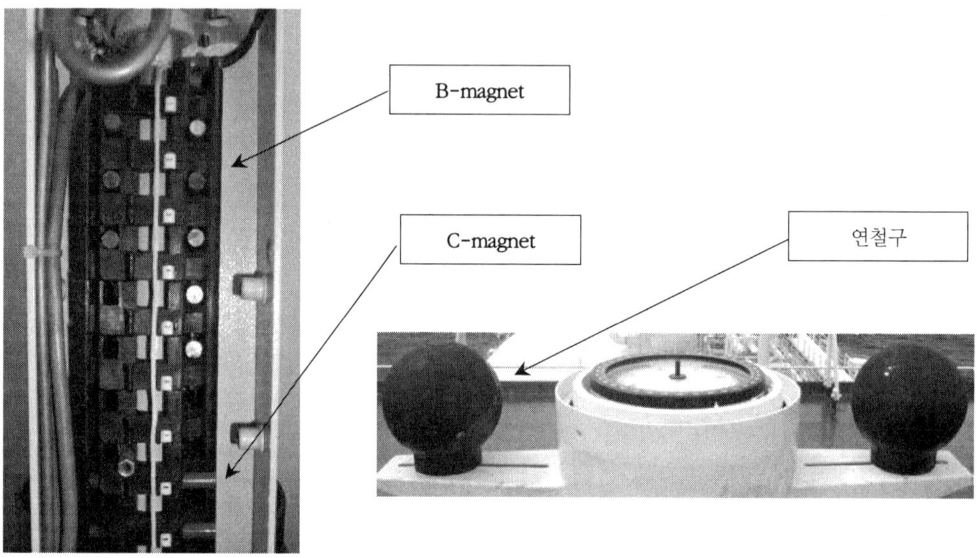

[그림 1-51] Magnetic Compass의 자차 수정 Magnet

3. 자차 곡선 작성

위에서 수정된 자차의 결과를 바탕으로 자체곡선을 그리고 선교에 게시하여야 한다. 이러한 자차 곡선은 B, C 및 Heeling Magnet의 위치를 포함하여 측정된 자차의 값을 연결하는 곡선형의 Graph로 작성되어야 한다. [그림 1-52]는 이러한 기준을 바탕으로 작성된 자체곡선의 일예이다.

DEVIATION TABLE

SHIP'S NAME

STANDARD COMPASS

DATE ______ ADJUSTED AT *ARABIAN SEA*

WEATHER *BC* SEA *3* VARIATION *0.1。 W*

SHIP'S HEAD		DEVIATION	
N	000。	1.0	E
NE	045。	0.1	E
E	090。	0.5	E
SE	135。	0.2	W
SE	180。	1.7	W
SW	225。	1.3	W
W	270。	0.5	W
NW	315。	0.3	E
N	000。	1.0	E

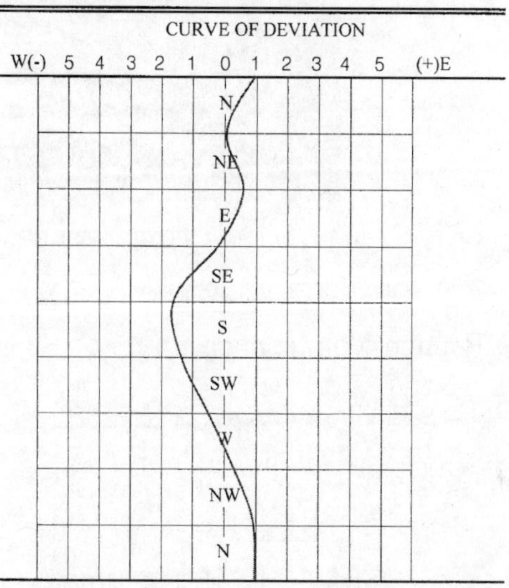

B(선수미) *7* MAGNETS RED ~~FORE~~ AFT AT (PORT) *1 8* (STB'D) *1 2 3 4 5* 6 8

C(정횡) *2* MAGNETS RED PORT ~~STB'D~~ AT *4*

D(연철구) *2* 35cm OUT FLINDER'S BAR : 38cm FORE ~~AFT~~

HEELING MAGNETS : RED ~~BLUE~~ UP *1* PIECE(S)

■ CORRECTION HISTORY

① B MAGNET : PORT - 1,2,3에서 1,8로 수정. STB'D - 1~5부가하여 6,8 삽입 수정함.
② C MAGNET : 8,9번을 빼고 4번 1개소로 이동 수정함.
③ 뒷장의 자차 수정 전후 사진 참조.

2/O : CAPTAIN :

[그림 1-52] 작성된 자체곡선의 예

1.7.5 GPS Receiver(Including DGPS Receiver)

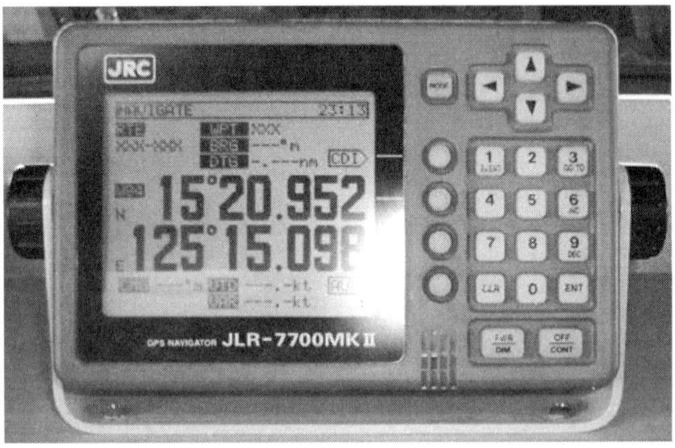

[그림 1-53] GPS Receiver

1. Routine Maintenance

일반적으로 GPS Receiver 또한 특별한 점검사항은 없으나, 다음과 같은 검사는 본 장비의 최적 상태유지 및 사용기간의 연장을 도모할 수 있을 것이다.

① 장비가 적절한 설치 여부 및 고정용 Screws들은 Tightening 상태 확인

② 각종 케이블의 연결상태 확인(Power Supply 및 Antenna Cable)

③ 퓨즈의 상태

④ 장비자체의 어떤 손상 여부

⑤ 각종 연결 케이블의 손상 여부

2. Critical Problem

1) Power Failure

① 전원이 들어오지 않을 경우는 가장 먼저 퓨즈의 상태를 확인한다.

② 퓨즈 상태가 양호하다면 전원공급 케이블을 분리하여 Tester기로 전원의 공급 여부를 확인한다.

2) 위치수신 불가

① 일반적으로 위치수신 불가는 특정 지역에 있어서 종종 잠시 위치수신을 못하는 경우가 발생할 수 있다. 하지만 이러한 현상은 본선에서 자체적으로 해결할 수 없는 것이지만 잠깐의 위치수신 불가이므로 항해안전에는 크게 영향이 없을 것으로 판단된다.

② GPS Receiver의 수신 안테나의 설치위치가 다소 부적절하여 선체의 고정물에 의하여 전파수신이 잘 되지 않아 위치수신이 종종 되지 않는 경우도 있다.

③ 상기와 같은 이유가 아닌 위치수신이 전혀 되지 않는 경우의 주요 원인은 GPS Receiver의 안테나가 일반적으로 선박의 가장 높은 외부에 설치되는 관계로 선체 진동이나 강한 해풍에 의하여 손상을 입는 경우이다.

안테나의 상태를 직접 확인하는 것은 고소 지역에 설치되어 있는 관계로 위험성이 크기 때문에 일반적인 안테나 상태 확인 방법은 GPS Receiver의 Antenna Cable을 분리하여 Tester기로 Antenna Cable의 접점을 연결하여 안테나의 상태를 확인한다. 만약 안테나의 저항치가 무한대가 나온다면 이는 안테나에 손상이 발생하였다는 의미이다. 이때는 안테나를 직접 점검하여 손상부분을 수리하여야 한다.

1.7.6 Ship's Clock

[그림 1-54] Ship's Clock

1. Maintenance

1) Trouble Shooting

(1) 작동이 되지 않을 경우

① 전원 S/W 확인 : [그림 1-55]에서 보는 것처럼 먼저 Control Panel부의 작동 S/W(time on/off switch)가 On 상태에 있는지 확인한다. 그리고 Ship's Clock의 전면부를 개방하면 AC 및 DC Power S/W가 [그림 1-56]처럼 보일 것이다. 이러한 Power S/W가 On 상태에 있는지를 또한 확인한다.

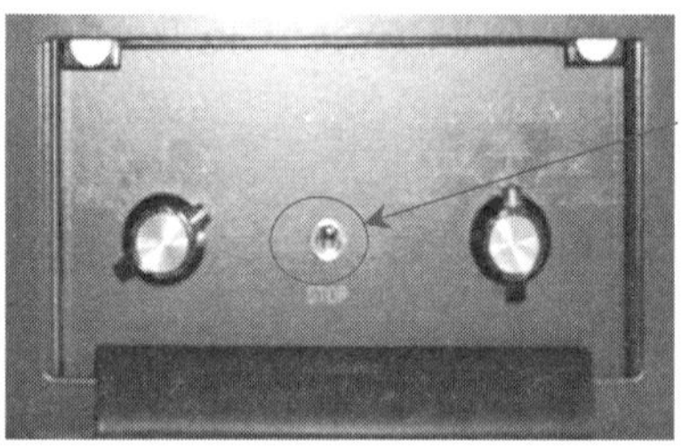

[그림 1-55] Time On/Off S/W

[그림 1-56] Power On/Off S/W

② Fuse 상태 확인 : 상기의 Time On/Off S/W가 정상상태에 있음에도 불구하고 작동이 되지 않을 경우는 [그림 1-57]에서 보이는 Fuse의 상태를 확인하여야 한다. 이때 그림에서 보는 바와 같이 일반적인 전자기기의 것과는 다른 Type의 Fuse가 설치되어 있음을 알 수 있는데, 현재 거의 대부분의 Ship's Clock은 제조사에 상관없이 그림에서 보는 Fuse를 사용하고 있다고 할 수 있다.

[그림 1-57] Fuse

Fuse의 상태확인이 용이하도록 하기 위하여 이러한 Type을 채택하지 않았나 싶다. 상태확인 방법은 아주 간단히 [그림 1-57]에서 표시되어진 것처럼 Fuse의 상단에 각각 Hole이 있는데, 이러한 Hole은 정상상태인 경우에는 아무런 표시가 없지만 Fuse가 끊어진 경우에는 하얀색으로 표시가 되기 때문에 Hole 내부의 색깔을 확인하면 간단히 Fuse의 상태를 확인할 수 있다.

③ 전원공급 상태확인 : 앞의 모든 상태를 점검한 후에도 작동이 되지 않을 경우에는 [그림 1-58]에서 보는 선내 전원의 공급부를 직접 점검하여야 하며, 만약 전원이 정상적으로 공급되고 있다면 이때에는 더 이상 본선에서 할 수 있는 다음의 점검항목은 없으며, Board의 문제가 있는 것으로 판단할 수 있기 때문에 수리신청서를 작성하여 Service Engineer에 의한 수리가 이루어져야 할 것이다.

하지만 만약 전원이 들어오지 않는다면 선내의 전원 및 Ship's Clock으로 들어오는 전원 계통을 모두 점검하여야 할 것이다. 점검절차는 [그림 1-58]에서 보는 단자를 Tester기로 점검을 하면 되는데 기본적으로 AC 220V 및 DC 24V가 정상상태에서는 공급되어야 하므로 이를 점검하면 된다.

[그림 1-58] Ship's Clock 내부

(2) 시간이 잘 맞지 않는 경우

0.5sec 및 30sec Logger Signal 확인을 하여야 한다. Ship's Clock의 일정한 주기 즉 0.5sec 및 30 sec 주기의 펄스로 작동이 되는데 이들 Logger Signal은 +/−24V의 전압을 형성하게 된다. 만약 이러한 펄스의 주기가 일정하지 않다면 이는 시계가 정상적으로

작동하고 있지 않다는 말과 같기 때문에 이 또한 Board상의 문제로 간주할 수가 있겠다.

이러한 경우는 본선에서 수리할 수 있는 방법이 없기 때문에 Board 문제에 관한 것과 함께 수리신청서를 작성하여 Service Engineer에 의해 수리가 이루어질 수 있도록 하여야 한다. 펄스의 점검방법은 단자 부분을 Tester기로 DC Mode에서 Stop Watch를 같이 사용하여 펄스의 주기를 점검하면 된다.

2) Adjustment

(1) 시간의 전・후진

① Ship's Clock의 Slave 조정 : Ship's Clock의 Slave의 조정은 모든 선내의 시계가 연결이 되어 있어 함께 조정하게 되어 있다. 이러한 연유로 선내 시간의 변경이 있을 경우에는 Ship's Clock의 Slave만 조정하면 선내의 다른 시계를 개별적으로 조정할 필요는 없게 된다. 조정방법은 아주 간단하면 기본적으로 Advance 및 Reverse를 위한 S/W를 작동시켜서 조정하면 된다.

② 선내 전반의 Slave Clock 점검 : 앞서 언급한대로 Ship's Clock의 Slave만 조정을 하게 되면 다른 선내 시계는 개별적으로 조정할 필요는 없지만, 종종 시간이 약간씩 틀린 경우가 발생할 수 있기 때문에 주기적으로 Stop Watch를 사용, 선내 순찰을 통하여 필요에 따라서는 선내 전반의 시계를 점검하고 조정을 하여야 한다.
조정방법은 간단히 분침을 직접 움직일 수 있는 시계와 시계의 뒷부분에 조정 Knob이 있는 시계가 있는데 간단히 조정하여 수정을 하면 된다. 이러한 개별적 시계의 조정이 다른 시계에 어떠한 영향도 미치지 아니한다.

(2) 초침 조정

① Master Clock의 초침 조정 : Master Clock은 아주 정교하게 제작된 시계이므로 특별히 조정을 할 필요는 없지만 간혹 초단위의 오차가 발생할 수 있는데, 이때에는 시보 등을 청취하여 정확한 시간을 확인하고 Master Clock의 초침을 수정하여야 하는데 조정방법은 앞서 언급한 Time On/Off S/W를 이용하여 0점 조정을 한 후에 Off하고 정확한 시간에 On시켜 조정을 하면 된다.

② Bridge 및 ECR의 Slave Clock의 초침조정 : 이는 개별적 Slave Clock의 조정인데, 앞서 언급된 Time On/Off S/W를 이용한다면 또 다시 Master Clock에 오차가 발생

하게 되므로, 개별적 방법으로 오차수정을 하여야 하는데 기본적으로 모든 선내 시계 중에 초침을 가지고 있는 시계의 경우는 [그림 1-59]에서 보는 바와 같은 Second Adjust.용 S/W가 별로도 설치되어 있는데 이를 이용하여 오차수정을 하면 된다(통상 Bridge나 ECR Control Console의 각종 Dimmer S/W가 부착 부분에 같이 설치되어 있음).

수정방법은 아주 간단한데, 그림에서의 Second Adjust. S/W를 한 번 누르면 초침이 정지하고 한 번 더 누르면 다시 움직이기 시작한다. 이러한 기능을 이용하여 0점 조정을 하여 해당 S/W를 한 번 누르고, 시간을 확인하여 정확한 시간에 다시 해당 S/W를 한 번 더 누르면 된다.

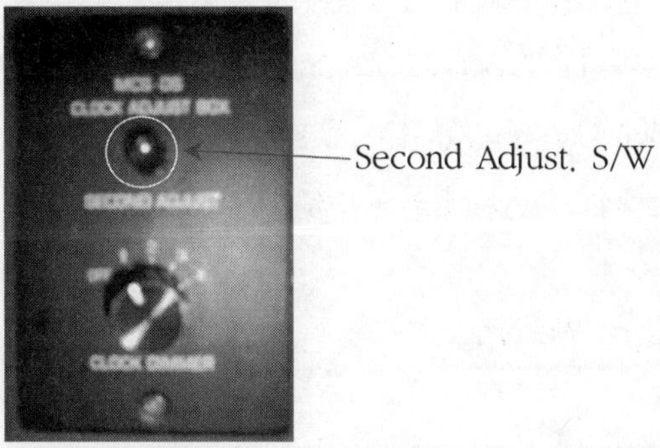

[그림 1-59] Second Adjust. S/W

1.7.7 Doppler Speed Log(FURUNO DS-30)

Doppler Speed Log는 다른 장비와는 달리 특별히 점검을 해야 할 항목은 없으나, 기본적으로 다음과 같은 사항에 관하여 숙지하고, 주기적 시행 및 적절하게 문제발생 시에 대체할 수 있는 방법을 알아 두어야 할 것이다.

1. Self Check

대부분의 Doppler Speed Log는 특별히 점검을 할 사항이 없는 관계로 사용자가 기기의 상태를 확인하기가 어려울 것이다. 이러한 측면에서 스스로 자가 진단을 할 수 있는 Self Check 기능이 대부분 부가되어 있다. 이러한 Self Check 기능은 주요한 Circuits의 상태를 진단하는 것으로 주기적으로 시행을 하여 상태를 확인하여야 한다.

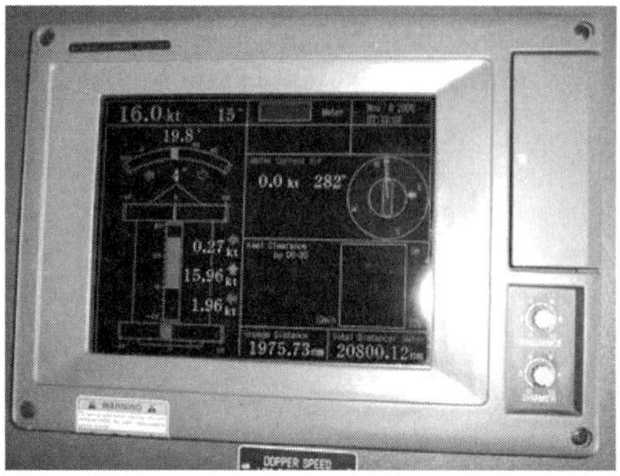

[그림 1-60] Doppler Log Speed

만약 Self Check의 실행결과 문제점들이 발생한다면 이는 본선에서 수리할 수 있는 사항이 아니므로 Service Engineer에 의해 수리가 이루어질 수 있도록 조치를 취하여야 한다. Self Check 기능의 시행방법은 대부분의 기종에서와 같이 간단히 Menu Key를 실행하면 Self Check 항목이 나오게 되는데 바로 선택하여 실행하면 된다.

2. Error Warning

〈표 1-18〉 Error Table

Error Code	Error Status
000	Error in data communication with transceiver unit
001	Abnormal ship's mains voltage (outside ±15% of rated value)
002	Overheated transducer (transducer surface temperature more than 60℃)
003	Abnormal +B voltage
004	Abnormal TX voltage of beam 1
005	Abnormal TX current of beam 1
006	Abnormal TX voltage of beam 2
007	Abnormal TX current of beam 2
008	Abnormal TX voltage of beam 3
009	Abnormal TX current of beam 3
020	Abnormally high temperature in display unit
100	Heading data input error (gyrocompass)
101	Rate-of-turn data input error
102	High temperature in rate-of-turn gyro
103	Abnormal lazer in rate-of-turn gyro
104	Abnormal control in rate-of-turn gyro
200	Temperature sensor input error (transducer)
201	Clinometer pitching signal input error
202	Clinometer rolling signal input error

Doppler Speed Log는 작동 중에 발생하는 Error를 Code화하여 화면에 표시를 해준다. 발생된 Error Code는 〈표 1-18〉과 같이 Instruction에 나와 있는 Error Table을 확인하여 해당 Error의 내용을 확인하고, 필요한 조치를 취하여야 한다. 여기서의 필요한 조치란 본선에서 점검할 수 있는 항목과 그렇지 못한 항목의 경우는 수리신청을 하여 Service Engineer에 의해 수리가 이루어질 수 있도록 하는 것이다.

본 기기는 항해 중에 계속해서 작동을 시키는 장비 중에 하나로 그 중요성은 언급할 필요가 없을 것이다. 이러한 관계로 항상 수시로 작동 중에 error 발생 여부를 확인하여야 한다.

3. Troubleshooting Flow Chart

Doppler Speed Log의 작동시킬 때 발생할 수 있는 기본적인 Error나 문제들은 간단히 본선에서도 일정한 절차에 의해서 점검을 하고 처리하여야 할 것이다. 이러한 일련의 절차를 사용자가 쉽게 접근하여 해당 Error나 문제를 처리할 수 있도록 [그림 1-61]과 같은 Troubleshooting Flow Chart를 제시하고 있다. 이러한 Flow Chart는 대부분의 항해기기에서처럼 Instruction에 나와 있기 때문에 필요에 따라서는 숙지하고, 문제발생 시 절차에 따라 조치를 취하여야 한다.

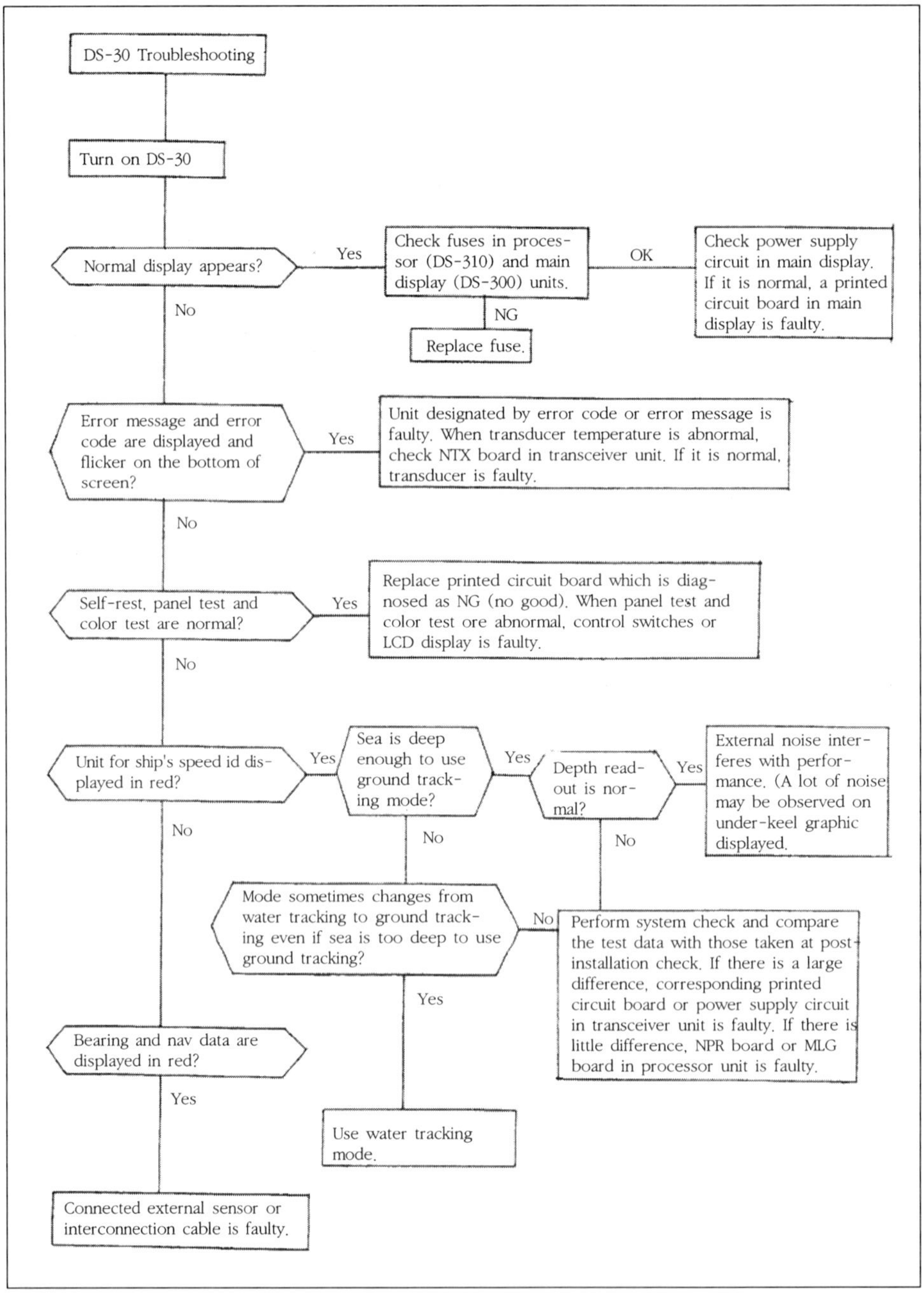

[그림 1-61] Troubleshooting Flow Chart

1.7.8 Echo Sounder(FURUNO FE-700)

[그림 1-62] Echo Sounder

Echo Sounder 또한 Speed Log와 마찬가지로 특별히 다른 항해기기에 비해 점검할 사항은 없다. 이런 관계로 가장 기본이 되는 사항들에 관해서만 점검 및 관리가 되어야 할 것이다.

1. Maintenance

1) Self Check

기본적으로 거의 대부분의 항해기기가 가지고 있는 기능과 같은 것으로 Echo Sounder 또한 이러한 기능을 가지고 있다. 주요 자가진단의 목적은 ROM, RAM, Color Bar 및 Keyboard의 작동상태를 점검하는 것이다. 실행방법은 간단히 Menu상에서 선택을 하면 된다. 이 또한 해당 기능의 수행 후에 진단된 문제는 본선에서 조치할 수 있는 사항이 아니므로 수리신청이 이루어져야 할 것이다.

2) Display Unit의 Cleaning 및 Fuse, Battery의 교환

장비의 청결상태 유지는 해당 장비의 사용 수명 연장에 기여할 것이다. 그리고 본선에서 정비할 수 있는 항목으로 Fuse 및 Battery의 교체인데, 기본적으로 전원이 On되지 않을 경우는 Fuse를 확인하고 지정된 해당 Fuse로 교체하면 된다.

Battery의 경우는 기기를 Power Off 했을 경우 Memory Data를 보전하기 위한 것으로 통상 수명이 3년 정도이므로 주기적으로 확인하여 지정된 해당 Battery로 교체하면 된다.

2. Troubleshooting

〈표 1-19〉는 장비를 작동시키는데 있어서 발생할 수 있는 문제에 관하여 그 현상 및 조치 사항을 나타낸 것이다. 문제발생할 시 해당 항목에 맞는 조치를 취하고 만약 해당 조치를 취하였는데도 정상상태로의 작동이 불가하다면 Service Engineer에 의한 점검 수리가 이루어지도록 조치하여야 한다.

〈표 1-19〉 Troubleshooting

Symptom	Probable Causes	Remedy
No picture, no reading measure	Low power supply	Check the supply voltage.
	Fuse blown	Replace the fuse.
	Power cable damaged	Check the cable and repair.
No echo sounding picture	Transducer cable damaged	Repair the cable.
	Transducer cable connection loosened	Tighten the connections.
	Transmitter not working	Make sure the maximum output power is selected. (See section 3.2 System Menu 1.)
Irregular display	Low sensitivity	Increase the Gain by turning the GAIN control clockwise
	Low reflectivity from seabed	Suspect muddy seabed.
	Marine life on transducer	Remove marine life from the transducer when dry docked.
Loss of seabed display	Out of range	Check the range scale setting.
	Air bubbles caused by going astern or running over other ship wakes	This is normal, it is not a sign of equipment trouble.
Heavy noise	Wrong installation place of transducer	Find cause of noise. Relocate the transducer if noise persists.
	Other echo sounders nearby	If more than one echo sounder is working on the ship, there is no ideal measure to cure the problem.
Surface noise	Aeration in near surface area	Not an equipment problem.
	Rough weather	Not an equipment problem.

제2장

해사 / 통신영어

2.1 MARINE RECORDS(해사기록)

2.1.1 Introduction(서론)

해사통신영어는 선박의 운용에 대한 기본적인 용어 및 다른 선박과의 의사소통을 위해 사용되는 영어뿐만 아니라, 항해사가 기록하는 항해일지의 기사 등 해사에 관련된 모든 영어를 말하는 것이다. 먼저 항해사가 선박의 동정을 수시로 기록하는 항해일지의 기사나, 입출항 시 Bell Book 기록 등에 대해서 살펴보고 다음으로 SMCP에 대해서 살펴보도록 한다.

2.1.1 Marine Records의 종류

1. Log Book(항해일지)

Log Book이란 선박이 운항 중 동정이나 상태 및 관련된 모든 사항을 기록하는 선내 업무일지를 말한다. 지난 날 범선시대에, 선박이 입출항한 일시, 통과한 섬, 곶 또는 시각을 갑판의 나무조각에 기록하여 둔 것이 시초라고 하여 Log Book이라고 하는 항해일지는 선박의 동정이나 상태 및 그에 관련되는 모든 사항을 기록하는 선내의 업무일지로서 여러 가지 중요한 의의를 갖는다. 이하 선박에서 통상 언급하는 Log Book이란 Deck Log Book을 말한다. 항해일지의 종류는 다음과 같다.

① Deck Log Book : 항해 및 정박 당직 중에 일어난 모든 사항을 기록한다.

② Engine Log Book : 기관 당직 중에 일어난 모든 사항을 기록한다.

③ Ship's Log Book : 일등항해사가 Deck Log Book의 주요 내용을 정리 기록하는 일지였으나 번거로움으로 Deck Log Book과 통합하여 작성한다.

④ Abstract Log Book : 항차별 중요 사항(running hour, average speed, average RPM, consumption quantity of F.O, D.O, etc.)을 요약한다.

⑤ Official Log Book : 선박등록국의 법령에 의해 규정된 기재사항을 기록한다.

2. Bell Book(벨 북)

Stand by Book이라고도 하며, 입출항 또는 전선(shifting) 시 3등항해사가 선교에서 입출항 관련 사항을 메모식으로 기록하는 것이며, 이를 정리하여 Deck Log Book에 기입한다.

3. Night Order Book(야간지시록)

선교 당직사관에 대한 선장의 복무지시 사항으로서 항해사가 항해 중 당직 교대하기 전에 야간지시록을 주의깊게 읽고 확인한다.

4. Sea Protest(해난보고서)

선박이 악천후 기타의 위험에 조우하여 선체 및 화물에 손해를 입은 경우 악천후으로 인한 손해는 명백하지 않더라도, 동요에 의한 화물의 이동이나 창구 및 통풍통 폐쇄 때문에 환기불량에 의한 손해가 예상되므로 조난의 사실을 기입한 해난보고서를 작성하여 준비하여야 한다.

이 보고는 운송인이 하주 및 보험업자에 대하여 상법의 규정에 따라 자기의 이익을 옹호하는 것이며, 이 보고가 없을 때는 해난이 없었다고 간주되며, 따라서 해난에 의하여 생긴 손해라 할지라도 그에 대한 배상의 책임이 면제되지 않는다. 해난보고는 화물손해에 대한 운송인의 면책을 입증하기 위한 것뿐만 아니라, 선원법에 규정된 선장의 항해에 관한 보고의무의 하나이다.

5. Repair Specification(수리사양서)

선박은 수선하의 선체, 타, 프로펠러, 밸브 등의 검사, 선저의 소제 및 페인트칠을 하기 위해 정기적으로 또는 이들 부분에 손상이 생겼을 때는 수시로 입거하지 않으면 안된다. 적은 손상의 수리는 정박 중, 입거하지 않고 하는 수도 많지만 본격적인 수리나 정기적인 검사를 받아야 하는 경우에는 입거를 하는 것이다.

입거예정일이 가까워 오면 본선의 책임사관은 입거 중 수리를 하여야 할 부분과 그의 수리방법 등을 기입하여 입거사양서를 작성하여 회사에 제출한다. 회사에서는 여러 가지 사정을 고려하여 조선소를 결정하며 입거주문서를 발급한다. 입거 전에 선주측 책임자와 조선소측 책임자가 필요한 사항을 수시 체크하여 차질이 없도록 하여야 하며, 입거수리사양서의 내용에 변경이 생겼을 경우에는 변경주문서로서 커버한다.

2.1.3 Deck Log Book

1. Deck Log Book의 기본 특성

1) Importance of Deck Log Book

① 선박 운항상 중요한 참고자료 : 선박 운항에 필요한 정보(기상상태, 화물 적부상태, 연료소모량 및 선상 작업 등)를 제공한다.

② 법률상 중요한 증거서류 : 여러 가지 원인(부주의, 악천후 등)으로 해양사고가 발생했을 시 법적 증거자료이다.

2) Instructions on drawing up deck log book

① 볼펜이나 잉크로 기록

② 지우지 말 것

③ 간결하고 명료하게 기록

④ 주의를 가지고 기록

⑤ 과거형으로 기록

⑥ 중요기록의 누락이 없도록 기록

3) Characteristics of marine record in deck log book

① 주어 생략 : 주어가 본선, 승무원 및 날씨를 나타낼 때에는 문장의 뜻이 달라지지 않는 이상 간결한 기록을 위해 생략

ex) Patrolled all of decks

Rough sea

② Be 동사 생략 : 문장의 의미가 불분명하지 않는다면 생략

ex) Visibility reduced due to fog

Vessel rolling and pitching heavily in rough sea

③ 정관사(the) 생략

ex) Pacific Ocean

North, South

Panama canal

④ 시제는 과거형

ex) Altered her course to 030

Sounded fog signal

Reduece her RPM to 160

⑤ 항해 용어(sea terms) 사용

ex) Made out(landfall) = found

Knocked off = finished = completed

⑥ 문장의 요점이 되는 단어로 의미전달이 가능할 경우 다른 단어의 생략이 가능

ex) Com'ced loading(cargo)

(It became) poor visibility

⑦ 본선을 나타내는 대명사는 3인칭 여성 단수(she, her)로 표현

ex) Altered her course to 015

Master conned her

⑧ 약자(abbreviation)나 기호(symbols) 사용

ex) WBT, APT, ETA

%, @, #

2. Principal Column(left page of deck log book)

1) Entries in the principal column

① Ship's name : 통상 M/V, M/T, S/S 또는 T/S 등의 선종에 이어 기입

② Voyage No. : 항차번호 기입

③ Present sailing condition : 항행 중인 경우는 출항지와 입항지, 정박 중에는 정박항의 항구명을 기입

④ Course : True, Gyro compass 및 Magnetic compass의 course 기입

⑤ Gyro compass error : 여러 가지의 천측에 의해 계산된 Gyro compass error 기입

⑥ Variation : 진북과 자기 자오선과의 교각으로 편동(E) 및 편서(W)로 기입

⑦ Deviation : 선체 자기의 영향을 편동(E) 및 편서(W)로 기입

⑧ Leeway : 풍압차를 의미하지만 통상 외력에 의해 선박이 압류되는 정도를 기입

⑨ Distance : 항주거리 기입(단위 : nautical mile)

⑩ R.P.M. : Main engine(propeller)의 분당 회전수 기입

⑪ Weather : Beaufort weather notation에 따라 기입

⑫ Wind : True force & direction을 Beaufort wind scale에 따라 기입

⑬ Wave : Wave scale에 따라 기입(통상 해면의 짧은 주기의 파랑)

⑭ Swell : Wave scale에 따라 기입(통상 해면의 긴 주기의 파고)

⑮ Visibility : Visibility notation에 따라 기입

⑯ Barometer : 보정된 기압계의 기압 기입

⑰ Temperature : 대기 및 해수의 온도를 기입

⑱ Noon position : 정오에 측정된 위치를 기입

⑲ Voyage data : 항차의 시작부터 계산된 Distance, Speed, Stoppage, Running hour 및 DTG를 기입

⑳ Draft : 출항 · 입항시에 해당 Draft 기입

㉑ Consumption data : 연료유의 Daily consumption을 기입

㉒ Sounding of water : F.W., D.W. 및 Ballast의 ROB를 기입

㉓ Sounding of bilge : 선내 오수(bilge)의 측심치를 기입

㉔ Name of the OOW : 당직사관의 이름을 기입(OOW : Officer On the Watch)

㉕ Others : Tide, Current, Name of Q / M, etc

2) Samples of the Principal Column

〈표 2-1〉 Principal Column in Deck Log Book

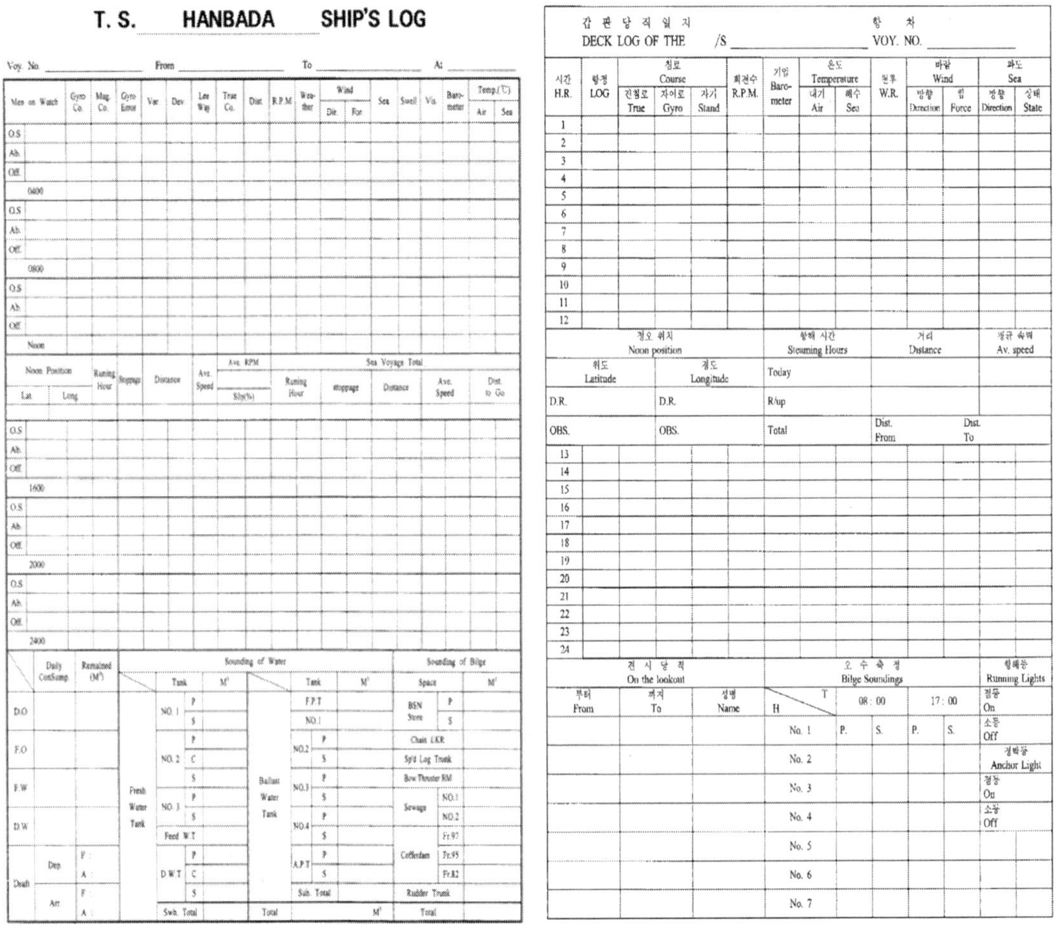

3. Remark Column

1) Entries in the remark column(right page of deck log book)

(1) Contents of entries for departure and arrival

① 출항·입항 준비작업, 출항 또는 입항 지연에 관한 사항

② 출항·입항 부서의 배치와 Anchoring 또는 Mooring 작업에 관한 사항

③ Pilot의 성명과 승선 · 하선 시각, Tug 사용에 관한 사항

④ 여러 단계의 Main engine 사용에 관한 사항

⑤ 항해시간과 항진거리의 기점 및 종점, 주요 물표 통과시각과 방위 및 거리

⑥ CIQ(Customs, Immigration and Quarantine)에 관련 사항

(2) Contents of entries at sea

① 주요 물표 초인과 통과사항

② 기상 및 해면상태와 이에 따른 조치사항

③ 선위 측정과 모든 변침 및 변속사항

④ 선내 시간변경, 주요 행사, 교육 및 훈련사항

⑤ 제한된 시계에서의 항행 관련 제반 조치사항

⑥ 항행경보 및 위험통보의 수신, 타선과의 교신사항

⑦ 화재, 충돌, 좌초, 침수 등의 해양사고, 조난선박의 구조사항

⑧ 화물의 적부 및 보관, 관리에 관한 사항

(3) Contents of entries in port

① 기상변동 및 본선의 모든 이동사항

② 선내 순시 및 점검사항

③ 연료, 청수, 기부속과 선용품의 보급 및 선원의 인사 관련 사항

④ 검사원(inspector, PSCO)의 검사, 선내 소독(fumigation)에 관한 사항

④ Dock in / out 및 주요 공사의 사항

⑤ 화물의 양륙과 선적에 관한 사항

2) Examples of entries in the remark column

(1) For departure and arrival

① For departure

- Prior to departure from Busan @ 1000, tested M / E telegraph ahead & astern for 5min., steering gear(No.1 & 2), general Alarm, whistle, communication system, secondary fire pump, navigation lights and other navigation equipment etc. All found in good condition

- Inspected all around the ship in search of contraband and stowaway and found none
- S.B.E.
- P.O.B.(capt. : XXX)
- Took tugs, YYY & ZZZ on her port bow & quarter
- Let go all lines = Cast off last line
- Let go tug lines = tugs away
- Passed breakwater on her starb'd beam
- P.L.H.
- Rung up engine

② For arrival

- Prior to arrival at Busan @ 1000, tested main engine telegraph ahead & astern at least for 5 min., steering gear(No.1 & 2), communication system, general Alarm system and navigation equipment etc. Found in good order
- S.B.E.
- C.I.Q. officers on board and inspected her respectively
- Finished inspection and pratique granted
- C.I.Q. officers left her
- P.O.B.(capt. : YYY)
- Passed breakwater on her port beam, 0.5' off
- Took tugs, YYY & ZZZ on her starb'd bow & quarter
- First line to pier
- Made fast all lines to pier No.
- Let go tug lines
- F.W.E. and dismissed all stations

③ For anchoring

- Stand-by port anchor

- Let go(=dropped) anchor at 'M' anchorage(or position by GPS, landmarks)
- Brought up Anchor with 6 shackles
- Hove up anchor
- Up & down anchor
- Anchor up and secured

(2) At sea

① Passing of important landmarks and areas

- Passed "Horsburgh L/H" on 090°, 0.7' off
- Passed by "Busan breakwater" on her starb'd beam, 0.5' off
- Made out "Hongdo L.H." on NW about 10'off
- Entered "VTIS west" section

② Alteration of course

- A/co to 215°(T) at lat. 25°15'N, long. 045°41'W
- Set her course on 324°(T) & 327°(G) lat. 41°35'S, long. 135°57'E
- Steered variously under captain's direction
- Adjusted her course var'ly to avoid a fleet of fishing boats

③ Weather condition concerning wind, sea and visibility etc.

- Rough sea & high swell
- Poor visibility or dense fog
- Noticed the storm warning
- Dense fog set in

④ Ship's motion & affection by heavy weather

- Vessel rolling & pitching easily in rough sea
- Laboured heavily in NE'ly swell
- Shipping much seas on forecastle all the times
- Poor visibility due to dense fog

⑤ Measures according to weather condition

– Reduced M/E RPM to 100 to ease vessel in heavy weather

– Turned two radars(S & X band) on due to dense fog

– All fog precautions observed

– Posted additional watchman on wing bridge

⑥ Position when altering, changing over the watch or in case etc.

– Got her position ; lat. 05°51'N, long. 114°08'E by GPS

– Ship's psn. ; lat. 04°34'S, long. 129°39'W

– Started drifting to meet ETA at lat. 21°24'N, long. 104°28'E

– Held fire fighting drill at lat. 35°27'N, long. 091°38'E

⑦ Adjustment of ship's clock

– Retarded all ship's clocks 1 hour to ZD –9

– Advanced all ship's clocks 30min. to ZD +7

– Passed the date line in lat. 12°45'N from East to West 112°05'E

– Crossed the equator from North to South in long.

– Synchronized all ship's clocks with master clock

⑧ When receiving navigation warning and messages

– Received distress signals at lat. 38°28'N, long. 150°05'W as the followings and deviated her course to help her

– Received a warning of ice bergs drifting in lat. 05°51'N, long. 114°08'E and kept a sharp lookout passing through the area

⑨ Drills

• In fire fighting drill

– Practiced fire fighting drill at lat. 22°45'N, long. 125°14'E.

– Sounded fire Alarm

– All crew members mustered at their stations

– Led 2 fire hoses out on deck

– Started fire pump and applied full pressure to the hoses as per master's order

- In abandon ship(boat) drill
  - Practiced abandon ship drill at lat. 32°21'N, long. 115°31'E.
  - All crew mustered at assembly station
  - Checked personal effects and reminded their duties
  - Lowered No. 1 lifeboat to upper deck level
  - Secured lifeboat and inspected all boat equipment. Found in apparent good order
- In oil spill response drill
  - Held oil spill response drill at lat. 32°21'N, long. 115°31'E.
  - Practiced oil spill response drill in accordance with MARPOL ANNEX I REG.26
  - Sounded emergency Alarm
  - All crew mustered at their stations
  - Carried out their duties to remove spilled oil on deck
  - C/E educated all crew about how to use oil spill response material on spot
- In other drills
  - Practiced man-overboard rescue dirll
  - Practiced emergency steering drill
  - Carried out failure of machinery response drill
  - Carried out enclosed space rescue drill
  - Held response to personal injuries
  - Held anti-piracy drill
  - Practiced damage control(collision station) drill

⑩ Accidents or marine casualties

- Found failure in main boiler
- Reduced her RPM due to engine trouble
- Ship's generator failed and all lights were off
- Collided with M/V XXX at lat. 05°51′N, long. 114°08′E

- One of crew members,(Q / M, XXX) got hurt seriously in his left hand while working, so carried out first aid and deviated her course to the nearest coastal station

⑪ Test and inspection

• For cargo gear

- Inspected all cargo tanks. all found in good condition
- Tested cargo pumps, valves and cargo handling crane etc. Found in good order
- Carried out visual inspection of ballast tanks. All found in apparent good order

• For safety and sanitary

- Carried out weekly inspection of safety equipment. All found in good condition
- Carried out monthly inspection of LSA and FFA. All found in apparent good
- Master and heads of dept. conducted sanitary inspection of accommodation area

⑫ Others

- Patrolled all around the ship. All in good order
- Stopped engine and started drifting to meet ETA at lat. 18°35'N, long.118°37′E
- Resumed sailing and proceeded to the destination
- Exchanged ballast water n No.5 WBT at lat. 14°25′N, long. 018°35′E

(3) In port

① Shifting of berth

- Started picking up anchor to shift to her berth
- Commenced shifting of her berth to No. 4
- Hove up anchor and commenced shifting closer to shore

– Let go shore line and commenced shifting

② Rounds of inspection

– Patrolled all around the ship. All in good order

– Checked her anchoring position. Found no movement

– Made rounds of the ship. All in apparent good order

③ Supply of bunker, provision, store and spare etc.

– Received bunker(Quantity : F.O. 2000t, D.O. 50t)

– Filled up fresh water tanks with fresh water(Q'ty : 200t)

– Received store and spare

④ Shift of crew members

– Newly appointed master, XYZ join her

– Ex-master, XXX relieved by newly appointed master, YYY

⑤ Inspection by surveyors, class or PSCO etc.

– Surveyor on board and inspected all cargo tanks

– PSCO on board and checked all documents and safety equipment

– Anchored at quarantine station and waited for quarantine officer

– Customs officers and immigration officer came on board and inspected respectively

⑥ Cargo work & dock in / out

- For cargo work

– Started loading cargo in No. 5 hold

– All completed cargo work and closed all hatches

– Completed loading

– Resumed cargo work

– Found leaking on valve of oil pipe and stopped sending oil immediately

– Started ballasting in all WBTs by gravity

– Started cargo pump to discharge cargo oil in No. 5, 7

- For Dock in and out

– Passed through entrance gate into dry dock

- Closed dock gate and started pumping water out
- KR surveyor XXX came on board and inspected her outside hull
- Cleared out dock gate
- Plugged bottom of all tanks applying thick cement under 2nd officer's care

2.1.4 Bell Book

1. Instructions on keeping the Bell Book

① All details of arrival or departure must e carefully recorded

② When lines are first on dock or last let go, enter time in Remark column.

③ Be particularly careful in recording time and bells in case of any accident to dock, other vessel, etc.

④ Use symbols for recording bells and 24 hour time system.

2. Examples of entries in the remark column

1) 출항기사 (시간은 예시)

- ⟨0900⟩ S.B.E
- 0905 P.O.B ⟨CAPT. PILOT NAME⟩
- 0910 TOOK TUG ON HER PORT BOW / STB'D Q'TER (TUG NAME) : TUG가 붙은 위치, 이름
- ⟨0924⟩ ALL LINES LET GO(=CAST OFF LAST LINE) : (출항의 기준시간)
- 0928 TUG AWAY
- 0943 PASSED BREAKWATER : 방파제 통과할 때
- 0946 P.L.H : 도선사 하선
- ⟨1000⟩ R / UP ENG : (RUNG UP ENGINE)

2) 입항기사

- ⟨0800⟩ S.B.E

- 0910 P.O.B 〈CAPT. PILOT NAME〉
- 0920 PASSED BREAKWATER : 방파제 통과할 때
- 0930 TOOK TUG ON HER PORT BOW / STB'D Q'TER (TUG NAME)
- 〈0948〉 FIRST LINE TO PIER : 입항의 기준시간
- 〈1000〉 ALL LINES MADE FAST : MOORING을 MADE FAST ALL LINES TO PIER한 시간
- 1000 TUG AWAY
- 〈1000〉 FWE : ENG. FINISH한 시간

3) Anchoring(투묘) 기사

- 〈0900〉 S.B.E
- 0930 F'CLE STATION S / B : 선수 S / B
- 〈0948〉 LET GO PORT / STB'D ANCHOR (3SHACKLES IN WATER) : ANCHOR 놓은 시간(정박시작의 기준시간)
- 〈1000〉 BROUGHT UP ANCHOR
- 〈1000〉 FWE

4) Anchoring(양묘) 기사

- 〈0900〉 S.B.E
- 0905 HEAVE IN ANCHOR : ANCHOR를 끌어올리기 시작한 시간
- 〈0912〉 UP & DOWN ANCHOR (=ANCHOR AWEIGH) : ANCHOR가 수직으로 된 시간(정박 종료의 기준시간)
- 0915 UP ANCHOR : ANCHOR를 완전히 끌어올린 시간
- 〈1000〉 R / UP ENG

2.2 SMCP(표준해사통신용어)

2.2.1 Introduction(서론)

.1. Position of the SMCP in maritime practice

The Standard Marine Communication Phrases(SMCP) has been compiled:

- to assist in the greater safety of navigation and of the conduct of the ship,
- to standardize the language used in communication for navigation at sea, in port-approaches, in waterways, harbours and on board vessels with multilingual crews, and
- to assist maritime training institutions in meeting the objectives mentioned above.

These phrases are not intended to supplant or contradict the International Regulations for Preventing Collisions at Sea, 1972 or special local rules or recommendations made by IMO concerning ships' routeing, neither are they intended to supersede the International Code of Signals, and when applied in ship's external communication this has to be done in strict compliance with the relevant radiotelephone procedures as set out in the ITU Radio Regulations. Furthermore, the SMCP, as a collection of individual phrases, should not be regarded as any kind of technical manual providing operational instructions.

The SMCP meets the requirements of the STCW Convention, 1978, as revised, and of the SOLAS Convention, 1974, as revised, regarding verbal communications; moreover, the phrases cover the relevant communication safety aspects laid down in these Conventions.

Use of the SMCP should be made as often as possible in preference to other wording of similar meaning; as a minimum requirement users should adhere as closely as possible to their wording in relevant situations. In this way they are intended to become an acceptable safety language, using English for the verbal interchange of intelligence among individuals of all maritime nations on the many and varied occasions when precise meanings and translations are in doubt, increasingly evident under modern conditions at sea.

.2. Organization of the SMCP

The SMCP is divided into External Communication Phrases and On- board Communication Phrases as far as its application is concerned, and into PART A and PART B as to its status within the framework of the STCW, 1978, as revised. PART A covers phrases applicable in external communications and which may thus be regarded as the replacement of the Standard Marine Navigational Vocabulary, 1985, which is requested to be used and understood by the STCW Code, 1995, Table A-II / I. This part was enriched by essential phrases concerning shiphandling and safety of navigation to be used in on-board communications, particularly when the Pilot is on the bridge, as required by Regulation 14(4), Chapter V, SOLAS 1974, as revised.

PART B calls attention to other on-board standard safety-related phrases which, supplementary to PART A, may also be regarded useful for Maritime English instruction.

.3. Position of the SMCP in Maritime Education and Training

The SMCP does not intend to provide a comprehensive Maritime English syllabus which is expected to cover a far wider range of language skills to be achieved in the fields of vocabulary, grammar, discourse abilities, etc., than the SMCP could ever manage. However, PART A in particular, should be an indispensable part of any curriculum which is designed to meet the corresponding requirements of the STCW Convention, 1978, as revised. In addition, PART B offers a rich choice of situations covered by phrases well suited to meet the communication requirements of the STCW Convention, 1978, as revised, which are implicitly expected to be satisfied by mariners.

The SMCP should be taught and learnt selectively, according to the users' specific needs rather than completely. The respective instruction should be based on practice in the maritime environment and be implemented through appropriate modern language teaching methods.

.4. Basic communicative features

The SMCP builds on a basic knowledge of the English language. It was drafted on purpose in a simplified version of Maritime English to reduce grammatical, lexical and idiomatic varieties to a tolerable minimum, using standardized structures for the sake of its function aspects, i.e. diminishing misunderstanding in safety related verbal communications, thereby endeavouring to reflect present Maritime English language usage on board vessels and in ship-to-shore / ship-to-ship communications.

This means, in phrases offered for use in emergency and other situations developing under considerable pressure of time or psychological stress as wells as in navigational warnings, a block language was applied which sparingly uses, or frequently omits, the function words the, a / an, is / are as done in seafaring practice. Users, however, may be flexible in this respect.

Further communicative features may be summarized as follows:

– avoiding synonyms
  ex) Request = ask for, demand
– avoiding contracted forms
  ex) Information = Info, Identification = ID
– providing fully worded answers to "yes / no" - questions and basic alternative answers to sentence questions
  ex) Are you underway ?
      Yes, I am underway / No, I am not underway
– providing one phrase for one event, and
  ex) What is your ETA and arrival draft ?
      = What is your ETA ? + What is your arrival draft ?
– structuring the corresponding phrases after the principle: identical invariable plus variable.
  ex) I read you / bad
                  / poor
                  / fair
                  / excellent

.5. Typographical conventions

( ) brackets indicate that the part of the message enclosed within the brackets may be added where relevant;

ex) I request helicopter with doctor(to pick up a patient)

/ oblique strokes indicate that the items on either side of the stroke are alternatives;

ex) Fore / aft draft, on your port side / starboard side

... dots indicate that the relevant information is to be filled in where the dots occur;

ex) My position is ... , my present course is ... degrees

(*italic letters*) indicate the kind of information requested;

ex) The function words ; the, a / an, is / are

~ tildes stand for the invariable part of an aforementioned standard phrase which is followed by a variable addendum.

ex) I am underway / ~ not underway / ~ adrift

2.2.2 GENERAL

.1. Procedure

When it is necessary to indicate that the SMCP are to be used, the following message may be sent:

"Please use Standard Marine Communication Phrases."

"I will use Standard Marine Communication Phrases."

.2. Spelling

.2.1 Spelling of letters

When spelling is necessary, only the following spelling table should be used:

〈표 2-2〉 Table of letter spelling

Letter	Code	Letter	Code
A	Alfa	N	November
B	Bravo	O	Oscar
C	Charlie	P	Papa
D	Delta	Q	Quebec
E	Echo	R	Romeo
F	Foxtrot	S	Sierra
G	Golf	T	Tango
H	Hotel	U	Uniform
I	India	V	Victor
J	Juliet	W	Whisky
K	Kilo	X	X-ray
L	Lima	Y	Yankee
M	Mike	Z	Zulu

ex) HANBADA ; Hotel, Alfa, November, Bravo, Alfa, Delta, Alfa
HANNARA : Hotel, Alfa, November, November, Alfa, Romeo, Alfa

.2.2 Spelling of digits and numbers

A few digits and numbers have a modified pronunciation compared to general English:

〈표 2-3〉 Table of number spelling

Number	Spelling	Pronunciation
0	zero	ZEERO
1	one	WUN
2	two	TOO
3	three	TREE
4	four	FOWER
5	five	FIFE
6	six	SIX
7	seven	SEVEN
8	eight	AIT
9	nine	NINER
1000	thousand	TOUSAND

.3. Message Markers

In shore-to-ship and ship-to-shore communication or radio communication in general, the following eight Message Markers may be used(also see "Application of Message Markers" given in PART AI / 6 "Vessel Traffic Service(VTS) Standard Phrases"):

(i) Instruction

(ii) Advice

(iii) Warning

(iv) Information

(v) Question

(vi) Answer

(vii) Request

(viii) Intention

.4. Responses

.4.1 When the answer to a question is in the affirmative, say:
"Yes, ..." - followed by the appropriate phrase in full.

.4.2 When the answer to a question is in the negative, say:
"No, ..." - followed by the appropriate phrase in full.

.4.3 When the information requested is not immediately available, say: "Stand by" - followed by the time interval within which the information will be available.

.4.4 When the information requested cannot be obtained, say:
"No information."

.4.5 When an INSTRUCTION(e.g. by a VTS-Station, Naval vessel or other fully authorized personnel) or an ADVICE is given, respond if in the affirmative: "I will / can ..." - followed by the instruction or advice in full; and, if in the negative, respond:
"I will not / cannot ..." - followed by the instruction or advice in full.
ex) "ADVICE. Do not overtake the vessel North of you."
Respond: "I will not overtake the vessel North of me."

.4.6 Responses to orders and answers to questions of special importance both in external and on-board communication are given in wording in the phrases concerned.

.5. Distress, urgency and safety signals

.5.1 MAYDAY to be used to announce a distress message
.5.2 PAN - PAN to be used to announce an urgency message
.5.3 SECURITE to be used to announce a safety message

.6. Standard organizational phrases

.6.1 "How do you read(me)?"

.6.1.1 "I read you ...
bad / one with signal strength one(i.e. barely perceptible)
poor / two with signal strength two(i.e. weak)
fair / three with signal strength three(i.e. fairly good)
good / four with signal strength four(i.e. good)
excellent / five with signal strength five(i.e. very good)

.6.2 When it is advisable to remain on a VHF Channel / frequency say:

"Stand by on VHF Channel ... / frequency ..."

.6.2.1 When it is accepted to remain on the VHF channel / frequency indicated, say: "Standing by on VHF Channel ... / frequency ..."

.6.3 When it is advisable to change to another VHF Channel / frequency, say:

"Advise(you) change to VHF Channel ... / frequency ... ."

"Advise(you) try VHF Channel .. / frequency... ."

.6.3.1 When the changing of a VHF Channel / frequency is accepted, say:

"Changing to VHF Channel ... / frequency ... ."

.7. Corrections

When a mistake is made in a message, say:

"Mistake ..." - followed by the word:

"Correction ..." plus the corrected part of the message.

ex) "My present speed is 14 knots - mistake.

Correction, my present speed is 12, one-two, knots."

.8. Readiness

"I am / I am not ready to receive your message."

.9. Repetition

.9.1 If any part of the message are considered sufficiently important to need safeguarding, say:

"Repeat ..." - followed by the corresponding part of the message.

ex) "My draft is 12.6 repeat one-two decimal 6 metres."

"Do not overtake - repeat - do not overtake."

.9.2 When a message is not properly heard, say:

"Say again(please)."

.10. Numbers

Numbers are to be spoken in separate digits:

"One-five-zero" for 150

"Two decimal five" or

"Two point five" for 2.5

Note: Attention! When rudder angles e.g. in wheel orders are given, say:

"Fifteen" for 15 or

"Twenty" for 20 etc..

.11. Positions

.11.1 When latitude and longitude are used, these shall be expressed in degrees and minutes(and decimals of a minute if necessary), North or South of the Equator and East or West of Greenwich.

ex) WARNING. Dangerous wreck in position 15 degrees 34 minutes North

.11.2 When the position is related to a mark, the mark shall be a well-defined charted object. The bearing shall be in the 360 degrees notation from true north and shall be that of the position FROM the mark.

ex) "Your position bearing 137 degrees from Big Head lighthouse distance 2.4 nautical miles."

.12. Bearings

The bearing of the mark or vessel concerned, is the bearing in the 360 degree notation from north(true north unless otherwise stated), except in the case of relative bearings.

Bearings may be either FROM the mark or FROM the vessel.

ex) "Pilot boat is bearing 215 degrees from you."

Note: Vessels reporting their position should always quote their bearing FROM the mark, as described in paragraph 11.2 of this section.

.12.1 Relative bearings

Relative bearings can be expressed in degrees relative to the vessel's head. More frequently this is in relation to the port or starboard bow.

ex) "Buoy 030 degrees on your port bow."

(Relative D / F bearings are more commonly expressed in the 360 degree notation.)

.13. Courses

Always to be expressed in 360 degree notation from north(true north unless otherwise stated). Whether this is to TO or FROM a mark can be stated.

.14. Distances

Preferably to be expressed in nautical miles or cables(tenths of a mile) otherwise in kilometres or metres, the unit always to be stated.

.15. Speed

To be expressed in knots:

.15.1 without further notation meaning speed through the water; or,

.15.2.1.1 "ground speed" meaning speed over the ground.

.16. Times

Times should be expressed in the 24 hour UTC notation; if local time will be used in ports or harbours it should clearly be stated.

.17. Geographical names

Place names used should be those on the chart or in Sailing Directions in use. Should these not be understood, latitude and longitude should be given.

.18. Ambiguous words

Some words in English have meanings depending on the context in which they appear.

Misunderstandings frequently occur, especially in VTS communications, and have produced accidents. Such words are:

.18.1 The Conditionals "May", "Might", "Should" and "Could".

May

Do not say: "May I enter the fairway?"

Say: "QUESTION. Do I have permission to enter the fairway?"

Do not say: "You may enter the fairway."

Say: "ANSWER. You have permission to enter the fairway."

Might

Do not say: "I might enter the fairway."

Say: "INTENTION. I will enter the fairway."

Should

Do not say: "You should anchor in anchorage B 3."

Say: "ADVICE. Anchor in anchorage B 3."

Could

Do not say: "You could be running into danger."

Say: "WARNING. You are running into danger."

.18.2 The word "Can"

The word "Can" either describes the possibility or the capability of doing something. In the SMCP the situations where phrases using the word "Can" appear make it clear whether a possibility is referred to. In an ambiguous context, however, say, for example:

QUESTION. Do I have permission to use the shallow draft fairway at this time?,

Do not say: "Can I use the shallow draft fairway at this time?", if you ask for a permission.(The same applies to the word "May")

Note: In all cases the radiotelephone procedures as set out in the ITU - Radio Regulations have to be observed.

2.2.3 GLOSSARY

The GLOSSARY also includes a limited number of technical terms which do not appear in the text of the SMCP but might be useful in case the content of a given standard Phrase requires modification.

.1 General terms

- **Abandon vessel** : To evacuate crew and passengers from a vessel following a distress
- **Accommodation ladder** : Ladder attached to platform at vessel's side with flat steps and handrails enabling persons to embark / disembark from water or shore
- **Adrift** : Floating, not controlled, without a clearly determinable direction

[그림 2-1] Vessel and containers being adrift

- **Air draft** : The height from the waterline to the highest point of the vessel
- **Assembly station** : Place on deck, in mess rooms, etc., assigned to crew and passengers where they have to meet according to the muster list when the corresponding Alarm is released or announcement made

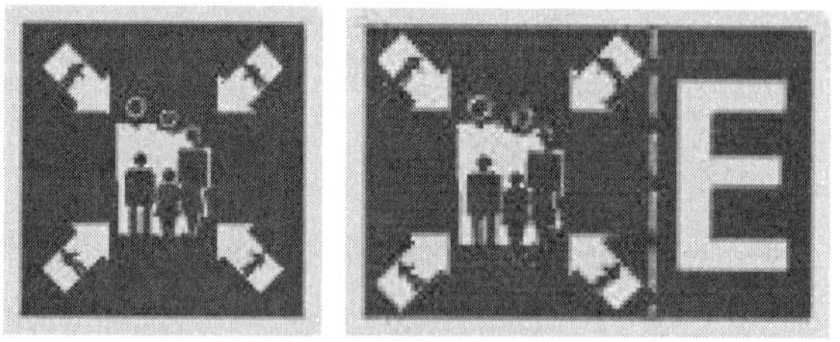

[그림 2-2] Symbols for assembly station

- **Backing(of wind)** : Shift of wind direction in an anticlockwise manner, in time(opposite of veering)
- **Beach(to)** : To run a vessel up on a beach to prevent its sinking in deep water

[그림 2-3] Vessels that ran ashore

- **Berth**
  1. A sea room to be kept for safety around a vessel, rock, platform, etc..
  2. The place assigned to a vessel when anchored or lying alongside a pier, etc.
- **Blast** : A sound signal made with the whistle of the vessel
- **Blind sectors** : Areas which cannot be scanned by the radar of the vessel because they are shielded by parts of its superstructure, masts, etc, or shore obstructions.

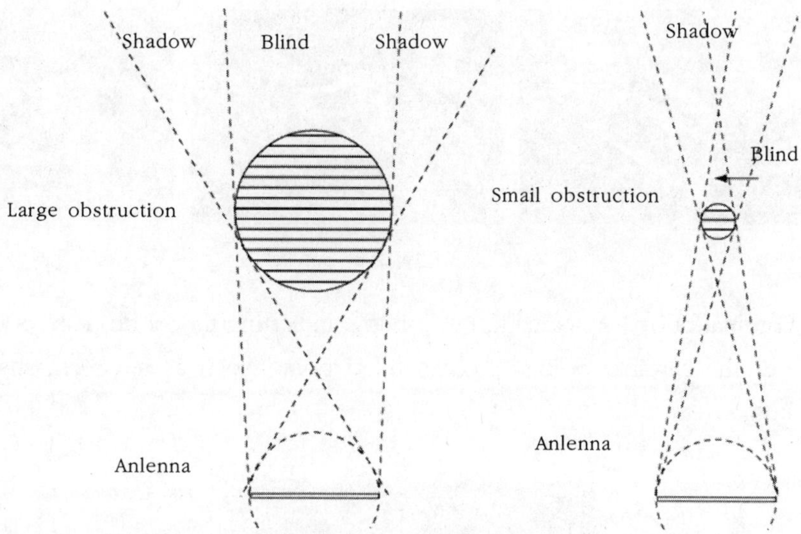

[그림 2-4] Blind sector

- **Boarding arrangements** : All equipment, such as pilot ladder, accommodation ladder, hoist, etc., necessary for a safe transfer of the pilot

[그림 2-5] Boarding arrangement for Pilot

- **Boarding speed** : The speed of a vessel adjusted to that of a pilot boat at which the pilot can safely embark / disembark
- **Bob-cat** : A mini-caterpillar with push-blade used for the careful distribution of loose goods in cargo holds of bulk carriers
- **Briefing** : Concise explanatory information to crew and / or passengers
- **Cable**
    1. Chain, wire or rope connecting a vessel to her anchor(s)
    2. (measurement), 185.2 metres, i.e. one tenth of a nautical mile
- **Capsizing** : Turning of a vessel upside down while on water

[그림 2-6] Bob-cat

- **Cardinal buoy** : A seamark, i.e. a buoy, indicating the North, East, South or West, i.e. the cardinal points from a fixed point. such as a wreck, shallow water, banks, etc.

[그림 2-7] Cardinal buoy

- **Cardinal points** : The four main points of the compass, i.e. North, East, South and West; for the purpose of the SMCP the intercardinal points, i.e. Northeast, Southeast, etc., are also included
- **Casualty** : Case of death in an accident or shipping disaster
- **Check(to)**
    1. To make sure that equipment etc. is in proper condition or that everything is correct and safe
    2. To regulate motion of a cable, rope or wire when it is running out too fast
- **Close-coupled towing** : A method of towing vessels through polar ice by means of icebreaking tugs with a special stern notch suited to receive and hold the bow of the vessel to be towed
- **Close up(to)** : To decrease the distance to the vessel ahead by increasing one's own speed
- **Compatibility(of goods)** : States whether different goods can be stowed together in one cargo spaces

[그림 2-8] Close-coupled towing

- **(Vessel) constrained by her draft** : A vessel severely restricted by her draught in her ability to deviate from the course followed in relation to the available depth and width of navigable water
- **Convoy** : A group of vessels which sail together, e.g. through a canal or ice
- **Course** : The intended direction of movement of a vessel through the water
- **Course made good** : That course which a vessel makes good over ground, after allowing for the effect of currents, tidal streams, and leeway caused by wind and sea
- **COW(Crude Oil Washing)** : A system of cleaning the cargo tanks by washing them with the cargo of crude oil during discharged

[그림 2-9] COW machine

- **CPA / TCPA** : Closest Point of Approach / Time to Closest Point of Approach limit as defined by the observer to give warning when a tracked target or targets will close to within these limits
- **Crash-stop** : An emergency reversal operation of the main engine(s) to avoid a collision
- **Damage control team** : A group of crew members trained for fighting flooding in the vessel
- **Datum**

    1. The most probable position of a search target at a given time

2. The plane of reference to which all data as to the depth on charts are referenced.

- **Derelict** : Goods or any other commodity, specifically a vessel abandoned at sea
- **Destination** : Port which a vessel is bound for
- **Disabled** : A vessel damaged or impaired in such a manner as to be incapable of proceeding on its voyage
- **Disembark(to)** : To go from a vessel
- **Distress alert(GMDSS)** : A radio signal from a distressed vessel automatically directed to an MRCC giving position, identification, course and speed of the vessel as well as the nature of distress
- **Distress / Urgency traffic**

  here : The verbal exchange of information on radio from ship to shore and / or ship to ship / air craft about a distress / urgency situation as defined in the relevant ITU Radio Regulations
- **Draft** : The depth of water which a vessel draws
- **Dragging(of anchor)** : Moving of an anchor over the sea bottom involuntarily because it is no longer preventing the movement of the vessel
- **Dredging(of anchor)** : Moving of an anchor over the sea bottom to control the movement of the vessel
- **Drifting** : Floating, caused by winds and current with a determinable direction
- **Drop back(to)** : To increase the distance to the vessel ahead by reducing one's own speed
- **DSC** : Digital Selective Calling(in the GMDSS system)
- **Embark(to)** : To go aboard a vessel
- **EPIRB** : Emergency Position Indicating Radio Beacon
- **Escape route** : A clearly marked way in the vessel which has to be followed in case of an emergency
- **Escort** : Attending a vessel, to be available in case of need, e.g. ice-breaker, tug, etc..
- **ETA** : Estimated Time of Arrival
- **ETD** : Estimated Time of Departure
- **Fire patrol** : A crew member of the watch going around the vessel at certain intervals so that an outbreak of fire may be promptly detected; mandatory in vessels carrying more than 36 passengers

- **Flooding** : Major flow of seawater into the vessel
- **Fire monitor** : Fixed foam / powder / water cannon shooting fire extinguishing agents on tank deck, manifold etc.

[그림 2-10] Fire monitor

- **Foul(of anchor)** : Anchor has its own cable twisted around it or has fouled an obstruction
- **Foul(of propeller)** : A line, wire, net, etc., is wound round the propeller
- **Full speed** : Highest possible speed of a vessel
- **Fume** : Often harmful gas produced by fires, chemicals, fuel, etc.
- **General emergency Alarm** : A sound signal of seven short blasts and one prolonged blast given with the vessel's sound system
- **GMDSS** : Global Maritime Distress and Safety System
- **(D) GPS** : (Differential)Global(satellite) Positioning System
- **Hampered vessel** : A vessel restricted by her ability to manoeuvre by the nature of her work or her deep draft
- **Hatchrails** : Ropes supported by stanchions around an open hatch to prevent persons from falling into a hold
- **Heading** : The horizontal direction the vessel's bows at a given moment measured in degrees clockwise from north
- **Hoist here** : A cable used by helicopters for lifting or lowering persons in a pick-up operation
- **Icing** : Coating of ice on an object, e.g. the mast or superstructure of a vessel
- **IMO-Class** : Group of dangerous or hazardous goods, harmful substances or marine pollutants in sea transport as classified in the International Maritime Dangerous Goods Code
- **Inert(to)** : To reduce the oxygen in an oil tank by inert gas to avoid an explosive

atmosphere

- **Initial course** : Course directed by the OSC or other authorized person to be steered at the beginning of a search
- **Inoperative** : Not functioning
- **Jettison(to)(of cargo)** : Throwing overboard of goods in order to lighten the vessel or improve its stability in case of an emergency
- **Launch(to)** : To lower, e.g. lifeboats to the water
- **Leaking** : Escape of liquids such as water, oil, etc., out of pipes, boilers, tanks, etc., or a minor inflow of seawater into the vessel due to damage to the hull
- **Leeward** : The general direction to which the wind blows; opposite of windward
- **Leeway** : The angular effect on the vessel's course caused by the prevailing wind
- **Let go(to)** : To set free, let loose, or cast off(of anchors, lines, etc.)
- **Lifeboat station** : Place assigned to crew and passengers where they must gather before being ordered into the lifeboats
- **List**here : Inclination of the vessel to port side or starboard side
- **Located** : In navigational warnings: Position of object confirmed
- **Make water(to)** : Seawater flowing into the vessel due to hull damage, or hatches awash and not properly closed
- **MMSI** : Maritime Mobile Service Identity number
- **Moor(to)** : To secure a vessel in a particular place by means of wires or ropes made fast to the shore, to anchors, or to anchored mooring buoys, or to ride with both anchors down
- **MRCC** : Maritime Rescue Co-ordination Centre: Land-based authority responsible for promoting efficient organization of maritime search and rescue and for co-ordinating the conduct of search and rescue operations within a search and rescue region
- **Muster(to)** : To assemble crew, passengers or both in a special place for purposes of checking
- **Muster list** : List of crew, passengers and all on board and their functions in a distress or drill
- **Not under command(abbr. NUC)** : A vessel which through exceptional circumstances is unable to manoeuvre as required by the COLREGs
- **Obstruction** : An object such as a wreck, net, etc., which blocks a fairway, route, etc.

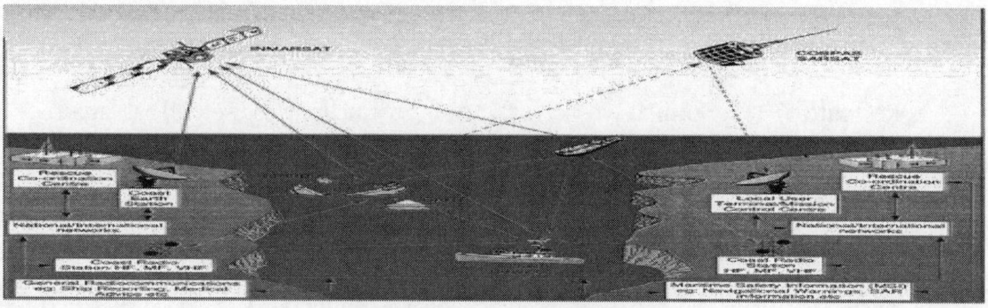

[그림 2-11] Outline of MRCC

- **Off air** : When the transmissions of a radio station etc., have broken down, been switched off or suspended
- **Off station(of buoys)** : Not in charted position
- **Oil clearance** : Oil skimming from the surface of the water
- **Operational** : Ready for immediate use
- **Ordnance exercise** : Naval firing practice
- **OSC(On-Scene Co-ordinator)**: A person designed to co-ordinate search and rescue operations within a specified area
- **Overflow** : Accidental escape of oil from a tank which is full because pumping was not stopped in time
- **Polluter** : A vessel emitting harmful substances into the air or spilling oil into the sea
- **Preventers** : Ropes or wires attached to derricks to prevent them from swinging during cargo handling operations

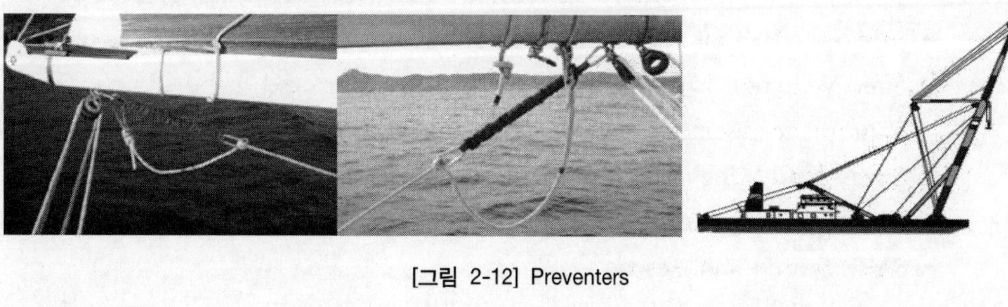

[그림 2-12] Preventers

- **Proceed(to)** : To sail or head for a certain position or to continue with the voyage
- **PA-system(Public address system)** : Loudspeakers in the vessel's cabins, mess rooms, etc., and on deck through which important information can be broadcast from a central point, mostly from the navigation bridge

- **Recover(to)**
  here : To pick up shipwrecked persons
- **Refloat(to)** : To pull a vessel off after grounding; to set afloat again
- **Rendez-vous** : An appointment between vessels normally made on radio to meet in a certain area or position
- **Reported** : In navigational warnings : Position of object unconfirmed
- **Restricted area** : A deck, space, area, etc., in vessels, where for safety reasons, entry is only permitted for authorized crew members
- **Resume(to)**here : To re-start a voyage, service or search
- **Retreat signal** : Sound, visual or other signal to a team ordering it to return to its base
- **Rig move** : The movement of an oil rig, drilling platform, etc., from one position to another

[그림 2-13] Oil and gas rig

- **Roll call** : The act of checking who of the passengers and crew members are present, e.g. at assembly stations, by reading aloud a list of their names
- **Safe speed** : That speed of a vessel allowing the maximum possible time for effective action to be taken to avoid a collision and to be stopped within an appropriate distance
- **Safety load** : The maximum permissible load of a deck, etc.
- **Safe working pressure** : The maximum permissible pressure in cargo hoses
- **SAR** : Search and Rescue
- **Scene** : The area or location where the event, e.g. an accident has happened
- **Search pattern** : A pattern according to which vessels and/or aircraft may conduct a co-ordinated search(the IMOSAR offers seven search patterns)
- **Search speed** : The speed of searching vessels directed by the OSC
- **Seamark** : A navigational aid placed to act as a beacon or warning

- **Segregation(of goods)** : Separation of goods which for different reasons must not be stowed together
- **Shackle**
    1. Length of chain cable measuring 15 fathoms
    2. U-shaped link closed with a pin used for connecting purposes

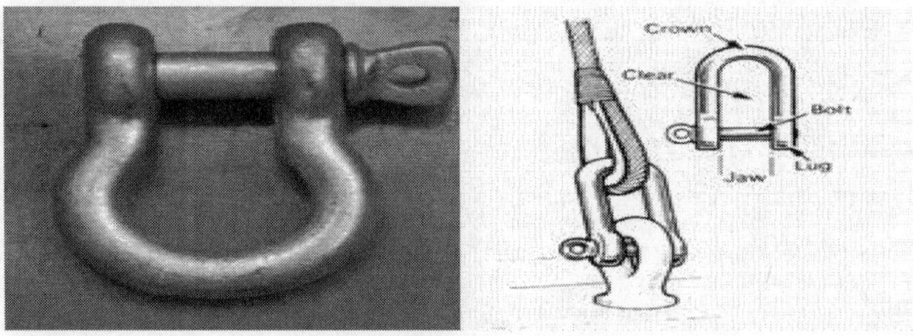

[그림 2-14] U-shaped link

- **Shifting cargo** : Transverse movement of cargo, especially bulk, caused by rolling or a heavy list
- **Slings** : Ropes, nets, and any other means for handling general cargoes

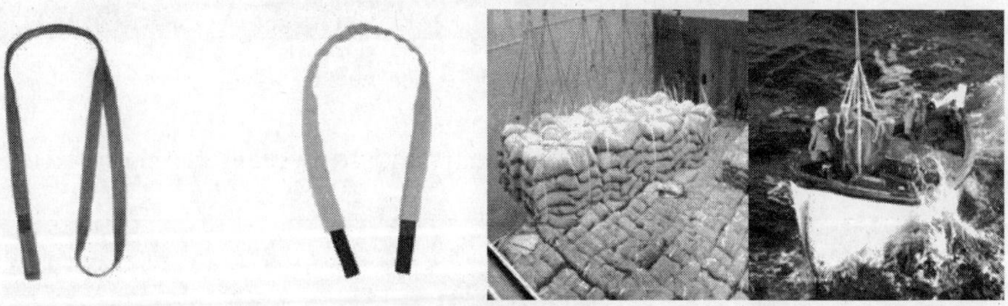

[그림 2-15] Sling

- **Speed of advance** : The speed at which a storm centre moves
- **Spill(to)** : The accidental escape of oil, etc., from a vessel, container, etc., into the sea
- **Spill control gear** : Anti-pollution equipment for combating accidental spills of oils or chemicals
- **(Elongated) Spreader**

    here : Step of a pilot ladder which prevents the ladder from twisting
- **Stand by(to)** : To be in readiness or prepared to execute an order; to be readily available

- **Stand clear(to)here** : To keep a boat away from the vessel
- **Standing orders** : Orders of the Master to the officer of the watch which s/he must comply with
- **Stand on(to)** : To maintain course and speed
- **Station** : The allotted place or the duties of each person on board
- **Stripping** : Draining tanks of the remaining cargo, water, etc.
- **Survivor** : A person who continues to live in spite of being in an extremely dangerous situation, e.g. a shipping disaster.
- **Take off(to)** : A helicopter lifts off from a vessel's deck
- **Target** : The echo generated e.g. by a vessel on a radar screen
- **Tension winch** : A winch which applies tension to mooring lines to keep them tight

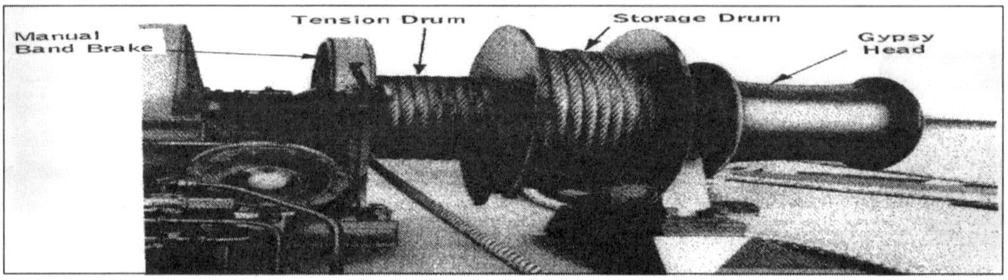

[그림 2-16] Tension winch

- **TEU** : Twenty Foot Equivalent Unit(standard container dimension)

[그림 2-17] Container

- **Track** : The path followed, or to be followed, between one position and another
- **Transit**

  here : The passage of a vessel through a canal, fairway, etc.
- **Transit speed** : Speed of a vessel required for the passage through a canal, fairway, etc.

[그림 2-18] Transshipment of cargo

- **Transshipment(of cargo)**
  here : The transfer of goods from one vessel to another outside harbours
- **Underway** : A vessel which is not at anchor, or made fast to the shore, or aground
- **Union purchase** : A common method of cargo handling by combining two derricks, one of which is fixed over the quay, the other over the hatchway
- **Unlit** : When the light characteristics of a buoy or a lighthouse are inoperative
- **UTC** : Universal Time Co-ordinated(ex GMT)
- **Variable(of winds)** : When a wind is permanently changing the direction from which it blows
- **Veering(of winds)** : Shifting of wind direction in a manner, in time; opposite of backing
- **Veer out(to)(of anchors)** : To let out a greater length of cable
- **VHF** : Very High Frequency(30～300MHz)
- **Walk out(to)(of anchors)** : To reverse the action of a windlass so as to ease the cable
- **Way point** : A position a vessel has to pass or at which she has to alter course according to her voyage plan
- **Windward** : The general direction from which the wind blows; opposite of leeward
- **Wreck** : A vessel which has been destroyed or sunk or abandoned at sea

.2 VTS Special terms

- **Fairway** : Navigable part of a waterway
- **Fairway speed** : Mandatory speed in a fairway
- **ITZ** : Inshore Traffic Zone(of a TSS) : A routing measure comprising a designated

area between the landward boundary of a TSS and the adjacent coast

- **Manoeuvring speed** : A vessel's reduced rate of speed in restricted waters such as fairways or harbours
- **Receiving point** : A mark or place at which a vessel comes under obligatory entry, transit, or escort procedure
- **Reference line** : A fictive line displayed on the radar screens in VTS Centres and / or electronic sea-charts separating the fairway for inbound and outbound vessels so that they can safely pass each other
- **Reporting point** : A mark or position at which a vessel is required to report to the local VTS-Station to establish its position

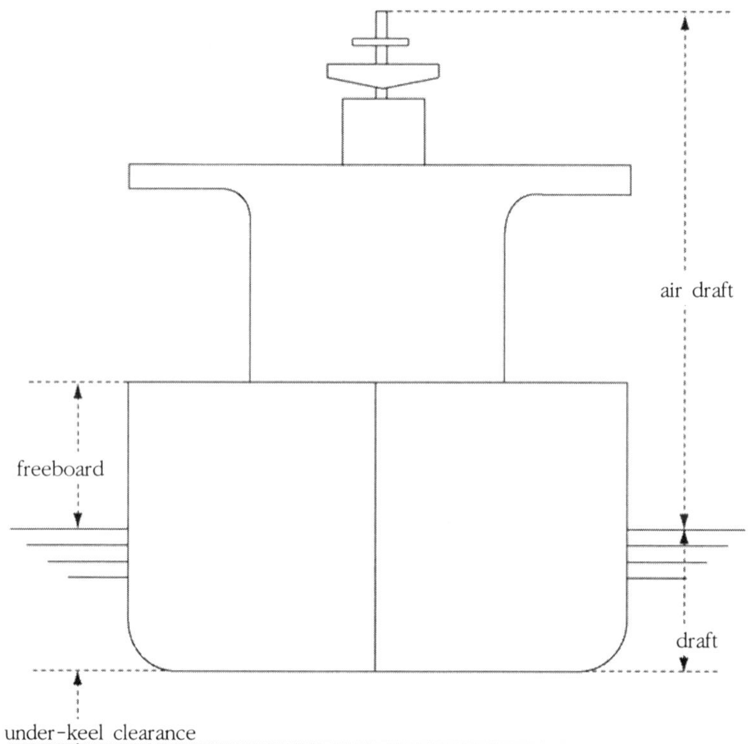

[그림 2-19] Sketch for ships height

- **Separation zone / line** : A zone or line separating the traffic lanes in which vessels are proceeding in opposite or nearly opposite directions; or separating a traffic lane from the adjacent sea area; or separating traffic lanes designated for particular classes of vessels proceeding in the same direction
- **Traffic clearance** : VTS authorization for a vessel to proceed under conditions

specified

- **Traffic lane** : An area within defined limits in which one-way traffic is established
- **TSS** : Traffic Separation Scheme: A routing measure aimed at the separation of opposing streams of traffic by appropriate means and by the establishment of traffic lanes
- **VTS** : Vessel Traffic Services: Services, designed to improve safety and efficiency of vessel traffic and to protect the environment
- **VTS-area** : Area controlled by a VTS-Centre or VTS-Station

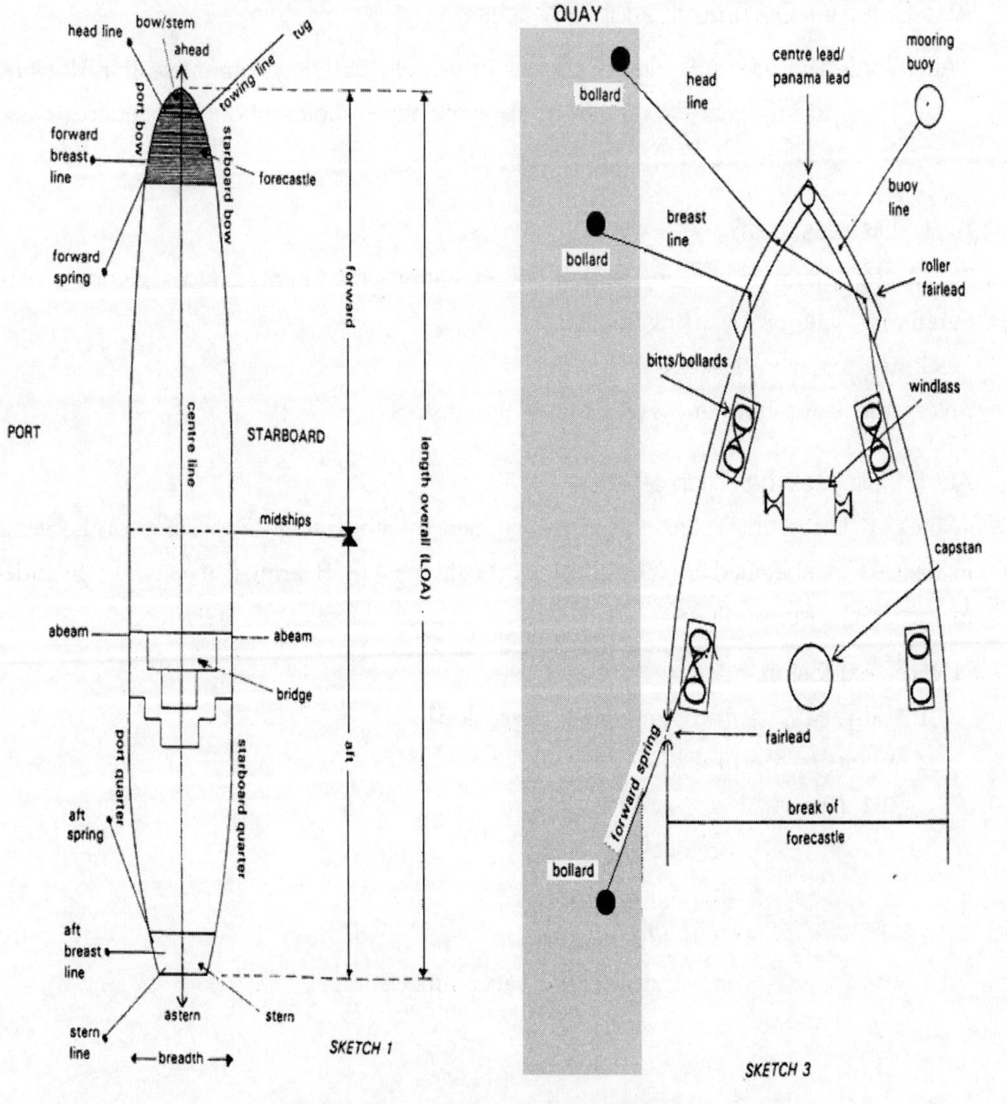

[그림 2-20] Sketch for mooring arrangement

2.2.4 PART A : Standard Marine Communication Phrases

PART A covers Phrases applicable in external communications from ship to shore, shore to ship and ship to ship as required by STCW 1978, as revised, Table A-II / 1, as well as Phrases applicable on board vessels in conversations between Pilots and bridge teams as required by Regulation 14(4) of Chapter V of SOLAS 1974, as revised.

AI : External Communication Phrases

〈Attention〉 The use of Standard Phrases in vessels' external communication does not in any way exempt from applying the radiotelephone procedures as set out in the ITU - Radio Regulations.

AI / 1 Distress traffic

The distress traffic controlling station / other stations may impose radio silence on any interfering stations by using the term:
"Seelonce Mayday / Distress"
unless the latter have messages about the distress.

AI / 1.1 Distress communications

〈Note〉 A distress traffic has always to commence with stating the position of the vessel in distress as specified in "GENERAL 11 Positions / 13 Bearings" if it is not included in the DSC distress alert.

.1 Fire, explosion

.1 I am / MV ... on fire(- after explosion).

.2 Where is the fire?

.2.1 Fire is

~ on deck.
~ in engine-room.
~ in hold(s).
~ in superstructure / accommodation / ... .

2.2.4 PART A : 표준해사통신용어

PART A는 개정 1974 SOLAS 제V장 규정14(4)에서 요구하는 선교팀과 도선사 간의 선상 통신은 물론 개정 1978 STCW 표 A-II / 1에서 요구하는 선박과 선박, 선박과 육상, 육상과 육상으로의 외부 통신에 적용되는 문구를 포함한다.

AI : 외부 통신 용어

〈주의〉 선박의 외부 통신에 있어서 표준 용어를 사용한다고 해도 ITU 전파법규에 있는 무선전화에 관한 절차의 적용을 면제하는 것은 아니다.

AI / 1 조난통신

조난통신 통제소 / 다른 국은 다음과 같은 용어를 사용하여 다른 간섭국들의 무선 침묵을 강제할 수 있다.

"See Mayday / Distress"

조난에 관한 후자의 메시지가 없는 한.

AI / 1.1 조난통화

〈주의〉 조난선의 위치가 DSC 조난 경보에 포함되지 않았으면, "일반사항 1.1 위치 / 13 방위"에 명시된 바로 항상 조난선의 위치를 언급하면서 조난통화를 시작해야 한다.

.1 화재, 폭발

.1 본선은 / MV ... 는 화재 발생하였다(-폭발 후).

.2 어디에 화재가 났는가?

.2.1 화재는 ... 에 발생하였다.

~ 갑판상에

~ 기관실에

~ 선창에

~ 상부구조물에 / 거주구역에 / ...

.3 Are dangerous goods on fire?

.3.1 Yes, dangerous goods are on fire.

.3.2 No, dangerous goods are not on fire.

.4 Is there danger of explosion?

.4.1 Yes, danger of explosion.

.4.2 No, danger of explosion.

.5 I am / MV ... not under command.

.6 Is the fire under control?

.6.1 Yes, fire is under control.

.6.2 No, fire is not under control.

.7 What kind of assistance is required?

.7.1 I do not / MV ... does not require assistance.

.7.2 I require / MV ... requires

~ fire fighting assistance.

~ breathing apparatus - smoke is toxic.

~ foam extinguishers / CO_2 extinguishers.

~ fire pumps.

~ medical assistance / ... .

.8 Report injured persons.

.8.1 No persons injured.

.8.2 Number of injured persons / casualties: ... .

.2 Flooding

.1 I am / MV ... is flooding below water line.

.2 I / MV ... cannot control flooding.

.3 What kind of assistance is required?

.3.1 I require / MV ... requires pumps / divers, ...

.3.2 I will send pumps / divers / ... .

.3.3 I cannot send pumps / divers ... .

.4 I have / MV ... has dangerous list to port side / starboard.

.5 I am / MV ... in critical condition.

.6 Flooding is under control.

.7 I / MV ... can proceed without assistance.

.3 위험화물에 화재가 발생하였는가?

.3.1 그렇다, 위험화물에 화재가 발생하였다.

.3.2 아니다, 위험화물에 화재가 발생하지 않았다.

.4 폭발의 위험이 있는가?

.4.1 그렇다, 폭발의 위험이 있다.

.4.2 아니다, 폭발의 위험은 없다.

.5 본선은 / MV ... 는 조종불능상태이다.

.6 화재를 진압하고 있는가?

.6.1 그렇다, 화재를 진압하고 있다.

.6.2 아니다, 화재를 진압할 수 없다.

.7 어떠한 원조가 필요한가?

.7.1 본선은 / MV ... 는 원조가 필요하지 않다.

.7.2 본선은 / MV ... 는 요청한다.

~ 소화원조

~ 호흡구 - 유독성 연기임.

~ 포말소화기 / CO_2 소화기.

~ 소화펌프.

~ 의료원조 / ...

.8 부상자들을 보고하라.

.8.1 부상자 없음.

.8.2 부상자의 수는 / 사상자 ...

.2 침 수

.1 본선은 / MV ... 는 수선 아래로 침수되고 있다.

.2 본선은 / MV ... 는 침수를 제어할 수 없다.

.3 어떠한 원조가 필요한가?

.3.1 본선은 / MV ... 는 펌프 / 잠수부, ... 을 요청한다.

.3.2 펌프 / 잠수부 / ... 을 보내겠다.

.3.3 펌프 / 잠수부, ... 을 보낼 수 없다.

.4 본선은 / MV ... 는 좌현 / 우현으로 위험하게 경사가 되었다.

.5 본선은 / MV ... 는 위급한 상황에 있다.

.6 침수를 제어 중이다.

.7 본선은 / MV ... 는 원조 없이 항진할 수 있다.

.8 I require / MV ... requires escort / tug assistance / ... .

.3 Collision

.1 I have / MV ... has collided
~ with MV... .
~ with unknown vessel / object / ... .
~ with ...(name) light vessel.
~ with seamark ...(charted name).
~ with iceberg / ... .

.2 Report damage.

.2.1 I have / MV .. has damage above / below water line.

.2.2 I am / MV ... not under command.

.3 I / MV ... cannot repair damage.

.4 I / MV ... can only proceed at slow speed.

.5 What kind of assistance is required?

.5.1 I require / MV ... requires / escort / tug assistance / ... .

.4 Grounding

.1 I am / MV ... aground.

.2 I require / MV ... requires tug assistance / pumps / ... .

.3 What part of your vessel is aground?

.3.1 Aground forward / amidships / aft / full length.

.4 Warning. Uncharted rocks in position ... .

.5 Risk of grounding at low water.

.6 I / MV ... will jettison cargo to refloat.

.6.1 Warning! Do not jettison IMO - Class cargo!

.7 When do you / does MV ... expect to refloat?

.7.1 I expect / MV ... expects to refloat
~ at ... UTC.
~ when tide rises.
~ when weather improves.
~ when draft decreases.
~ with tug assistance / ... .

.8 본선은 / MV ...는 호송 / 예인원조 / ...를 요청한다.

.3 충 돌

.1 본선은 / MV ...는 충돌하였다.

~ 동력선과

~ 알 수 없는 선박과 / 물체와 / ...

~ (이름)등대선과.

~ 항해표지와 ...(해도에 기재되어 있는 이름)

~ 빙산과

.2 손상을 보고하라.

.2.1 본선은 / MV ...는 수선 위로 / 아래로 손상을 입었다.

.2.2 본선은 / MV ...는 조종불능상태이다.

.3 본선은 / MV ...는 손상을 수리할 수 없다.

.4 본선은 / MV ...는 미속으로만 항진할 수 있다.

.5 어떠한 원조가 필요한가?

.5.1 본선은 / MV ...는 호송 / 예인원조 / ...를 요청한다.

.4 좌 초

.1 본선은 / MV ...는 좌초되었다.

.2 본선은 / MV ...는 예인원조 / 펌프 / ...을 요청한다.

.3 귀선의 어느 부분이 좌초되었는가?

.3.1 전부 / 중앙부 / 후부 / 전체가 좌초되었다.

.4 경고. ...위치에 해도에 표시되지 않은 암초가 있다.

.5 저조일 때 좌초의 위험이 있다.

.6 본선은 / MV ...는 부상하기 위해 화물을 투하할 것이다.

.6.1 경고! IMO - Class 화물을 투하하지 말라!

.7 귀선은 / MV ...는 언제 재부상이 될 것으로 예상되는가?

.7.1 본선은 / MV ...는 부상될 것으로 기대한다.

~ 세계시 ...에

~ 조석이 상승할 때

~ 날씨가 호전될 때

~ 흘수가 감소될 때

~ 예인의 도움으로 / ...

.8 Can you / can MV ... beach?

.8.1 I / MV ... can / will beach in position ... .

.8.2 I / MV ... cannot beach.

.5 List - danger of capsizing

.1 I have / MV ... has dangerous list to port / starboard.

.2 I / MV ... will

~ transfer cargo / bunkers to stop listing.

~ jettison cargo to stop listing.

.3 I am / MV ... in danger of capsizing(- list increasing).

.6 Sinking

.1 I am / MV ... sinking after collision / grounding / flooding / explosion / ...

.2 I require / MV ... requires assistance.

.3 I am / MV ... proceeding to your assistance.

.4 ETA at distress position within ... hours / at ... UTC.

.7 Disabled and adrift

.1 I am / MV ...

~ not under command.

~ adrift.

~ drifting at ... knots to ...(cardinal points).

.2 I require / MV ... requires tug assistance.

.8 Armed attack / piracy

.1 I am / MV ... under attack by pirates.

.1.1 I / MV ... was under attack by pirates.

.2 I require / MV ... requires assistance.

.3 What kind of assistance is required?

.3.1 I require / MV ... requires

~ medical assistance.

~ navigational assistance.

~ military assistance.

~ tug assistance.

~ escort / ... .

.8 귀선은 / MV ...는 좌안할 수 있는가?

.8.1 본선은 / MV ....는 .... 위치에 좌안할 것이다.

.8.2 본선은 / MV ...는 좌안할 수 없다.

.5 경사 - 전복의 위험

.1 본선은 / MV ...는 좌현 / 우현측으로 위험하게 경사되었다.

.2 본선은 / MV ...는 할 것이다.

~ 경사를 멈추기 위해 화물 / 연료를 옮김.

~ 경사를 멈추기 위해 화물을 투하함.

.3 본선은 / MV ...는 전복의 위험에 있음(- 경사 증가)

.6 침 몰

.1 본선은 / MV ...는 충돌 / 좌초 / 침수 / 폭발 / ... 후에 침몰하고 있다.

.2 본선은 / MV ...는 예인선의 원조를 요청한다.

.3 본선은 / MV ...는 귀선의 원조를 위해 항진하고 있다.

.4 조난위치로의 도착예정시간은 ...시 내에 / 세계시 ...시임.

.7 항해불능과 표류

.1 본선은 MV ...는 ...이다.

~ 조종불능상태.

~ 표류

~ ...(기본 방위)로 ... 속력으로 표류하고 있다.

.2 본선은 / MV ...는 예인원조를 요청한다.

.8 무장공격 / 해적행위

.1 본선은 / MV ...는 해적에 의해 공격받고 있다.

.1.1 본선은 / MV ...는 해적에 의해 공격받았다.

.2 본선은 / MV ...는 원조를 요청함.

.3 어떠한 원조가 필요한가?

.3.1 본선은 / MV...는 ...을 요청함.

~ 의료구원

~ 항해원조

~ 군사원조

~ 예인원조

~ 호송 / ...

.4 Report damage.

.4.1 I have / MV ... has

~ no damage.

~ damage to navigational equipment / ... .

.4.2 I am / MV ... not under command.

.5 Can you / can MV ... proceed?

.5.1 Yes, I / MV ... can proceed.

.5.2 No, I / MV ... cannot proceed.

.9 Undesignated distress

.1 I have / MV ... has problems with cargo / engine(s) / navigation / ... .

.2 I require / MV ... requires ... .

.10 Abandoning vessel

.1 I / crew of MV ... must abandon vessel ... after explosion / collision / grounding / flooding / piracy / armed attack / ... .

.11 Person overboard

.1 I have / MV ... has lost person overboard in position ... .

.2 Assist with search in vicinity of position ... .

.3 All vessels in vicinity of position ... keep sharp lookout and report to ... .

.4 I am / MV.. is proceeding for assistance - ETA at ... UTC / within ... hours.

.5 Search in vicinity of position ... .

.5.1 I am / MV ... is searching in vicinity of position ... .

.6 Aircraft ETA at ... UTC / within ... hours to assist in search.

.7 Can you continue search?

.7.1 Yes, I can continue search.

.7.2 No, I cannot continue search.

.8 Stop search.

.8.1 Return to ... .

.8.2 Proceed with your voyage.

.10 What is the result of search?

.10.1 The result of search is negative.

.4 손상을 보고하라

.4.1 본선은 / MV …는 입었다.

~ 손상 없음.

~ 항해장비에 손상 / … .

.4.2 본선은 / MV …는 조종불능상태이다.

.5 귀선은 / MV …는 항진할 수 있는가?

.5.1 그렇다, 본선은 / MV …는 항진할 수 있다.

.5.2 아니다, 본선은 / MV …는 항진할 수 없다.

.9 지정되지 않은 조난

.1 본선은 / MV …는 화물 / 엔진 / 항해 / …에 문제가 있다.

.2 본선은 / MV …는 … 요청한다.

.10 퇴 선

.1 본선 / MV … 선원은 … 폭발 후 / 충돌 후 / 좌초 후 / 침수 후 / 해적 피습 후 / 무장 피습 후 / …퇴선해야 한다.

.11 익수자

.1 본선은 / MV …는 …에서 익수자가 발생하였다.

.2 …지점 부근에 수색을 지원하라.

.3 …지점 부근의 모든 선박은 경계를 엄중히 하고, …에 보고하라.

.4 본선은 / MV …는 원조를 위해 항진 중이다. - 세계시 …시에 / …시 내에 도착 예정 시간이다.

.5 …지점 부근을 수색하라.

.5.1 본선은 / MV …는 … 지점 부근을 수색 중이다.

.6 항공기는 수색 원조를 위해 세계시 … 시에 / …시 내에 도착할 예정이다.

.7 귀선은 계속 수색할 수 있는가?

.7.1 그렇다. 계속 수색할 수 있다.

.7.2 아니다. 계속 수색할 수 없다.

.8 수색을 멈춰라.

.8.1 ….로 돌아가라.

.8.2 귀선은 당신의 항해를 하라.

.10 수색 결과는 어떤가?

.10.1 수색 결과는 부정적이다.

.11 I / MV ... located / picked up person(s) in position ... .

.12 Person picked up is crewmember / passenger of MV ... .

.13 What is condition of person(s)?

.13.1 Condition of person(s) bad / good.

.13.2 Person(s) dead.

AI / 1.2 Search and Rescue communication

.1 SAR communications(specifying or supplementary to 1.1)

.1 I require / MV ... requires assistance.

.2 I am / MV ... proceeding to your assistance.

.3 What is your MMSI number?

.3.1 My MMSI number is ... .

What is your position?

.4 What is your position?

.4.1 My position ... .

.5 What is your present course and speed?

.4.5.1 My present course ... degrees, my speed ... knots.

.6 Report number of persons on board.

.6.1 Number of persons on board: ... .

.7 Report injured persons.

.7.1 No person injured

.7.2 Number of injured persons / casualties: ... .

.8 Will you abandon vessel?

.8.1 I will not abandon vessel.

.8.2 I will abandon vessel at ... UTC.

.9 Is your EPIRB switched on?

.9.1 Yes, my EPIRB is switched on / inadvertently switched on.

.10 Did you transmit a DSC distress alert?

.10.1 Yes, I did transmit.

.10.2 No, I inadvertently transmitted.

.11 How many lifeboats / liferafts(with how many persons) will you launch?

.11.1 I will launch ... lifeboats / liferafts(with ... persons).

.12 How many persons will stay on board?

.12.1 No person will stay on board.

.11 본선은/MV …는 … 지점에서 익수자를 찾아내었다./끌어올렸다.
.12 끌어올린 익수자는 선원임/MV … 의 여객이다.
.13 익수자의 상태는 어떤가?
.13.1 익수자의 상태는 나쁘다./양호하다.
.13.2 익수자 사망했다.

AI/1.2 수색과 구조통신

.1 수색 구조통신(1.1에 상술 혹은 보충)

.1 본선은/MV …는 원조를 요청한다.
.2 본선은/MV …는 귀선의 원조를 위해 항진 중이다.
.3 귀선의 MMSI no.는 무엇인가?
.3.1 본선의 MMSI no.는 ….
.4 귀선의 위치는 어디인가?
.4.1 본선의 위치는 …
.5 귀선의 현재 침로와 속력을 얼마인가?
.4.5.1 본선의 현재 침로는 …도, 속력은 …노트이다.
.6 승선 인원을 보고하라.
.6.1 승선 인원은 …
.7 부상자를 보고하라.
.7.1 부상자는 없다.
.7.2 부상자/사상자 수는 …
.8 귀선은 퇴선할 것인가?
.8.1 본선은 퇴선하지 않을 것이다.
.8.2 본선은 세계시 …시에 퇴선할 것이다.
.9 비상위치지시용 무선표지는 켜졌는가?
.9.1 그렇다, 본선의 비상위치지시용 무선표지는 켜졌다./부주의로 켜졌다.
.10 귀선은 DSC 조난경보를 보냈는가?
.10.1 그렇다, 조난경보를 보냈다.
.10.2 아니다, 부주의로 조난경보가 보내졌다.
.11 몇 개의 구명정/구명벌(승정 인원수와)를 진수할 것인가?
.11.1 본선은 …. 구명정/구명벌(승정인원 …을)을 진수할 것이다.
.12 몇 명이 승선해 있을 것인가?
.12.1 아무도 승선해 있지 않을 것이다.

.12.2 ... persons will stay on board.

.13 What is the weather situation in your position?

.13.1 Wind ...(cardinal points) force Beaufort ... .

.13.2 Visibility good / moderate / poor.

.13.3 Smooth / moderate / rough / high Sea / slight / moderate / heavy swell ... (cardinal points).

.13.4 Current ... knots, to ...(cardinal points).

.14 Are there dangers to navigation?

.14.1 No dangers to navigation.

.14.2 Warning! Uncharted rocks / ice / abnormally low tides. mines / ... .

.2 Acknowledgement and / or relay of SAR - messages

.1 Received MAYDAY from MV ... at UTC on VHF Channel... / frequency ...

.2 Vessel in position ...

~ on fire

~ had explosion.

~ flooded.

~ in collision(with ..).

~ listing / in danger of capsizing.

~ sinking.

~ disabled and adrift.

~ abandoned / ... .

.3 Vessel requires assistance.

.4 Received your MAYDAY.

.4.1 My position ... .

.4.2 I / MV ... will proceed to your assistance.

.4.3 ETA at distress position within ... hours / at ... UTC.

.3 Performing / co-ordinating SAR – operations

The questions are normally asked and advice is given by the On-scene Co-ordinator(OSC).

For further information see IAMSAR Manual, London / Montreal,1998.

.1 I will act as On-scene Co-ordinator.

.1.1 I will show following signals / lights: ... .

.12.2 ...명이 승선해 있을 것이다.

.13 귀선 위치에서의 기상상태는 어떤가?

.13.1 바람은 ...(기본방위) Beaufort ....

.13.2 시정은 좋다 / 보통이다. / 나쁘다.

.13.3 잔잔한 / 보통 / 높음 / 매우 높은 파도 / 잔잔함 / 보통 / 높은 swell ...(방점 / 우점).

.13.4 조류 ...노트, ...로(방점 / 우점)

.14 항해에 위험물이 있는가?

.14.1 항해에 위험물은 없다.

.14.2 경고! 해도에 없는 암초 / 빙하 / 비정상적인 저조, 기뢰 / ...

.2 수색 구조 - 메시지 확인 / 또는 중계

.1 ... 선박으로부터 세계시 ...시에 VHF 채널 ... / 주파수...로 조난통보를 수신하였다.

.2 ... 위치의 선박은

~ 화재가 발생하였다.
~ 폭발하였다.
~ 침수되었다.
~(...과)충돌하였다.
~ 경사되었다. / 전복의 위험이 있다.
~ 침몰 중이다.
~ 항해 불능이 되었고, 표류 중이다.
~ 퇴선하였다. / ...

.3 선박이 원조를 요청한다.

.4 귀선의 조난통보를 수신하였다.

.4.1 본선의 위치는 ....

.4.2 본선은 / MV ...는 귀선의 원조를 위해 항진할 것이다.

.4.3 조난위치에 ...시간 내에 / 세계시 ...에 도착예정시간이다.

.3 수색 구조작업의 실행

통상적으로 현장작업 지휘자에 의하여 질문이 행하여지고, 또한 지시가 내려지게 됨. 보다 자세한 사항은 IAMSAR Manual, London / Montreal, 1998을 참조하라.

.1 본선이 현장작업 지휘자 역할을 할 것이다.

.1.1 본선은 다음의 신호 / 등화 ...를 보여줄 것이다.

.2 Can you proceed to distress position?

.2.1 Yes, I can proceed to distress position.

.2.2 No, I cannot proceed to distress position.

.3 What is your ETA at distress position?

.3.1 My ETA at distress position within … hours / at … UTC.

.4 MAYDAY position is not correct.

.4.1 Correct MAYDAY position is … .

.5 Vessels are advised to proceed to position … to start rescue.

.6 Carry out search pattern … starting at … UTC.

.7 Initial course … degrees, search speed … knots.

.8 Carry out radar search.

.9 MV … allocated track number … .

.10 MV / MVs … adjust interval between vessels to …kilometres / nautical miles.

.11 Adjust track spacing to …kilometres / nautical miles.

.12 Search speed now … knots.

.13 Alter course

~ to … degrees(- at … UTC).

~ for next leg of track now / at … UTC

.14 We resume search in position … .

.15 Crew has abandoned vessel / MV … .

.16 Keep sharp lookout for lifeboats / liferafts / persons in water / … .

.4 Finishing with SAR - operations

.1 What is the result of search?

.1.1 The result of search is negative.

.2 Sighted

~ vessel in position … .

~ lifeboats / life rafts in position … .

~ persons in water / … in position … .

.3 Continue search in position … .

.4 Can you pick up survivors?

.4.1 Yes, I can pick up survivors.

.4.2 No, I cannot pick up survivors.

.2 귀선은 조난위치로 항진할 수 있는가?

.2.1 그렇다, 본선은 조난위치로 갈 수 있다.

.2.2 아니다, 본선은 조난위치로 갈 수 없다.

.3 귀선의 조난위치 도착예정시간은 언제인가?

.3.1 본선의 조난위치 도착예정시간은 … 시간 내 / 세계시 … 시이다.

.4 조난통보 위치가 정확하지 않다.

.4.1 정확한 조난통보 위치는 …

.5 구조를 시작하기 위해 … 위치로 선박이 항진할 것을 권고한다.

.6 세계시 … 시에 수색 방식 … 을 실행하라.

.7 초기 침로 … 도, 수색 속도 … 노트이다.

.8 레이더 수색을 실행하라.

.9 MV는 … 번 항적을 할당받았다.

.10 MV / MVs … 선박 사이의 간격을 … 킬로미터 / 해리로 조정한다.

.11 … 킬로미터 / 해리간격을 두고 항적을 조정하라.

.12 수색 속도 현재 … 노트이다.

.13 변침하라.

~ … 도로(세계시 … 시에)

~ 현재 다음 수색 진로를 위해 / 세계시 … 에

.14 본선은 … 지점에서 수색을 다시 시작한다.

.15 선원은 퇴선했다. / MV … .

.16 구명정 / 구명벌 / 물속의 사람 / … 을 철저히 경계하라.

.4 수색 구조의 종료 - 작업

.1 수색 결과는 어떤가?

.1.1 수색 결과는 부정적이다.

.2 확인되었다.

~ … 위치에 ~선박이

~ … 위치에 구명정 / 구명벌.

~ 물속에 사람 / …. 위치에 … .

.3 …. 위치에 수색을 계속하라.

.4 귀선은 생존자를 태울 수 있는가?

.4.1 그렇다, 본선은 생존자를 인양할 수 있다.

.4.2 아니다, 본선은 생존자를 인양할 수 없다.

.5 MV ... / I will proceed to pick up survivors.

.5.1 Stand by lifeboats / liferafts.

.6 Picked up

~ ... survivors in position ... .

~ ... lifeboats / liferafts(with ... persons / casualties) in position ...

~ ... persons / casualties in lifejackets in position ... .

~ ... in position ... .

.7 Survivors in bad / good condition.

.8 Do you require medical assistance?

.8.1 Yes, I require medical assistance.

.8.2 No, I do not require medical assistance.

.9 Try to obtain information from survivors.

.10 There are

~ still ... lifeboats / liferafts with survivors.

~ no more lifeboats / liferafts.

.11 Total number of persons on board was ... .

.12 All persons / ... persons rescued.

.13 You / MV ... may stop search and proceed with voyage.

.14 There is no hope to rescue more persons.

.15 We finish with SAR - operations.

AI / 1.3 Requesting medical assistance

.1 I require / MV ... requires medical assistance.

.2 What kind of assistance is required?

.2.1 I require / MV ... requires

~ boat for hospital transfer.

~ radio medical advice.

~ helicopter with doctor(to pick up person(s)).

.3 I / MV ... will

~ send boat.

~ send helicopter with doctor

~ send helicopter to pick up person(s).

~ arrange for radio medical advice on VHF Channel ... / frequency ... .

.4 Boat / helicopter ETA at ... UTC / within ... hours.

.5 본선은/MV ...는 생존자를 태우기 위해 항진할 것이다.

.5.1 구명정/구명벌을 준비하라.

.6 인양했다.

~ ... 위치에 ... 생존자를

~ ... 위치에 구명정/구명벌(... 인원과/사상자들)

~ ... 위치에 구명조끼를 입은 사람/사상자들

~ ... 위치에 ..... .

.7 생존자의 상태는 나쁘다/양호하다.

.8 귀선은 의료 원조를 원하는가?

.8.1 그렇다, 본선은 의료원조를 요청한다.

.8.2 아니다, 본선은 의료원조를 요청하지 않는다.

.9 생존자로부터 정보를 얻기 위해 노력하라.

.10 존재한다.

~ 여전히 ... 생존자와 구명정/구명벌

~ 더 이상 구명정/구명벌은 없다.

.11 승선한 총 인원수는 ...이다.

.12 모든 인원/... 사람 구조되었다.

.13 귀선은/MV ...는 수색을 멈추고 항해하여도 좋다.

.14 더 이상의 인명구조 가망이 없다.

.15 수색 구조 작업을 종료한다.

AI/1.3 의료원조 요청

.1 본선은/MV ...는 의료원조를 요청한다.

.2 어떠한 원조를 요청하는가?

.2.1 본선은/MV ...는 요청한다.

~ 병원 운송을 위한 보트

~ 무선 의료조언

~ 의사를 태운 헬리콥터(사람을 인양하기 위한)

.3 본선은/MV ...는 할 것이다.

~ 보트를 보냄.

~ 의사를 태운 헬리콥터를 보냄.

~ 사람을 인양하기 위한 헬리콥터를 보냄.

~ 무선 의료조언을 위해 VHF 채널 .../주파수 ...로 조정함.

.4 보트/헬리콥터 세계시 ...시에/... 시간 내에 도착예정시간이다.

.5 Do you have doctor on board?

.5.1 Yes, I have doctor on board.

.5.2 No, I have no doctor on board.

.6 Can you make rendezvous in position ... ?

.6.1 Yes, I can make rendezvous in position at ... UTC / within ... hours.

.6.2 No, I cannot make rendezvous.

.7 I / MV ... will send boat / helicopter to transfer doctor.

.8 Transfer person(s) to my vessel / to MV ... by boat / helicopter.

.9 Transfer of person(s) not possible.

AI / 2 Urgency traffic

Safety of a vessel(other than distress).

〈Note〉 An urgency traffic has always to commence with stating the position of the calling vessel if it is not included in the DSC alert.

.1 Technical failure

.1 I am / MV ... not under command.

.2 What problems do you have / does MV ... have?

.2.1 I have / MV ... has problems with engine(s) / steering gear / propeller / ...

.3 I am / MV ...is manoeuvring with difficulty.

.4 Keep clear of me / MV ... .

.5 Navigate with caution.

.6 I require / MV ... requires tug assistance / escort / ... .

.7 I try / MV ... tries to proceed without assistance.

.8 Stand by on VHF Channel ... / frequency ... .

.8.1 Standing by on VHF Channel ... / frequency ... .

.2 Cargo

.1 I have / MV has ... lost dangerous goods of IMO-Class ... in position ...

.2 Containers / barrels / drums / bags / ... with dangerous goods of IMO-Class ... adrift near position ... .

.3 I am / MV ... is spilling

~ dangerous goods of IMO-Class ... in position ...

~ crude oil / ... in position ... .

.5 귀선은 의사가 승선해 있는가?

.5.1 그렇다, 본선은 의사가 승선해 있다.

.5.2 아니다, 본선은 의사가 승선해 있지 않다.

.6 귀선은 … 위치에 집결할 수 있는가?

.6.1 그렇다, 본선은 세계시 … 시에 / … 시간 내에 … 위치에 집결할 수 있다.

.6.2 아니다, 본선은 집결할 수 없다.

.7 본선은 / MV …는 의사 수송을 위해 보트 / 헬리콥터를 보내겠다.

.8 보트 / 헬리콥터로 본선에 / MV … 에 사람을 이송하라.

.9 사람 이송은 불가능하다.

AI / 2 긴급통신

선박의 안전(조난신호 이외)

〈주의〉 호출하는 선박의 위치가 DSC 경보에 포함되지 않았으면 긴급통화는 항상 호출하는 선박의 위치를 말하면서 시작해야 한다.

.1 기술적 결함

.1 본선은 / MV …는 조종불능상태이다.

.2 귀선에 / MV …는 무슨 문제가 있는가?

.2.1 본선은 / MV …는 기관에 / 조타기에 / 프로펠라에 / …에 문제가 있다.

.3 본선은 / MV …는 조선에 어려움이 있다.

.4 본선을 / MV … 를 충분히 피하라.

.5 조심해서 항해하라.

.6 본선은 / MV …는 예인원조 / 호송 / …을 요청한다.

.7 본선은 / MV …는 원조 없이 항진하도록 시도한다.

.8 VHF 채널 … / 주파수 …로 기다려라.

.8.1 VHF 채널 … / 주파수 …로 기다리고 있다.

.2 화 물

.1 본선은 / MV …는 … 위치에 IMO - Class 위험 화물을 유실하였다.

.2 컨테이너 / 통 / drum / bag의 IMO - Class 위험 화물이 … 위치 근처에서 떠다니고 있다.

.3 본선은 / MV …는 흘리고 있다.

~ … 위치에 IMO-Class 위험 화물을…

~ … 위치에 원유를 …

.4 I require / MV… requires oil clearance assistance - danger of pollution.
.5 I am / MV … is dangerous source of radiation.

.3 Ice damage

.1 I have / MV … has damage above / below waterline.
.2 What kind of assistance is required?
.2.1 I require / MV … requires
~ tug assistance.
~ ice-breaker assistance / escort / … .
.3 I have / MV … has stability problems - heavy icing.
.4 Can you proceed without assistance?
.4.1 Yes, I can proceed without assistance.
.4.2 No, I cannot proceed without assistance.
.5 Stand by on VHF Channel … / frequency … .
.5.1 Standing by on VHF Channel … / frequency … .

AI / 3 Safety Communications

AI / 3.1 Meteorological and hydrological conditions

.1 Winds, storms, tropical storms, sea state

.1 What is wind direction and force in your position / in position … ?
.1.1 Wind direction …(cardinal points), force Beaufort … in my position / in position … .
.2 What wind is expected in my position / in position … ?
.2.1 The wind in your position / in position … is expected
~ from direction…(cardinal points), force Beaufort … .
~ to increase / decrease.
~ variable.
.3 What is the latest gale / storm warning?
.3.1 The latest gale / storm warning is as follows:
Gale / storm warning. Winds at … UTC in area …(met.area) from direction …(cardinal points) and force Beaufort … backing / veering to …(cardinal points).
.4 What is the latest tropical storm warning?

.4 본선은 / MV ...는 기름제거 원조를 요구한다. - 오염의 위험이 있다.

.5 본선은 / MV ...는 방사선의 위험 유출원이다.

.3 얼음 손상

.1 본선은 / MV ...는 흘수선 위에 / 아래에 손상을 입었다.

.2 어떠한 원조를 요청하는가?

.2.1 본선은 / MV ...는 요청한다.

~ 예인원조.

~ 쇄빙선 원조 / 호송 / ... .

.3 본선은 / MV ...는 복원성에 문제가 있다. - 심한 결빙

.4 귀선은 원조 없이 항진할 수 있는가?

.4.1 그렇다, 본선은 원조 없이 항진할 수 있다.

.4.2 아니다, 본선은 원조 없이 항진할 수 없다.

.5 VHF 채널 ... / 주파수 ...에서 기다려라.

.5.1 VHF 채널 ... / 주파수 ...에서 기다리고 있다.

AI / 3 안전통신

AI / 3.1 기상 및 수로의 상태

.1 바람, 폭풍, 열대성 폭풍, 해면상태

.1 귀선의 위치 / ... 위치에서 풍향과 풍력은 얼마인가?

.1.1 본선의 위치에서 / ...(기본 방위) 위치에서 Beaufort 풍력계급 ..., 풍향은 ...이다.

.2 본선의 위치에서 / .... 위치에서 바람은 어떠해지겠는가?

.2.1 귀선의 위치에서 / ... 위치에서 바람은 ... 예상된다.

~ 풍향 .... , 뷰포트 풍력계급 ...

~ 증가한다. / 감소한다.

~ 일정치 않다.

.3 가장 최근의 강풍 / 태풍경보는 어떤 것인가?

.3.1 가장 최근의 강풍 / 태풍경보는 아래와 같다 :

강풍 / 태풍경보. 세계시 ...시 ... 해역의 풍향은 ...(방점) ... 풍력계급은 ...이며, 풍향은 반전 / 순전하여 ...(방점)방향으로 됨.

.4 가장 최근의 열대성 폭풍경보는 어떤 것인가?

.4.1 The latest tropical storm warning is as follows:
Tropical storm warning at ... UTC. Hurricane...(name) / tropical cyclone / tornado / willy-willy / typhoon ...(name) with central pressure of ... millibars / hPascals located in position ... Present movement...(cardinal points) at ... knots. Winds of ... knots within radius of ... miles of centre. Seas smooth / moderate / rough / high. Further information on VHF Channel ... / frequency ... .

.5 What is the atmospheric pressure in your position / in position ... ?

.5.1 The atmospheric pressure in your position / in position ... is ... millibars / hPascals.

.6 What is the barometric change in your position / in position ... ?

.6.1 The barometric change in your position / in position ...is ... millibars / hPascals per hour / within the last ... hours.

.6.2 The barometer is steady / dropping(rapidly) / rising(rapidly).

.7 What maximum winds are expected in the storm area?

.7.1 Maximum winds of ... knots are expected
~ in the storm area.
~ within a radius of ... kilometres / miles of the centre.
~ in the safe / dangerous semicircle.

.8 What is sea state in your position / in position ... ?

.8.1 The smooth / moderate / rough / high sea / slight / moderate / heavy swell in my position / in position ... is ... metres from...(cardinal points).

.9 Is the sea state expected to change(- within the next hours)?

.9.1 No, the sea state is not expected to change(- within the next hours).

.9.2 Yes, a sea / swell of ... metres from ...(cardinal points) is expected(- within the next hours).

.10 A tsunami / an abnormal wave is expected by ... UTC.

.2 Restricted visibility

.1 What is visibility in your position / in position ... ?

.1.1 Visibility in my position / in position is ... metres / nautical miles

.1.2 Visibility is restricted by mist / fog / snow / dust / rain.

.1.3 Visibility is increasing / decreasing / variable.

.2 Is visibility expected to change in my position / in position ...(within the next hours)?

.4.1 가장 최근의 열대성 폭풍 경보는 아래와 같다:
세계시 ... 시에 열대성 폭풍경보 . ... 위치에 중심기압 ... 밀리바 / 헥토파스칼의 허리케인 ...(이름) / 열대성 사이클론 / 토네이도 / 윌리윌리 / 태풍 ....(이름) ... 위치에 있으며 현재의 동정은(우점 / 방점) ... 노트로 움직임. 중심 ... 마일 반경 이내로 ...노트의 바람. 해면상태는 잔잔함 / 보통 / 거침 / 매우 거침.
보다 자세한 정보는 VHF 채널 ... / 주파수 ...에서 참조 바람.

.5 귀선의 위치에서 / ... 위치에서 기압은 얼마인가?

.5.1 귀선의 위치에 / ... 위치에 기압은 ...밀리바 / 헥토파스칼이다.

.6 귀선의 위치에 / ...위치에서 기압상의 변화는 얼마인가?

.6.1 귀선의 위치에 / ... 위치에서 기압상의 변화는 시간당 / 최근 ... 시간 이내에 ... 밀리바 / 헥토파스칼이다.

.6.2 기압계는 변화 없음 / 하강(급격히) / 상승(급격히).

.7 폭풍지역에 최대 풍속은 얼마 정도 예상되는가?

.7.1 ...노트의 최대 풍속이 예상되어진다.
~ 폭풍지역에
~ 중심반경 ...킬로미터 / ... 마일 이내에
~ 안전 / 위험 반원 내에

.8 귀선의 위치에 / ... 위치에 해면상태는 어떤가?

.8.1 본선의 위치에서 / ... 위치에서 잔잔함 / 보통 / 거침 / 매우 거친 바다 상태 / 낮음 / 보통 / 매우 높은 파도 ...(우점 / 방점)

.9 해면상태는 변할 것으로 예상되는가(- 앞으로 ... 시간내에)?

.9.1 아니다. 해면상태는 변할 것으로 예상되어지지 않는다(- 앞으로 ... 시간 내에)

.9.2 그렇다. ...(중요지점)으로부터 ... 미터의 파도 / 파도가 예상됨(- 앞으로 ... 시간내에)

.10 진파 / 비정상적인 파도가 ... UTC에 예상된다.

.2 제한된 시정

.1 귀선의 위치에 / ... 위치에서 시정은 얼마인가?

.1.1 본선의 위치에 / ... 위치에서 시정은 ...미터 / 해리이다.

.1.2 옅은 안개 / 안개 / 눈 / 먼지 / 비로 시정이 제한적이다.

.1.3 시정이 증가됨 / 감소됨 / 일정하지 않다.

.2 본선의 위치에 / ... 위치에 시정이(- 앞으로 ... 시간내에) 어떻게 변화될 것으로 예상하는가?

.2.1 No, visibility is not expected to change in your position / in position... (- within the next hours).

.2.2 Yes, visibility is expected to increase / decrease to ... metres / nautical miles in your position / in position ...(within the next hours).

.2.3 Visibility is expected to be variable between ... metres / nautical miles in your position / in position ...(within the next hours).

.3 Ice

.1 What is the latest ice information?

.1.1 Ice warning. Ice / iceberg(s) located in position ... / reported in area around

.1.2 No ice located in position ... / reported in area around ... .

.2 What ice situation is expected in my position / area around ... ?

.2.1 Ice situation is

~ not expected to change in your position / area around ... .

~ expected to improve / deteriorate in your position / area around

.2.2 Thickness of ice is expected to increase / decrease in your position / area around ... .

.3 Navigation is dangerous in area around ... due to floating ice / pack ice / iceberg(s).

.4 Navigation in area around ... is only possible

~ for high-powered vessels of strong construction .

~ with ice-breaker assistance.

.5 Area around ... temporarily closed for navigation.

.6 Danger of icing in area around ... .

.4 Abnormal tides

.1 The present tide is ... metres above / below datum in position ... .

.2 The tide is ... metres above / below prediction.

.3 The tide is rising / falling.

.4 Wait until high / low water.

.5 Abnormally high / low tides are expected in position ... at about ... UTC / within ... hours.

.6 Is the depth of water sufficient in position ... ?

.2.1 아니다, 귀선의 위치에 / ... 위치에서(- 앞으로... 시간내에) 시정이 변할 것으로 생각되지 않는다.

.2.2 그렇다, 귀선의 위치에 / ...위치에서(- 앞으로... 시간내에) 시정이 좋아져서 / 나빠져서 ...미터 / 해리로 예상된다.

.2.3 귀선의 위치에 / ... 위치에서(- 앞으로... 시간 내에) 시정이 ...미터 / 해리 사이로 예상된다.

.3 빙 하

.1 가장 최근의 빙하정보는 무엇인가?

.1.1 빙하경보. 빙하 / 빙산(들)이 .... 위치에 있음 / ... 지역 주위에 보고되었다.

.1.2 ... 위치에 / ... 지역 주위에 보고된 빙하는 없다.

.2 본선의 위치에 / ... 지역 주위에 빙하상태가 어떨 것으로 예상되는가?

.2.1 빙하 상태는

~ 귀선의 위치에 / ... 지역 주위에서 변하지 않을 것으로 예상한다.

~ 귀선의 위치에 / ... 지역 주위에서 나아지겠다. / 악화될 것으로 예상된다.

.2.2 빙하의 두께는 귀선의 위치에 / .... 지역 주위에서 증가되겠다 / 감소될 것으로 예상된다.

.3 부빙 / 부빙군 / 빙산 때문에 ... 지역 주위에서 항해는 위험하다.

.4 ... 지역 주위에서만 항해가 가능하다.

~ 강력한 구조의 고마력의 선박에 대해서만

~ 쇄빙선의 원조와 함께

.5 .... 지역 주위는 일시적으로 항해가 폐쇄된다.

.6 ... 지역 주위에서 빙하의 위험이 있다.

.4 불규칙한 조석

.1 현재의 조석은 ... 위치에서 기준에서 ...미터 아래 / 위이다.

.2 조석은 ...미터 예보치 위 / 아래이다.

.3 조석이 창조 중이다. / 낙조 중이다.

.4 고조 / 저조까지 기다려라.

.5 약 세계시 ...에 / ...시간내에 .... 위치에서 불규칙한 고조 / 저조가 예상된다.

.6 ... 위치에서 수심은 충분한가?

.6.1 Yes, the depth of water is sufficient in position ... .

.6.2 No, the depth of water is not sufficient in position ... .

.6.3 The depth of water is ... metres in position ... .

.7 My draft is ... metres - can I enter / pass ...(charted name of place)?

.7.1 Yes, you can enter / pass(charted name of place).

.7.2 No, you cannot enter / pass(charted name of place) - wait until ... UTC.

.8 The charted depth of water is increased / decreased by ... metres due to sea state / winds.

AI / 3.2 Navigational warnings involving

.1 Land- or seamarks

Defects

.1 ...(charted name of light / buoy) in position ... ~ unlit / unreliable / damaged / destroyed / off station / missing.

Alterations

.2 ...(charted name of lightbuoy / buoy) in position ...

~ (temporarily) changed to ...(full characteristics).

~(temporarily) removed.

~(temporarily) discontinued.

New and moved

.3 ...(charted name of light / buoy) ...(full characteristics)

~ established in position ... .

~ re-established in position ... .

~ moved ... kilometres / nautical miles in ...(direction) to position ... .

.4 ⟨Note⟩ Only for major fog signal stations.

Fog signal ...(charted name of light / buoy) in position ... inoperative.

.2 Drifting objects

.1 Superbuoy / mine / unlit derelict vessel / ...(number) container(s) adrift in vicinity ...(position) at ...(date and time if known).

.3 Electronic navigational aids

.1 GPS Satellite ...(number) unusable from ...(date and time) to ...(date and time). Cancel one hour after time of restoration.

.6.1 그렇다, ... 위치에서 수심은 충분하다.

.6.2 아니다, ... 위치에서 수심은 충분하지 않다.

.6.3 ... 위치에서 수심은 .... 미터이다.

.7 본선의 흘수는 .... 미터 -(해도에 기재된 지명) ... 들어가도 / 통과해도 되는가?

.7.1 그렇다, 귀선은(해도에 기재된 지명) ...로 들어가도 / 통과해도 된다.

.7.2 아니다, 귀선은 (해도에 기재된 지명) ...로 들어갈 수 없음 / 통과할 수 없음.
- 세계시 ...까지 기다려라.

.8 해면 / 바람 상태 때문에 해도에 기재된 수심이 ... 미터 증가된다 / 감소되다.

AI / 3.2 항행경보 포함

.1 육지 - 또는 해상 마크

결함

.1 ...(light / buoy의 해도상 이름) ...위치에서 불이 켜져 있지 않다 / 믿을 수 없다 / 손상을 입었다 / 파괴되었다 / 유실되었다.

변경

.2 ...(lightbuoy / buoy의 해도상 이름)... 위치에서
~(임시적으로) ...(상세 특성)변하였다.
~(임시적으로) 제거되었다.
~(임시적으로) 중단되었다.

신설과 이동

.3 ...(light / buoy의 해도상 이름) ...(상세 특성)
~ 위치에 설치되었다.
~ ...위치에 재설치되었다.
~ ...에서 ...로 ... 킬로미터 / 마일 이동되었다.

.4 〈주의〉 오로지 주요한 안개 신호소에서만
무중 신호 ...(light / buoy의 해도상 이름) ... 위치에서 작동되지 않는다.

.2 표류 물체

.1 대형부표 / 기뢰 / 불이 켜지지 않은 유기물 선박 / ...(개수) 컨테이너가 ...(알려져 있다면 시간과 날짜)위치에 떠다니고 있다.

.3 전자 항행원조

.1 GPS 위성 ...(개수)가 ...(시간과 날짜)에서 ...(시간과 날짜)때까지 이용할 수 없다.
복구시간 1시간 후에 취소한다.

.2 LORAN station ...(name or number of master / secondary) off air from ...(date and time) to ...(date and time). Cancel one hour after time of restoration.

.3 RACON ...(name of station) in position ... off air from ...(date and time) to... (date and time). Cancel one hour after time of restoration.

.4 **Seabottom characteristics, wrecks**

Use REPORTED when position is unconfirmed, and use LOCATED when position has been confirmed by survey or other means

.1 Uncharted reef / rock / shoal / dangerous wreck / obstruction reported / located in position ... .

.2 Dangerous wreck in position... marked by ...(type)buoy ...(distance in kilometres / nautical miles) ...(direction).

.5 **Miscellaneous**

.5.1 Cable, pipeline and seismic / hydrographic operations

.1 Cable / pipeline operations by ...(vessel) in vicinity / along line joining ... (positions) from ...(date and time)to ...(date and time). Wide berth requested (if requested).

Contact via VHF Channel ... (if requested).

.2 Seismic survey / hydrographic operations by ...(vessel) from ...(date and time) to...(date and time) in ...(position). Wide berth requested.(if requested). Contact via VHF Channel ...(if requested).

.3 Survey vessel ...(name) towing ...(length) seismic cable along line joining / in area bounded by / in vicinity ...(position) from ...(date and time) to ...(date and time). Wide berth requested(if requested). Contact via VHF Channel ... (if requested).

.4 Hazardous operations by ...(vessel) in area bounded by / in vicinity ... (position) from ...(date and time) to ...(date and time). Wide berth requested (if requested).

Contact via VHF Channel ...(if requested).

.5 Current meters / hydrographic instruments moored in ...(position). Wide berth requested(if requested).

.5.2 Diving, towing and dredging operations

.1 Diving / dredging operations by vessel ...(name) from ...(date and time) to ...(date and time) in position ... . Wide berth requested(if requested).

.2 LORAN 기지국 …(주국 / 종국의 개수와 이름)가 …(시간과 날짜)에서부터 … 때(시간과 날짜)까지 중단된다. 복구시간 1시간 후에 취소한다.

.3 … 위치의 RACON …(기지국의 이름)가 …(시간과 날짜)에서부터 … 때까지(시간과 날짜) 작동하지 않는다. 복구시간 1시간 후에 취소한다.

.4 저질의 특성, 침선

위치가 확실치 않으면 REPORTED를 사용하라. 그리고 위치가 조사나 혹은 다른 수단에 의해서 확인이 될 때에는 LOCATED를 사용하라.

.1 해도에 기재되지 않은 산호 / 바위 / 위험한 침선 / 보고된 장애물이 … 위치에 존재하고 있다.

.2 … 위치에 위험한 침선이 … buoy(type)에 의해 …(킬로미터 / 마일) …(방향)으로 표시되어 있다.

.5 기 타

.5.1 케이블, 파이프 라인과 지진조사 / 수로작업

.1 케이블 / 파이프 라인 작업이 …(선박)에 의해 근처에서 / … (위치)의 line을 따라서 …에부터(시간과 날짜) …까지(시간과 날짜) 이루어진다.(필요하다면) 넓은 거리가 요구된다.
VHF 채널을 통해 연락하라…(필요하다면).

.2 지진조사 / 수로작업이 …(선박)에 의해 …부터(시간과 날짜) …(시간과 날짜)까지 …(위치)에서 이루어진다.(필요하다면) 넓은 거리가 요구된다. VHF 채널을 통해 연락하라…(필요하다면)

.3 탐사 선박 …(선명)이 …(길이) 지질 조사 케이블을 line을 따라 / 표시가 되어 있는 지역 / …(위치)의 근처에서 …부터(시간과 날짜) …까지(시간과 날짜) 끌고 있다.
(필요하다면) 넓은 거리가 요구된다. VHF 채널을 통해 연락하라…(필요하다면)

.4 …(선박)에 의한 위험작업이 표시된 구역 / … (위치)의 근처에서 …부터(시간과 날짜) …까지(시간과 날짜) 이루어진다.(필요하다면) 넓은 거리가 요구된다.
VHF 채널을 통해 연락하라…(필요하다면)

.5 조류 미터 / 수로 장비들이 … (위치)에서 계류하고 있다.(필요하다면) 넓은 거리가 요구된다.

.5.2 잠수, 예인과 준설작업

.1 …(선명)선박에 의한 잠수 / 준설작업이 …부터(시간과 날짜) …까지(시간과 날짜) … (위치)에서 이루어진다.(필요하다면) 넓은 거리가 요구된다.

.2 Difficult tow from ...(port of departure)on ...(date) to ...(destination)on ...(date).
Wide berth requested.

.5.3 Tanker transshipment

.1 Transshipment of ...(kind of cargo) in position... . Wide berth requested.

.2 I am/MT ... spilling oil/chemicals/... in position ... Wide berth requested.

.3 I am/LNG-tanker ... leaking gas in position... - do not pass to windward.

.4 Oil clearance operations near MT ... in position ... . Wide berth requested.

.5.4 Off-shore installations, rig moves

.1 Platform ...(name/number if available) reported/established in position... at ... (date and time).Wide berth requested(if requested).

.2 Platform ...(name/number if available) removed from ...(position) on ...(date).
Platform ...(가능하다면 이름/개수)이 ...(날짜) ...(위치)에서 제거되었다.

.3 Pipeline/platform ...(name/number if available) in position ... spilling oil /leaking gas. Wide berth requested.

.4 Derelict platform ...(name/number if available) being removed from ...(position) at ...(date and time).Wide berth requested.

.5.5 Defective locks or bridges

.1 Lock ...(name) defective.

.1.1 For entering ...(charted name of place) use lock ...(name).

.2 Lock/bridge ...(name) defective.

.2.1 Avoid this area - no possibility for vessels to turn.

.5.6 Military operations

.1 Gunnery/rocket firing/missile/torpedo/underwater ordnance exercises in area bounded by ...(positions) from ...(date and time) to...(date and time). Wide berth requested(if requested).

.2 Mine clearing operations from ...(date time) to ...(date and time) in area bounded by ...(positions).Wide berth requested. Contact via VHF channel ...(number)(if requested).

.5.7 Fishery

.1 Small fishing boats in area around ... - navigate with caution.

.2 Is fishing gear ahead of me?

.2 ...에서(출항지) ...부터(날짜) ...(목적지) ...까지(날짜) 어려운 예인작업이 이루어진다. 넓은 거리가 요구된다.

.5.3 탱커선에서 탱커선으로의 화물의 이동

.1 ... 위치에서 ...(화물의 종류)의 선적이 이루어진다. 넓은 거리가 요구된다.

.2 본선은 / MV ...는 ... 위치에서 기름 / 케미칼을 유출하고 있다. 넓은 거리가 요구된다.

.3 본선 / LNG-tanker는 ... 위치에서 가스가 새고 있다 - 풍하쪽으로 통항하지 마라.

.4 기름 제거작업이 MT ... 위치에서 이루어지고 있다. 넓은 거리가 요구된다.

.5.4 해상구조물, 굴착장치 이동

.1 Platform이 ...(가능하다면 이름 / 개수) 보고되었다 / ...(날짜와 시간) ...위치에서 설치되었다.(필요하다면) 넓은 거리가 요구된다.

.2 Platform ...(가능하다면 이름 / 개수)이 ...(날짜) ... (위치)에서 제거되었다.

.3 Pipeline / platform ...(가능하다면 이름 / 개수)이 ... 위치에서 기름을 유출하고 있다 / 가스를 누출시키고 있다.(필요하다면) 넓은 거리가 요구된다.

.4 유기된 platform ...(가능하다면 이름 / 개수)이 ...(위치)에서 ...(날짜와 시간)에 제거되고 있다. 넓은 거리가 요구된다.

.5.5 결함이 있는 수문 또는 다리

.1 수문 ...(이름)이 결함이 있다.

.1.1 ...(해도상의 지명)에 들어가기 위해서는 수문 ...(이름)을 이용하라.

.2 수문 / 다리 ...(이름)이 결함이 있다.

.2.1 이 지역을 피하라 - 선박을 선회할 수 없다.

.5.6 군사작전

.1 사격 / 로케트 발사 / 미사일 / 어뢰 / 수중 통상 훈련이 ... 표시된(위치)에서 ...부터(날짜와 시간) ... 까지(날짜와 시간) 실시된다.(필요하다면) 넓은 거리가 요구된다.

.2 기뢰제거 작업이 표시된 ...(위치)에서 ...부터(날짜와 시간) ...까지(날짜와 시간) 이루어진다. 넓은 거리가 요구된다.(필요하다면) VHF 채널 ...(number)을 통해 연락하라.

.5.7 어 업

.1 소형 어선들이 ... 주위에 있다 - 조심해서 항해하라.

.2 본선 앞에 어구가 있는가?

.2.1 No fishing gear ahead of you.

.2.2 Yes, fishing gear with buoys / without buoys in position ... / area around ... - navigate with caution.

.3 Fishing gear has fouled my propeller(s).

.4 You have caught my fishing gear.

.5 Advise you to recover your fishing gear.

.6 Fishing in area ... prohibited.

AI / 3.3 Environmental protection communications

.1 Located oil spill in position ... extending ...(length and width in metres) to ... (cardinal points).

.2 Located oil spill

~ in your wake.

~ in the wake of MV ... .

.3 I have / MV ... has accidental spillage of oil / ... .

.4 Can you / MV ... stop spillage?

.4.1 Yes, I / MV ... can stop spillage.

.4.2 No, I / MV ... cannot stop spillage.

.5 What kind of assistance is required?

.5.1 I require / MV ... requires

~ oil clearance assistance.

~ floating booms / oil dispersants / ... .

.6 Stay in vicinity of pollution and co-operate with oil clearance team.

.7 ...(number) barrels / drums / containers with IMDG - Code marks reported adrift near position.... .

.8 Located a vessel dumping chemicals / waste / ... in position ... .

.8.1 Located a vessel incinerating chemicals / waste / ... in position ... .

.9 Can you identify the polluter?

.9.1 Yes, I can identify the polluter - polluter is MV ... .

.9.2 No, I cannot identify the polluter.

.10 What is course and speed of the polluter?

.10.1 Course of the polluter ... degrees, speed ... knots.

.10.2 The polluter left the scene.

.2.1 귀선 앞에는 어구가 없다.

.2.2 그렇다, buoy가 달린 어구 / ... 위치에서 bouy가 없이 / ... 근처에서 - 조심해서 항해하라.

.3 어구가 본선 프로펠라에 엉켰다.

.4 귀선은 나의 어구를 걸고 있다.

.5 당신의 어구를 걷어 들이도록 권고한다.

.6 ... 지역에서 어로는 금지된다.

AI / 3.3 환경보호 통신

.1 유출유가 ... 위치에서 ...(길이 및 넓이, m)로 ...(기본 방위)로 확산되고 있는 것이 확인되었다.

.2 유출유가 확인되었다.

~ 귀선의 항적에서

~ MV ...의 항적에서

.3 본선 / MV ...는 사고고 기름 / ... 를 유출하였다.

.4 귀선 / MV ...는 유출을 중지할 수 있는가?

.4.1 그렇다, 본선 / MV ...는 기름 유출을 중지할 수 있다.

.4.2 아니다, 본선 / MV ...는 기름 유출을 중지할 수 없다.

.5 어떠한 원조가 필요한가?

.5.1 본선은 / MV ...는 요구한다.

~ 기름제거 원조

~ 부유 방재 / 유류 분산제 / ... .

.6 오염현장에서 대기하라, 그리고 기름 방제팀과 협조하라.

.7 IMDG - Code 마크의 ...(숫자) barrels / drums / 컨테이너가 ... 근처 위치에서 떠다니고 있다고 보고되었다.

.8 케미칼 / 폐기물을 ... 위치에서 한 선박이 투기하고 있다고 확인되었다.

.8.1 케미칼 / 폐기물을 ... 위치에서 한 선박이 소각하고 있다고 확인되었다.

.9 귀선은 그 오염 선박을 확인할 수 있는가?

.9.1 그렇다, 본선은 오염 선박을 확인할 수 있다 - 오염 선박은 MV ...이다.

.9.2 아니다, 본선은 오염 선박을 확인할 수 없다.

.10 오염 선박의 코스 및 속도는 어떻게 되는가?

.10.1 오염 선박의 코스는 ...도, 속도는 ...이다.

.10.2 오염 선박이 현장을 떠났다.

AI / 4 Pilotage

AI / 4.1 Pilot request

See AI / 6 - .4.3 "Pilot request"

AI / 4.2 Embarking / disembarking pilot

.1 Stand by pilot ladder.

.2 Rig the pilot ladder on port side / starboard side ... metres above water.

.3 The pilot ladder is rigged on port side / starboard side.

.4 You must rig another pilot ladder.

.5 The pilot ladder is unsafe.

.6 What is wrong with the pilot ladder?

.6.1 The pilot ladder

~ has broken / loose steps.

~ has broken spreaders.

~ has spreaders too short.

~ is too far aft / forward.

.7 Move the pilot ladder

~ ... metres aft / forward.

~ clear of discharge.

.8 Rig the accommodation ladder in combination with the pilot ladder.

.9 Rig the pilot ladder alongside hoist.

.10 Put lights on at the pilot ladder.

.11 Man ropes are required / not required.

.12 Have a heaving line ready at the pilot ladder.

.13 Correct the list of the vessel.

.14 Make a lee on your port side / starboard side.

.15 Steer ... degrees to make a lee.

.16 Keep the sea on your port quarter / starboard quarter.

.17 Make a boarding speed of ... knots.

.18 Stop engine(s) until pilot boat is clear.

.19 Put helm hard to port / starboard.

.20 Alter course to ...(cardinal points) - the pilot boat cannot clear the vessel.

.21 Put engine(s) ahead / astern.

AI/4 도 선

AI/4.1 도선사 요구

See AI/6 - .4.3 "도선사 요구"

AI/4.2 도선사 승선/하선

.1 Pilot ladder를 준비하라.

.2 Pilot ladder를 수면상 ...미터 좌현/우현에 설치하라.

.3 Pilot ladder는 우현/좌현에 설치되어 있다.

.4 귀선은 다른 pilot ladder를 설치해야 한다.

.5 Pilot ladder는 안전하지 못하다.

.6 Pilot ladder에 무슨 문제가 있는가?

.6.1 Pilot ladder가

~ step이 부러지다/느슨하다.

~ spreader가 부러졌다.

~ spreader가 너무 짧다.

~ 너무 앞쪽/뒤쪽에 있다.

.7 Pilot ladder를 옮겨라

~ ... 미터 뒤로/앞으로.

~ 배출구를 피해서

.8 Pilot ladder를 accommodation ladder와 같이 설치하라.

.9 Pilot ladder를 접안 현 hoist에 설치하라.

.10 Pilot ladder쪽에 불을 켜라.

.11 Man rope가 필요하다/필요하지 않다.

.12 Pilot ladder에 heaving line을 준비하라.

.13 선박의 경사를 수정하라.

.14 귀선의 좌현/우현쪽으로 바람을 막아 달라.

.15 바람을 막기 위해 ...도로 조선하라.

.16 귀선의 port/starboard quarter에 파도가 오도록 하라.

.17 승선 속도를 ...로 조정하라.

.18 Pilot boat가 벗어날 때까지 엔진을 정지하라.

.19 타를 최대 전타(좌현/우현)하라.

.20 침로를 ...(기본 방위)로 틀어라 - pilot boat가 완전히 떨어질 수 없다.

.21 엔진 전진/후진하라.

.22 Embarkation is not possible.

.22.1 Boarding arrangements do not comply with SOLAS - Regulations.

.22.2 Vessel is not suited for the pilot ladder.

AI/4.3 Tug request

.1 Must I take tug(s)?

.1.1 Yes, you must take … tug(s).

.1.2 No, you need not take tug(s).

.2 How many tugs must I take?

.2.1 You must take … tug(s) according to Port Regulations.

.2.2 You must take … tug(s) fore and … tug(s) aft.

.3 I require … tug(s).

.4 In what position will the tug(s) meet me?

.4.1 The tug(s) will meet you in position … at …UTC.

.4.2 Wait for the tug(s) in position … .

.5 Must I use the towing lines of my vessel?

.5.1 Yes, you must use the towing lines.

.5.2 No, you must use the towing lines of the tug.

AI/5 Specials

AI/5.1 Helicopter operations

(H: = from helicopter V: =from vessel)

.1 V: I require a helicopter.

~ to pick up persons.

~ with doctor.

~ with liferaft/… .

.1.1 MRCC: I will send a helicopter with … .

.2 H: MV … , I will drop … .

.3 H: MV … , are you ready for the helicopter?

.3.1 V: Yes, I am ready for the helicopter.

.3.2 V: No, I am not ready for the helicopter(yet).

.3.3 V: Ready for the helicopter in … minutes.

.4 H: MV … , helicopter is on the way to you.

.22 승선이 불가능하다.

.22.1 승선 배치가 SOLAS 규칙과 맞지 않는다.

.22.2 선박에 pilot ladder가 설치되어 있지 않다.

AI/4.3 Tug 요청

.1 Tug를 사용해야 하는가?

.1.1 그렇다, 귀선은 … tug를 사용해야 한다.

.1.2 아니다, tug를 사용할 필요가 없다.

.2 몇 척의 tug를 사용해야 하는가?

.2.1 귀선은 항만 규정에 의거 …의 tug를 사용해야 한다.

.2.2 귀선은 선수에 …, 선미에 … tug를 사용해야 한다.

.3 본선은 … tug를 요구한다.

.4 어느 위치에서 tug와 만나게 되는가?

.4.1 Tug는 … UTC에 … 위치에서 만나게 될 것이다.

.4.2 … 위치에서 tug를 기다려라.

.5 본선의 예인줄을 사용해야 하는가?

.5.1 그렇다, 예인줄을 사용해야 한다.

.5.2 아니다, tug line을 사용해야 한다.

AI/5 특 수

AI/5.1 헬리콥터 작업

(H: =헬리콥터에서 V: =선박에서)

.1 V: 본선은 헬리콥터를 요구한다.

~ 사람을 인양하기 위해

~ 의사와

~ 구명벌과/… .

.1.1 MRCC: …와 함께 헬리콥터를 보내겠다.

.2 H: MV … , …를 내릴 것이다.

.3 H: MV … , 헬리콥터를 맞이할 준비가 되었는가?

.3.1 V: 그렇다, 본선은 헬리콥터를 맞이할 준비가 되어 있다.

.3.2 V: 아니다, 본선은 아직 준비가 되어 있지 않다.

.3.3 V: …분 후에 헬리콥터를 맞이할 준비를 하라.

.4 H: MV …, 헬리콥터는 귀선을 향해 가고 있다.

.5 H: MV ... , what is your position?

.5.1 V: My position is ... .

.6 H: MV ... , what is your present course and speed?

.6.1 V: My present course is ... degrees, speed is ... knots.

.7 H: MV ... , make identification signals.

.8 V: I am making identification signals by smoke(buoy) / search light / flags / signalling lamp / ... .

.9 H: MV ... , you are identified.

.10 H: MV ... , what is the relative wind direction in degrees and knots?

.10.1 V: The relative wind direction is ... degrees and ... knots.

.11 H: MV ... , keep the wind on port / starboard bow.

.12 H: MV ... , keep the wind on port / starboard quarter.

.13 H: MV ... , indicate the landing / pick-up area.

.13.1 V: The landing / pick-up area is ... .

.14 H: MV ... , can I land on deck?

.14.1 V: Yes, you can land on deck.

.14.2 V: No, you cannot land on deck(yet).

.14.3 V: You can land on deck in ... minutes.

.15 H: MV ... , I will use hoist / rescue sling / rescue basket / rescue net / rescue litter / rescue seat / double lift.

.16 V: I am ready to receive you.

.17 H: MV ... , I am landing.

.18 H: MV ... , I am starting operation.

.19 H: MV ... , do not fix the hoist cable.

.20 H: MV ... , operation finished.

.21 H: MV ... , I am taking off.

AI / 5.2 Ice - breaker operations

.1 Ice - breaker request

.1 I am / MV is ... fast in ice in position ... .

.2 I require / MV ... requires ice-breaker assistance to reach ... .

.5 H: MV … , 귀선의 위치는 어디인가?

.5.1 V: 본선의 위치는 … .

.6 H: MV … , 귀선의 현재 침로와 속도는 어떻게 되는가?

.6.1 V: 본선의 현재 침로는 … 이고, 속도는 … 이다.

.7 H: MV … , 식별신호를 보내라.

.8 V: 본선은 연기(buoy) / search light / 깃발 / 신호 lamp / … 로 식별 신호를 보내고 있다.

.9 H: MV … , 귀선이 식별되었다.

.10 H: MV … , 상대 풍향과 속도는 어떠한가?

.10.1 V: 상대 풍향은 몇 … 이고, 속도는 … 이다.

.11 H: MV … , 좌현 / 우현 선수로 바람을 받으시오.

.12 H: MV … , 좌현 / 우현 quarter로 바람을 받으시오.

.13 H: MV … , 착륙 / pick-up 지점을 알려주시오.

.13.1 V: 착륙 / pick-up 지점은 … 이다.

.14 H: MV … , 갑판에 착륙해도 되는가?

.14.1 V: 그렇다, 갑판에 착륙해도 된다.

.14.2 V: 아니다, 아직까지 갑판에 착륙할 수 없다.

.14.3 V: … 후에 갑판에 착륙할 수 있다.

.15 H: MV … , 본기는 hoist를 사용할 것이다 / 구조 sling / 구조 바스켓 / 구조넷 / 구조 litter / 구조 들것 / double lift.

.16 V: 본기는 당신을 맞이할 준비가 되었다.

.17 H: MV … , 본기는 착륙하고 있다.

.18 H: MV … , 본기는 작업 개시 중이다.

.19 H: MV … , hoist cable을 묶지 마라.

.20 H: MV … , 작업이 끝났다.

.21 H: MV … , 본기는 이륙하고 있다.

AI / 5.2 빙산 - 쇄빙 작업

.1 빙산 - 쇄빙선 요청

.1 본선은 / MV …는 … 위치에서 빙산에 둘러 쌓였다.

.2 본선은 / MV …는 …에 도달하기 위해 쇄빙선의 원조를 요구한다.

.3 Ice-breaker assistance

~ will arrive at … UTC / within … hours.

~ is not available until … UTC.

~ is available only up to latitude… longitude…

~ is suspended until…(date and time).

~ is suspended after sunset.

~ is suspended until favourable weather conditions.

~ will be resumed at … UTC.

.2 Ice - breaker assistance for convoy

Ice-breaker commands applying to all the vessels in a convoy have to be immediately confirmed consecutively by each vessel in turn and executed according to the pattern given in GENERAL 4.6. Ice-breaker commands applying to a single vessel are confirmed and executed only by that vessel, this applies also for close coupled towing. When being assisted by an ice-breaker it is important to maintain a continuous listening watch on the appropriate VHF Channel and to maintain a proper lookout for sound and visual signals.

.1 Ice breaker assistance for convoy will start now / at … UTC.

.2 Your place in convoy is number … .

.3 MV … will follow you.

.4 You will follow MV … .

.5 Go ahead and follow me.

.5.1 Do not follow me.

.6 Proceed along the ice channel.

.7 Increase / reduce your speed.

.8 Reverse your engines.

.9 Stop engines.

.10 Keep a distance of … metres / cables between vessels.

.11 Increase / reduce the distance between vessels to … metres / cables.

.12 Stand by for receiving towing line.

.12.1 Stand by for letting go towing line.

.13 Switch on the bow / stern search light

.14 Stop in present position.

.15 Ice-breaker … will escort you.

.3 쇄빙선 원조

~ …시간 이내에 / … UTC에 도착할 것이다.

~ … UTC까지는 이용이 불가능하다.

~ 위도 … , 경도 …에서만 사용이 가능하다.

~ …(날짜와 시간)까지는 사용이 중지되었다.

~ 해가 진 이후로는 중지된다.

~ 기상 조건이 호전될 때까지는 중지된다.

~ … UTC에 재개될 것이다.

.2 호송을 위한 쇄빙선 원조

호송 선단의 모든 선박에 적용하는 쇄빙선의 명령은 즉시 다른 선박에 의해 연속하여 즉시 확인이 되어야 하고 GENERAL 4.6의 pattern에 따라 실행되어야 한다. 단일 선박에 적용되는 쇄빙선의 명령은 오로지 그 명령을 받은 선박만이 수행되어야 하고, 이것은 밀접 결합 예인의 경우에도 적용된다. 쇄빙선의 원조를 받고 있는 경우에는 적당한 VHF 채널을 계속해서 청취하는 것이 중요하고, 음향, 시각신호에 대해서 적절한 경계를 하는 일이 중요하다.

.1 호송을 위한 쇄빙선의 원조가 지금 / … UTC에 시작될 것이다.

.2 호송에서 귀선은 … 이다.

.3 MV … 가 귀선을 따를 것이다.

.4 귀선은 MV …을 따를 것이다.

.5 전진 그리고 본선을 따르시오.

.5.1 본선을 따르지 마시오.

.6 빙간 수로를 항진하시오.

.7 속도를 올리시오 / 줄이시오.

.8 후진하시오.

.9 엔진을 정지하시오.

.10 선박간 거리 …미터 / 케이블을 유지하시오.

.11 선박간 거리를 …미터 / 케이블로 늘이시오 / 줄이시오.

.12 예색을 받을 준비를 하시오.

.12.1 예색을 내려줄 준비를 하시오.

.13 선수 / 선미 search light를 켜시오.

.14 현재의 위치에서 정지하시오.

.15 쇄빙선 …이 귀선을 호송할 것이다.

.16 Ice-breaker assistance for convoy finished.

.16.1 Open water / light ice conditions ahead.

.17 Proceed by yourself(to area ...).

.3 Ice - breaker assistance in close-coupled towing

.1 Stand by for close coupled towing.

.2 Slack out your anchors under the hawse-pipes.

.3 Pass heaving lines through the hawse-pipes.

.4 Receive towing line on deck.

.5 Lash together the eyes of the towing line with manila lashing.

.6 Fasten towing line on your bitts.

.7 I start to draw your bow into the stern notch of the ice-breaker.

.8 Stand by for cutting the manila lashing if required.

.9 Keep yourself in the centre-plane of the ice-breaker.

AI / 6 Vessel Traffic Service(VTS) Standard Phrases

Application of Message Markers

In order to especially facilitate shore-to-ship and ship-to-shore communication or when one of the Standard Marine Communication Phrases will not fit the meaning desired, one of the following eight message markers may be used to increase the probability of the purpose of the message being properly understood.

It is at the discretion of the shore personnel or the ship's officer whether to use one of the message markers and if so which of them to apply depending on the user`s qualified assessment of the situation. If used the message marker is to be spoken preceding the message or the corresponding part of the message. The IMO VTS Guidelines recommend that in any message directed to a vessel it should be clear whether the message contains information, advice, warning, or instruction and IMO Standard Marine Communication Phrases should be used where practicable.

For further standardized VTS communications, also see other sections of PART AI. For VTS Standard Reporting Procedures see IMO Resolution A. 851(20) on "General Principles for Ship Reporting Systems and Ship Reporting Requirements, including guidelines for reporting incidents involving dangerous goods, harmful substances and / or marine pollutants".

.16 호송을 위한 쇄빙선 원조가 끝났다.

.16.1 전방에 트여 있는 수역/결빙 상태이다.

.17 자력으로 항진하시오.

.3 Close - coupled 예인에 있어서 쇄빙선의 원조

.1 Close - coupled 예인을 준비하시오.

.2 Hawse - pipe 아래로 앵커를 내려놓으시오.

.3 Hawse - pipe를 통해 heaving line을 전달하시오.

.4 갑판에 예색을 받으시오.

.5 Manila lashing으로 예색의 eye를 묶으시오.

.6 예색을 bitt에 고정하시오.

.7 본선은 귀선의 선수를 쇄빙선의 선미 notch로 끌어들이기 시작하겠다.

.8 필요하다면 manila lashing을 자를 준비를 하시오.

.9 귀선을 쇄빙선의 중앙종단면에 위치시키시오.

AI/6 VTS 표준 문구

메시지 마크의 적용

육상국과 선박 사이의 통신을 특별히 용이하게 하기 위해 또는 SMCP 중 하나가 전달하고자 하는 의도와 일치하지 않는 경우에, 전달문이 의도하는 바가 올바르게 이해될 수 있는 가능성을 높이기 위해 다음 8개의 메시지 마크 중 하나가 적절하게 사용될 수 있다.

통보부호 중의 어느 하나를 사용할 것인지의 여부는 육상 요원 또는 선박의 사관이 판단할 사항이며, 사용할 경우에 어떤 통보부호를 사용할 것인지는 당시 상황에 대한 담당자의 적절한 평가에 따른다.

통보부호가 사용된다면 통보사항에 앞서서, 또는 통보사항 중의 해당 부분에 앞서서 통보부호를 말해야 한다. IMO의 VTS 지침에 의하면 어떤 통보사항이 선박에 통보될 때 그 전달사항 내에 통보, 권고, 경고, 지시사항이 포함되어 있는지의 여부를 확실히 해야 하며, 실행 가능한 한 IMO 표준해사용어를 사용해야 한다.

표준화된 VTS 교신에 관한 더 자세한 사항을 AI편의 다른 부분들을 참고할 것. VTS의 표준 보고절차에 관하여는 "IMO 결의서 A.851(20), 위험 화물, 유해물질 및 또는 해양오염물질과 관련된 사건의 보고에 대한 지침이 포함된 선박보고 제도 및 선박보고 요구사항에 관한 일반원칙"을 참고할 것.

Message Markers

(i) INSTRUCTION

This indicates that the following message implies the intention of the sender to influence others by a Regulation.

Comment: This means that the sender, e.g. a VTS - Station or a naval vessel, must have the full authority to send such a message. The recipient has to follow this legally binding message unless s / he has contradictory safety reasons which then have to be reported to the sender.

Example : "INSTRUCTION. Do not cross the fairway."

(ii) ADVICE

This indicates that the following message implies the intention of the sender to influence others by a Recommendation.

Comment: The decision whether to follow the ADVICE still stays with the recipient. ADVICE does not necessarily have to be followed but should be considered very carefully.

Example: "ADVICE.(Advise you) stand by on VHF Channel six nine."

(iii) WARNING

This indicates that the following message implies the intention of the sender to inform others about danger.

Comment: This means that any recipient of a WARNING should pay immediate attention to the danger mentioned. Consequences of a WARNING will be up to the recipient.

Example: "WARNING. Obstruction in the fairway."

(iv) INFORMATION

This indicates that the following message is restricted to observed facts, situations, etc..

Comment: This marker is preferably used for navigational and traffic information, etc..

Consequences of INFORMATION will be up to the recipient.

Example: "INFORMATION. MV Noname will overtake to the West of you."

메시지 마크

(i) 지 시

지시는 규정에 의해 아래의 메시지가 다른 선박에게 영향을 주기 위한 송신자의 의도를 암시한다.

〈해설, 설명〉 지시는 송신자가, 예를 들면 VTS 기지국 또는 함정, 그러한 메시지를 보내는 권한을 전적으로 가지고 있다는 의미이다. 수신자는 이것을 자신의 안전에 반하지 않는다면 법적으로 따라야 한다. 그리고 그러한 사정이 있다면 송신자에게 보고를 해야 한다.

㉨ "지시. 항로를 횡단하지 마시오."

(ii) 권 고

권고는 다음의 메시지가 권고에 의해 다른 선박에게 영향을 주기 위한 송신자의 의도를 암시한다.

〈해설, 설명〉 권고를 따를 것인지에 대한 결정은 수신자에게 달려 있다. 조언은 반드시 따라야 할 필요는 없지만 매우 신중하게 생각해야 한다.

㉨ "조언.(귀선에 권고한다) VHF 채널 69에서 대기하라."

(iii) 경 고

경고는 위험에 대하여 다른 선박에게 알리기 위한 송신자의 의도를 암시한다.

〈해설, 설명〉 경고를 수신한 선박은 언급된 위험에 대한 즉각적인 주의를 기울여야 한다. 경고에 대한 결과는 수신한 선박에 달려 있다.

㉨ "경고. 항로상에 장애물이 있다."

(iv) 정 보

정보는 관찰된 사실, 상황에 국한되는 메시지를 말한다.

〈해설, 설명〉 정보는 항행 및 통항정보에 우선적으로 많이 사용된다.
정보에 대한 결과는 수신한 선박에 달려 있다.

㉨ "정보. MV ...는 귀선의 서쪽을 추월할 것이다."

(v) QUESTION

This indicates that the following message is of interrogative character.

Comment: The use of this marker removes any doubt on whether a question is being asked or statement being made, especially when interrogatives such as What, Where, Why, Who, How are additionally used at the beginning of the question. The recipient is expected to return an answer.

Example: "QUESTION.(What is) your present maximum draft?"

(vi) ANSWER

This indicates that the following message is the reply to a previous question.

Comment: Note that an answer should not contain another question.

Example: "ANSWER. My present maximum draft is zero seven metres."

(vii) REQUEST

This indicates that the following message is asking for action from others with respect to the vessel.

Comment: The use of this marker is to signal: I want something to be arranged or provided, e.g. ship's stores requirements, tugs, permission, etc..

〈Note〉 REQUEST must not be used involving navigation, or to modify COLREGS.

Example: "REQUEST. I require two tugs."

(viii) INTENTION

This indicates that the following message informs others about immediate navigational action intended to be taken.

Comment: The use of this message marker is logically restricted to messages announcing navigational actions by the vessel sending this message.

Example: "INTENTION. I will reduce my speed."

(v) 질 문

질문은 의문스러울 때 사용한다.

〈해석, 설명〉 질문의 사용은 질문이나 의견, 특히 질문이 시작될 때 부가적으로 사용되는 무엇을, 어디서, 왜, 누가, 어떻게 와 같은 의문사를 사용할 때 의심을 제거한다. 수신한 선박은 질문에 대답을 할 것으로 기대된다.

㉮ "질문.(얼마인가)귀선의 현재 최대 흘수는?"

(vi) 대 답

대답은 전 질문에 대해 응답하는 것을 말한다.

〈해석, 설명〉 대답은 다른 질문을 포함해서는 안된다는 것을 주의하라.

㉮ "응답. 본선의 현재 최대 흘수는 7미터이다."

(vii) 요 구

요구는 어떤 선박이 다른 선박에게 어떠한 행동을 요구할 때 사용하는 것이다.

〈해석, 설명〉 메시지의 사용은 신호를 위한 것이다: 본선은 준비되어지기를 또는 보급되어지기를 원한다. 예를 들면 선용품, tug, 허가 등...

〈주의〉 요구는 항해를 포함하는 또는 COLREG를 수정하는 것을 포함해서는 안된다.

㉮ "요구. 본선은 2대의 예인선을 원한다."

(viii) 의 도

이 메시지는 취하고자 하는 즉각적인 항행상의 조치에 대해서 타 선박들에게 알리는 것이다.

〈해석, 설명〉 이 메시지의 사용은 이 메시지를 보내는 선박에 의해서 항행상의 행동을 알리는 것을 논리적으로 제한하는 것이다.

㉮ "의도. 본선은 속도를 줄일 것이다."

AI/6.1 Phrases for acquiring and providing data for a traffic image

.1 Acquiring and providing routine traffic data

.1 What is the name of your vessel and call sign / identification?

.1.1 The name of my vessel is ... , call sign ... / identification ... .

.1.2 Spell the name of your vessel.

.2 What is your flag state?

.2.1 My flag state is ... .

.3 What is your position?

.3.1 My position is ... .

.4 What is your present course and speed?

.4.1 My present course is ... degrees, my speed is ... knots.

.5 From what direction are you approaching?

.5.1 I am approaching from ... .

.6 What is your port of destination / destination?

.6.1 My port of destination / destination is ... .

.7 What was your last port of call?

.7.1 My last port of call was ... .

.8 What is your ETA in position ... ?

.8.1 My ETA is ... UTC.

.9 What is your ETD from ... ?

.9.1 My ETD from ... is ... UTC.

.10 What is your draft forward / aft?

.10.1 My draft forward / aft is ... metres.

.11 What is your present maximum draft ?

.11.1 My present maximum draft is ... metres.

.12 What is your freeboard?

.12.1 My freeboard is ... metres.

.13 What is your air draft?

.13.1 My air draft is ... metres.

.14 Are you underway?

.14.1 Yes, I am underway.

.14.2 No, I am not underway.

AI / 6.1 통항 이미지 자료의 제공과 획득을 위한 문구

.1 일반적인 통항자료의 획득 및 제공

.1 귀선의 선명과 호출부호 / 식별부호는 무엇인가?

.1.1 본선의 선명은 ... , 호출부호는 ... / 식별부호는 ... .

.1.2 귀선 선명의 철자를 말하시오.

.2 귀선의 기국은 어디인가?

.2.1 본선의 기국은 ... .

.3 귀선의 위치는?

.3.1 본선의 위치는 ... .

.4 귀선의 현재 침로와 속도는?

.4.1 본선의 현재 침로는 ... 도이고, 속도는 ... 이다.

.5 귀선은 어느 방향에서 접근하고 있는가?

.5.1 본선은 ...에서 접근하고 있다.

.6 귀선의 목적항 / 목적지는 어디인가?

.6.1 본선의 목적항 / 목적지는 ... .

.7 귀선의 전 출항지는 어디인가?

.7.1 본선의 전 출항지는 ... .

.8 귀선의 ... 위치의 ETA는 언제인가?

.8.1 본선의 ETA는 ... UTC이다.

.9 귀선의 ...에서의 ETD는 언제인가?

.9.1 본선의 ...에서의 ETD는 ... UTC이다.

.10 귀선의 선수 / 선미 흘수는 얼마인가?

.10.1 본선의 선수 / 선미 흘수는 ...미터이다.

.11 귀선의 최대 흘수는 얼마인가?

.11.1 본선 최대 흘수는 ...미터이다.

.12 귀선의 건현은 얼마인가?

.12.1 본선의 건현은 ...미터이다.

.13 귀선의 air draft는 얼마인가?

.13.1 본선의 air draft는 ...미터이다.

.14 귀선은 항해 중인가?

.14.1 그렇다, 항해 중이다.

.14.2 아니다, 항해 중이지 않다.

.14.3 I am ready to get underway.

.15 What is your full speed / full manoeuvring speed?

.15.1 My full speed / full manoeuvring speed is ... knots.

.16 What is your cargo?

.16.1 My cargo is ... .

.17 Do you carry any dangerous goods?

.17.1 Yes, I carry the following dangerous goods: ... kilogrammes / tonnes IMO Class ... .

.17.2 No, I do not carry any dangerous goods.

.18 Do you have any deficiencies / restrictions?

.18.1 No, I have no deficiencies / restrictions.

.18.2 Yes, I have the following deficiencies / restrictions: ... .

.19 I am / MV ... is constrained by draft.

.20 The maximum permitted draft is ... metres.

.21 Do you have any list?

.21.1 Yes, I have a list to port / starboard of ... degrees.

.21.2 No, I have no list.

.22 Are you on even keel?

.22.1 Yes, I am on even keel.

.22.2 No, I am trimmed by the head / stern.

.2 Acquiring and providing distress traffic data

See AI / 1.1 "Distress communications "

AI / 6.2 Phrases for providing VTS services

.1 Information service

These phrases are normally transmitted from the shore.

.1.1 Navigational warnings

.1 Unknown object(s) in position ... .

.2 Ice / iceberg(s) in position ... / area around ... .

.3 Unlit derelict vessel adrift in vicinity ... at ...(date and time).

.4 Dangerous wreck / obstruction located in position ... marked by ...(type) buoy.

.5 Hazardous mine adrift in vicinity ... at ...(date and time).

.14.3 본선은 항해할 준비가 되었다.

.15 귀선의 최고 속도 / 최고 조종속도는 얼마인가?

.15.1 본선의 최고 / 최고 조종속도는 …이다.

.16 화물은 무엇인가?

.16.1 화물은 … .

.17 위험 화물을 선적하고 있는가?

.17.1 그렇다, 본선은 다음과 같은 위험 화물을 선적하고 있다: … kg / ton IMO class … .

.17.2 아니다, 본선은 위험 화물을 선적하고 있지 않다.

.18 귀선은 어떤 결함 / 제약이 있는가?

.18.1 아니다, 본선은 결함 / 제약이 없다.

.18.2 그렇다, 본선은 다음과 같은 결함 / 제약이 있다: … .

.19 본선은 / MV …는 흘수에 제약을 받고 있다.

.20 허용된 최대 흘수는 …미터이다.

.21 귀선은 경사가 있는가?

.21.1 그렇다, 본선은 좌현 / 우현으로 …도 경사가 있다.

.21.2 아니다, 경사가 없다.

.22 귀선은 even keel인가?

.22.1 그렇다, even keel이다.

.22.2 아니다, 선수 / 선미 트림이다.

.2 조난 교통자료의 획득 및 제공

See AI / 1.1 "조난통신 "

AI / 6.2 VTS 서비스에서 제공하는 문구

.1 정보 서비스

이러한 문구들은 보통 육상에서 송신된다.

.1.1 항행경보

.1 … 위치에서의 알려지지 않은 장애물이 있다.

.2 얼음 / 빙하 … 위치에서 / … 근처에 있다.

.3 불이 켜지지 않은 유기된 선박이 … 근처에서 …(날짜와 시간)에 표류하고 있다.

.4 … 위치에 있는 위험한 침선 / 장애물이 …(type) 부이로 표시되어 있다.

.5 위험한 기뢰가 … 근처에서 …(날짜와 시간)에 표류하고 있다.

.6 Uncharted reef / rock / shoal reported in position … .

.7 Pipeline is leaking gas / oil in position … - wide berth requested.

.8 Depth of water not sufficient in position … .

.9 Navigation closed in area … .

.1.2 Navigational information

.1 Oil spill in position … .

.2 Current meters / hydrographic instruments moored in position …- wide berth requested.

.3 Platform …(name / number) reported / established in position … - wide berth requested.

.4 …(charted name of light / buoy) in position …

~ unlit / unreliable / damaged / destroyed / off station / missing.

~ (temporarily) changed to …(full characteristics).

~ (temporarily) removed.

~ (temporarily) discontinued.

.5 …(charted name of light / buoy) …(full characteristics)

~ established in position … .

~ re-established in position … .

~ moved … kilometres / nautical miles in …(direction) to position …

.6 (Note: Only for major fog signal stations.)

Fog signal …(charted name of light / buoy) in position … inoperative.

1.3 Traffic information

.1 Gunnery / rocket firing / missile / torpedo / underwater ordnance exercises in area bounded by …(positions) and … from …(date and time) to …(date and time).

Wide berth requested.

.2 Cable / pipeline operations by…(vessel) in vicinity … / along a line joining …(position) from …(date and time) to…(date and time) - wide berth requested. Contact via VHF Channel …

.3 Salvage operations in position … from …(date and time) to …(date and time) Wide berth requested. Contact via VHF Channel …

.4 Seismic / hydrographic operations by …(vessel)… from …(date and time) to …(date and time) in position … - wide berth requested. Contact via VHF Channel … .

.6 해도에 표시되어 있지 않은 산호 / 암초 / 여울이 ...에서 보고되었다.

.7 Pipeline에서 가스가 / 기름이 ... 위치에서 새고 있다 ... - 넓은 이안간격이 요구된다.

.8 ... 위치에서는 수심이 충분치 않다.

.9 ... 지역에서 항해가 폐쇄되었다.

.1.2 항행정보

.1 ... 지점에서 기름유출이 발생했다.

.2 해류계 / 수로기구가 ... 위치에서 계류해 있다 - 넓은 이안간격이 요구된다.

.3 Platform ...(이름 / Number)이 ... 위치에서 보고되었다 / 설치되었다 - 넓은 이안간격이 요구된다.

.4 ...(해도상의 light 이름 / buoy) ... 위치에서

~ 점멸되었다 / 믿을 수 없다 / 파손되었다 / 제자리에 있지 않다 / 유실되었다.

~ (임시적으로) ...(세부 특징)으로 바뀌었다.

~ (임시적으로) 제거되었다.

~ (임시적으로) 중단되었다.

.5 ...(등화의 해도에 기록된 이름 / 부표) ...(세부 특징)

~ ... 위치에 확인됨.

~ ... 위치에 재확인됨.

~ ...킬로미터 이동됨. / ...(방향)에서 ... 위치로 몇 해리

.6 (주의: 오직 주요 안개신호국에서만)

... 위치에서 안개신호 ...(등화의 차트상에 기록된 이름 / 부표)는 작동하지 않는다.

1.3 교통정보

.1 포술 / 로켓 발포 / 미사일 / 어뢰 / 수중 일상 훈련은 ...(날짜와 시간)에서 ...와 ... (위치)경계에서 훈련한다.

넓은 이안간격이 요구된다.

.2 케이블 / ...부근에 ...(선박)이 파이프라인 작업 / ...(위치)에서 ...(날짜와 시간)부터 ...(날짜와 시간)까지 라인 결합. 넓은 이안간격이 요구된다. via VHF 채널 ...로 접촉하라.

.3 ... 위치에서 ...부터(날짜와 시간) ...까지 회수작업. 넓은 이안간격이 요구된다. VHF 채널 ...로 접촉하라.

.4 진원지 / ...(날짜와 시간)부터 ...(날짜와 시간)까지 ... 위치에서 ...(선박)이 수로작업. 넓은 이안간격이 요구된다. VHF 채널 ...로 접촉하라.

.5 Oil clearance operations near MT … in position … - wide berth requested.

.6 Transshipment of …(kind of cargo) in position … - wide berth requested.

.7 Difficult tow from …(port of departure) to …(destination) on …(date) - wide berth requested.

.8 Vessel not under command in position … / area … .

.9 Hampered vessel in position … / area …(course … degrees, speed … knots).

.9.1 Vessel constrained by her draft in position … area …(course … degree … speed … knot)

.10 Vessel in position … on course … and speed … is not complying with traffic regulations.

.11 Vessel is crossing … traffic lane on course … and speed … in position …

.12 Small fishing boats in area around … - navigate with caution.

.13 Submarines operating in sea area around … surface vessels are in attendance.

.1.4 Route information

.1 Route … / Traffic Lane … has been suspended / discontinued / diverted.

.1.5 Hydrographic information

.1 Tidal prediction for …(name of station(s)) / area …

.1.1 A tide of … metres above / below datum is expected in position … / area … at about … UTC.

.1.2 Abnormally high / low tides are expected in position … / area … at about … UTC.

.2 The tide is rising -

~ it is … hours before high water / after low water.

~ it is … metres below high water / above low water.

.3 The tide is falling -

~ it is … hours after high water / before low water.

~ it is … metres below high water / above low water.

.4 The tide is slack.

.5 Present tide is … metres above / below datum … in position … ..

.6 The tide is … metres above / below prediction

.7 The tidal stream / current is … knots in position … .

.8 The tide is setting in direction … degrees.

.5 MT …가 … 위치에서 기름제거 작업 중이다. 넓은 이안간격이 요구된다.

.6 … 위치에서 …(화물의 종류)의 환적이 이루어지고 있다. 넓은 이안간격이 요구된다.

.7 …(날짜)에 …(출발항)에서 …(목적지)까지 까다로운 예인이 있을 것이다. 넓은 이안 간격이 요구된다.

.8 … 위치 / … 지역에서 선박이 조종불능이다.

.9 …위치 / … 지역(침로 …도, 속도 …노트)에 조종성능 제한선이 있다.

.9.1 … 구역 … 위치에서 흘수 제한 선박이 있다.(침로 …도 속도 …노트)

.10 침로 …와 속도 …인 선박이 … 위치에서 항법을 지키지 않고 있다.

.11 … 위치에서 침로 …와 속력 … 선박이 통항선을 가로 지르고 있다.

.12 … 구역 주위에 작은 어선들이 있다. 항행에 주의하라.

.13 … 구역 주위에 잠수함 작업 중이다. 수면의 선박들은 주의하라.

.1.4 항로정보

.1 … 항로 / … 통항선은 일시 중단되었다 / 사용이 중지되었다 / 전환되었다.

.1.5 수로 정보

.1 …(기지국 이름) / … 지역을 위한 조석 예보.

.1.1 조석은 … 위치에서 datum 보다 …미터 높은 / 낮을 것으로 예상된다 / … 지역 UTC …시에

.1.2 이상 해면 상승 / 저조가 … 위치에서 예상된다 / UTC …시에 … 구역에서

.2 조수는 창조이다.

~ 고조 전 / 저조 후 … 시간이다.

~ 고조 아래 / 저조 위 …미터이다.

.3 조수는 낙조이다.

~ 고조 후 / 저조 전 … 시간이다.

~ 고조 아래 / 저조 위 …미터이다.

.4 조수는 게조이다.

.5 현재 조수는 … 위치에서 기준점보다 …미터 높다 / 낮다.

.6 조수는 예보보다 …미터 높다 / 낮다.

.7 조수의 흐름은 … 위치에서 / 조류는 …노트이다.

.8 조수는 …도 방향으로 밀려들고 있다.

.9 The depth of water is / is not sufficient in position ... .

.10 Charted depth has increased / decreased by ... metres due to winds / sea state.

.1.6 Electronic navigational aids information

.1 GPS Satellite ...(number) unusable from ...(date and time) to ... (date and time). Cancel one hour after time of restoration.

.2 LORAN station ...(name number of master / slave) off air from ...(date and time) to...(date and time). Cancel one hour after time of restoration.

.3 RACON ...(name of station) in position ... off air ... from ...(date and time) to ... (date and time).

.1.7 Meteorological warnings

.1 Gale warning / storm warning was issued at ... UTC starting at ... UTC .

.1.1 Gale warning / storm warning. Wind at ... UTC in area ...(met. area) from direction...(cardinal points) and force Beaufort ... backing / veering to ...(cardinal points).

.2 Tropical storm warning was issued at ... UTC starting at ... UTC.

2.1 Tropical storm warning at ... UTC. Hurricane ...(name) / tropical cyclone / tornado / willy-willy / typhoon / ... with central pressure of ... millibars / hPascals located in position ... .

Present movement ...(cardinal points) at ... knots. Winds of ... knots within radius of ... nautical miles of centre. Seas over ... metres.

Further information on VHF Channel ... / frequency ...(at ... UTC).

.1.8 Meteorological information

.1 Position of tropical storm ...(name) ..., path ...(cardinal points), speed of advance ... knots.

.2 Wind direction ...(cardinal points), force Beaufort ... in position ... .

.3 Wind is backing / veering and increasing / decreasing.

.4 Wind is expected to increase / decrease in position ... to force Beaufort ... within the next... hours.

.5 Visibility in position ...

~ ... metres / nautical miles.

~ reduced by mist / fog / snow / dust / rain / ... .

~ expected to increase / decrease to ... metres / nautical miles within the next ... hours.

.9 ... 위치에서 수심은 충분하지 않다.

.10 해도에 기재된 수심이 바람 / 해상상태로 인해 ...미터 증가되었다 / 감소되었다.

.1.6 전자항해 기기정보

.1 GPS 위성 ...(숫자)는 ...(날짜와 시간)부터 ...(날짜와 시간)까지 사용할 수 없다. 취소는 복구 1시간 후이다.

.2 로란국 ...(주국의 이름 번호 / 종국)는 ...(날짜와 시간)부터 ...(날짜와 시간)까지 중지된다. 취소는 복구 1시간 후이다.

.3 ... 위치의 ...(기지국의 이름) 레이콘은 ...(날짜와 시간)부터 ...(날짜와 시간)까지 중지된다.

.1.7 기상경보

.1 강풍경보 / 폭풍경보가 UTC ...시에 시작되어 UTC ...시에 발효되었다.

.1.1 강풍경보 / 폭풍경보. ...(기상. 지역)에 UTC ...시에 ...(우점 / 방점)방향으로부터 바람이 불고 바람의 세기는 ... 역전 중 / ...로 순전(우점 / 방점)

.2 열대성 폭풍경보가 UTC ...시에 시작하여 UTC ...시에 발효되었다.

2.1 UTC ...시에 열대성 폭풍경보. ...밀리바 / 헥토파스칼의 중앙압력을 가진 허리케인 ...(이름) / 열대성 싸이클론 / 토네이도 / 윌리윌리 / 타이푼 / ... 위치에 위치하고 있다. 현재 ...노트로 ...(우점 / 방점)로 이동 중이다 / 중심에서 ... 해리 반경을 가지고 ...노트의 바람이 분다. 파도는 ...미터이다. 보다 자세한 정보는 VHF 채널 ... / 주파수 ...에(UTC ...시에) 이용하라.

.1.8 기상정보

.1 ...(이름)열대폭풍의 위치는 ... , 경로 ...(우점 / 방점), 전진속도 ...노트

.2 풍향 ...(우점 / 방점), ... 위치에서 뷰포트 세기 ...

.3 바람이 역전함 / 순전하며 강해지고 있음 / 약해지고 있음.

.4 ... 위치에서 ...시간 이내에 바람의 세기가 강해짐 / 감소될 것으로 예상된다.

.5 ... 위치의 시정

~ ...미터 / 해리

~ 이슬비 / 안개 / 눈 / 먼지 / 비 / ...때문에 나빠진다.

~ ...시간 이내에 ...미터 / 해리로 좋아짐 / 나빠질 것으로 예상된다.

.6 Sea / swell in position ...

~ ... metres from ...(cardinal points).

~ expected to increase / decrease within the next ... hours.

.7 Icing is expected / not expected in area ... .

.1.9 Meteorological questions and answers

See AI / 3.1 "Meteorological and hydrological conditions"

.2 Navigational assistance service

Shore based pilotage by Navigational Assistance Service: also see AI / 6.4 .3.18 to .3.21

.2.1 Request and identification

.1 Is shore based radar assistance available?

.1.1 Yes, shore based radar assistance is available.

.1.2 No, shore based radar assistance is not available.

.2 Shore based radar assistance is available from ... to ... UTC.

.3 Do you require navigational assistance to reach ... ?

.3.1 Yes, I require navigational assistance.

.3.2 No, I do not require navigational assistance

.4 What is your position?

.4.1 My position is bearing ... degrees ..., distance ... kilometres / nautical miles from ... .

.5 How was your position obtained?

.5.1 My position was obtained by GPS / RADAR / cross-bearing / astronomical observation / ...

.6 Repeat your position for identification.

.7 I have located you on my radar screen.

.7.1 Your position is bearing ... degrees, distance ... kilometres / nautical miles from ... .

.8 I cannot locate you on my radar screen.

.9 What is your present course and speed?

.9.1 My present course is ... degrees, my speed is ... knots.

.10 What is the course to reach you?

.10.1 The course to reach me is ... degrees.

.6 ... 위치에서의 파도 / swell

~ ...(기본방위)로부터 ...미터

~ ...시간 이내에 높아짐 / 약해질 것으로 예상된다.

.7 ... 지역에서 결빙이 예상됨 / 예상되지 않는다.

.1.9 기상 질의와 응답

See AI / 3.1 "기상과 수로상태"

.2 항해원조 서비스

항해원조 서비스에 의한 육상기지 도선: AI / 6.4 .3.18 to .3.21을 참조하라.

.2.1 요구와 확인

.1 육상 레이더 원조가 가능한가?

.1.1 그렇다, 육상 레이더 원조가 가능하다.

.1.2 아니다, 육상 레이더 원조가 가능하지 않다.

.2 육상 레이더 원조는 UTC ...시부터 ...시까지 가능하다.

.3 귀선은 ...에 도착하기 위해 항해 도움을 필요한가?

.3.1 그렇다, 본선은 항해 도움을 요청한다.

.3.2 아니다, 본선은 항해 도움을 요청하지 않는다.

.4 귀선의 위치는 어디인가?

.4.1 본선의 위치는 ...부터 방위 ...도 거리 ...킬로미터 / 해리이다.

.5 귀선의 위치는 어떻게 구했는가?

.5.1 본선의 위치는 GPS / 레이더 / 교차방위 / 천측 / ... 로 구했다.

.6 확인을 위해 귀선의 위치를 다시 말하라.

.7 레이더 화면에서 귀선을 확인했다.

.7.1 귀선의 위치는 ...부터 방위 ...도, 거리 ...킬로미터 / 해리이다.

.8 레이더 화면에서 귀선을 확인할 수 없다.

.9 귀선의 현재 침로와 속력은 얼마인가?

.9.1 본선의 현재 침로는 ...도 , 속력은 ...노트이다.

.10 귀선으로 가는 침로를 알려 달라.

.10.1 본선으로 오는 침로는 ...도이다.

.11 Is your radar in operation?

.11.1 Yes, my radar is in operation.

.11.2 No, my radar is not in operation.

.12 What range scale are you using?

.12.1 I am using ... miles range scale.

.12.2 Change to a larger / smaller range scale.

.13 You are leaving my radar screen.

.14 Change to radar ...(name) VHF Channel ... .

.15 I have lost radar contact.

.2.2 Position

.1 You are entering ... .

.2 Your position is .../ bearing ... degrees, distance ... kilometres / nautical miles from ... .

.3 You are passing ... .

You are

~ in the centre of the fairway.

~ on / not on the radar reference line(of the fairway).

~ on the ...(cardinal points) side of the fairway.

.4 You are approaching the ...(cardinal points) limit of the fairway.

.5 Your position is buoy number ... distance ... metres / cables to the ...(cardinal points) of the radar reference line...

.6 Your position is distance ... metres / cables from the intersection of radar reference line ... and radar reference line ... and distance ... metres / cables to the ...(cardinal points) of radar reference line ... .

.7 MV ... has reported at reporting point ... .

.8 You are getting closer to the vessel ... (cardinal points) of you.

.9 Vessel on opposite course is passing to the ...(cardinal points) of you.

.10 MV ... is ... metres / cables ...(cardinal points) of you

~ is ingoing / outgoing.

~ has stopped.

~ is at anchor.

~ is on a reciprocal course

~ will overtake to the ...(cardinal points) of you.

.11 귀선의 레이더는 작동하는가?

.11.1 그렇다, 본선의 레이더는 작동한다.

.11.2 아니다, 본선의 레이더는 작동하지 않는다.

.12 귀선이 사용하고 있는 range scale은 얼마인가?

.12.1 본선은 …마일 range scale을 사용하고 있다.

.12.2 더 크게 바꾸어라. / 더 작게 바꾸어라.

.13 귀선은 본선의 레이더 화면에서 벗어났다.

.14 VHF 채널 …로 레이더 …(이름)을 바꾸어라.

.15 Radar contact이 사라졌다.

.2.2 위 치

.1 귀선은 …에 진입하고 있다.

.2 귀선의 위치는 … / 방위 …도, 거리 …킬로미터 / …로부터 몇 해리이다.

.3 귀선은 …을 통과하고 있다.

귀선은

~ 가항항로의 중앙에 있다.

~ 에 / 레이더 기준 항행선에 있지 않다(항로상의).

~ 가항항로 …(우점 / 방점)측에 있다.

.4 귀선은 가항항로 제한 …(기본 방위)로 접근 중이다.

.5 귀선의 위치는 부표번호 … 거리 …미터 / 레이더 기준 항행선의 …(우점 / 방점)로 케이블이다.

.6 귀선의 위치는 거리 …미터 / 레이더 기준 항행선 …의 교차점으로부터 케이블과 레이더 기준 항행선 …과 거리 …미터 / 레이더 기준 항행선 …의 …(우점 / 방점)로 케이블이다.

.7 MV …는 레포팅 포인트 …에서 보고하였다.

.8 귀선은 …(우점 / 방점)로 선박에 가까워지고 있다.

.9 반대방향에서 오는 선박은 귀선의 …(우점 / 방점)를 통과하는 중이다.

.10 MV …는 … 귀선으로부터 …미터 / …(우점 / 방점)로 케이블이다.

~ 입항하고 있다 / 출항하고 있다.

~ 멈추었다.

~ 정박하고 있다.

~ 상대 침로에 있다.

~ 귀선의 …(우점 / 방점)로 추월할 것이다.

.11 Vessel has anchored … metres / cables …(cardinal points) of you in position … .

.12 Vessel …(cardinal points) of you is obstructing your movements.

.13 You will meet crossing traffic in position … .

.14 Vessel is entering / leaving the fairway at … .

.15 Buoy … distance … metres / cables …(cardinal points).

.16 Vessel …(cardinal points) of you is

~ turning.

~ anchoring.

~ increasing / decreasing speed.

~ overtaking you.

~ not under command.

.2.3 Course

Note: The user of this phrase should be fully aware of the implications of words such as "track", "heading" and "course made good".

.1 Your track is

~ parallel with the reference line.

~ diverging from the reference line.

~ converging to the reference line.

.2 What is your present course / heading?

.2.1 My present course / heading is … degrees

.3 You are steering a dangerous course.

.4 Course to make good is … degrees.

.5 Vessel …(cardinal points) of you is on same course … degrees.

.5.1 Advise you

~ Keep your present course.

~ a new course of … degrees.

.6 Have you altered course?

.6.1 Yes, I have altered course - my new course is … degrees.

.6.2 No, I have not altered course - my course is … degrees.

.7 You are running into danger -

~ shallow water …(cardinal points) of you.

~ submerged wreck …(cardinal points) of you.

~ fog bank …(cardinal points) of you.

.11 선박은 ... 위치에서 귀선으로부터 ... 미터 / ... 케이블로(우점 / 방점) 정박했다.
.12 귀선의 ...(우점 / 방점)에 있는 선박이 귀선의 이동을 차단하고 있다.
.13 귀선은 ... 위치에서 교차되는 통항을 만날 것이다.
.14 ... 에서 항로를 선박이 입항 / 출항하고 있다.
.15 부표 ... 는 거리 ... 미터 / ... 케이블(우점 / 방점)에 있다.
.16 귀선의 ...(우점 / 방점)에 있는 선박은
~ 선회 중이다.
~ 투묘 중이다.
~ 증속 중이다 / 감속 중이다.
~ 귀선을 추월 중이다.
~ 조종 불능선이다.

.2.3 침로

주의: 이 어구를 사용하는 자는 "항로", "침로", "이행 침로" 낱말의 의미를 충분히 알아야 한다.

.1 귀선의 항로는
~ 기준 항행선과 평행하다.
~ 기준 항행선에서 벗어났다.
~ 기준 항행선에 접근하고 있다.
.2 귀선의 현재 침로 / 선수방위는?
.2.1 본선의 현재 침로 / 선수방위는 ... 도이다.
.3 귀선은 위험한 침로로 조타하고 있다.
.4 침로 ... 도로 조타하라.
.5 귀선의 ...(우점 / 방점)에 선박은 같은 침로 ... 도이다.
.5.1 귀선에 권고한다.
~ 귀선의 현재 침로를 유지하라.
~ ... 도의 새로운 침로로 조타하라.
.6 귀선은 변침하였는가?
.6.1 그렇다, 본선은 변침하였다 - 본선의 새로운 침로는 ... 도이다.
.6.2 아니다, 본선은 변침하지 않았다 - 본선의 침로는 ... 도이다.
.7 귀선은 위험 지역으로 향하고 있다.
~ 귀선의 ...(우점 / 방점)에 얕은 수심
~ 귀선의 ...(우점 / 방점)에 전몰침선
~ 귀선의 ...(우점 / 방점)에 짙은 안개

~ risk of collision(with a vessel bearing ... degrees, distance ... kilometres / nautical miles).

~ bridge is defective / ... .

.3 Traffic organization service

.3.1 Clearance, forward planning

.1 Traffic clearance is required before entering ... .

.2 Do not enter the traffic lane / ... .

.3 Proceed to the emergency anchorage.

.4 Keep clear of ... / avoid ... .

.5 You have permission

~ to enter the traffic lane / route - traffic clearance granted.

~ to enter traffic lane / route in position ... at ... UTC.

.6 Do not pass the reporting point ... until ... hours UTC.

.7 Report at the next way point / way point ... / at ... hours UTC.

.8 You must arrive at way point ... at ... hours UTC - your berth is clear.

.9 Do not arrive in position ... before / after ... hours UTC.

.10 The tide is with you / against you.

.3.2 Anchoring

.1 You must anchor

~ at ... UTC.

~ until the pilot arrives.

~ in a different position.

~ clear of fairway.

.2 Do not anchor in position ... .

.3 Anchoring is prohibited.

.4 You must heave up anchor.

.5 You are at anchor in a wrong position.

.6 Have your crew on stand by for heaving up anchor when the pilot embarks.

.7 You have permission to anchor(at ... UTC)

~ in position ... .

~ until the pilot arrives.

~ until the tugs arrive.

~ until sufficient water.

~ 급박한 충돌 위험(선박 방위 ...도, 거리 ...킬로미터 / 해리)

~ 다리의 결함 / ...

.3 통항조직 서비스

.3.1 허가, 집행 계획

.1 통항 통관은 ...들어가기 전에 요구된다.

.2 통항로에 들어갈 수 없다 / ...

.3 비상 투묘지로 가라.

.4 ...에 접근하지 말라 / ... 피하라.

.5 귀선은 허가 되었다.

~ 통항로 출입 / 항로 - 통항 통관절차가 승인되었다.

~ 통항로 출입 / UTC ...시에 ... 위치 항로

.6 UTC ...시까지 ... 레포팅 포인트를 통과하지 마라.

.7 UTC ...시에 다음 변침점에서 보고하라 / 변침점 ...

.8 귀선은 반드시 UTC ... 시에 변침점 ...에 도착해야 한다 - 귀선의 정박지가 비어 있다.

.9 귀선은 UTC ..., 시 후에 / UTC ...시 전에 ... 위치에 도착하면 안된다.

.10 조류가 순조이다 / 역조이다.

.3.2 정박

.1 귀선은 투묘하시오.

~ 세계시 ...에.

~ 도선사가 도착할 때까지.

~ 다른 위치에.

~ 항로를 피해서.

.2 ... 위치에 투묘하지 마시오.

.3 투묘는 금지되어 있다.

.4 귀선은 양묘하시오.

.5 귀선은 잘못된 위치에 투묘하고 있다.

.6 도선사가 승선할 때 귀선의 선원은 양묘할 준비를 하시오.

.7 귀선은 투묘가 허락되었다.(세계시 ...에)

~ ... 위치에.

~ 도선사가 도착할 때까지.

~ 예인선이 도착할 때까지.

~ 수심이 충분할 때까지.

.8 You are obstructing the fairway / other traffic.

.9 Are you dragging / dredging anchor?

.9.1 Yes, I am dragging / dredging anchor.

.9.2 No, I am not dragging / dredging anchor.

.10 Do not dredge anchor.

.3.3 Arrival, berthing and departure

.1 Your orders are to berth on ... .

.2 Your orders are changed to proceed to ... .

.3 Proceed to ... for orders.

.4 You have permission to enter / to proceed at ... UTC.

.5 Vessel is turning / manoeuvring in position ... .

.6 MV ...

~ will turn in position ... .

~ will leave ... at ... UTC.

~ is leaving ... .

~ has left ... .

~ entered fairway in position ... .

.7 Your berth is not clear(until ... UTC)

.7.1 Your berth will be clear at ... UTC.

.8 You will berth / dock at ... UTC .

.9 Berthing has been delayed by ... hours.

.10 Be ready to get underway.

.10.1 I am ready to get underway

.11 Get underway.

.12 Are you underway?

.12.1 Yes, I am underway.

.12.2 No, I am not underway.

.13 Move ahead / astern ... metres.

.14 Your vessel is in position - make fast.

.3.4 Enforcement

.1 According to my radar, your course does not comply with Rule 10 of COLREGS.

.2 Your actions will be reported to the Authorities.

.10 귀선은 항로 / 타선의 통항에 방해가 되고 있다.

.11 귀선은 주묘 중인가 / 닻을 끌고 있는가?

.11.1 그렇다, 본선은 주묘 중이다 / 닻을 끌고 있다.

.11.2 아니다, 본선은 주묘 중이 아니다 / 닻을 끌고 있지 않다.

.12 닻을 끌지 마라.

.3.3 도착, 정박, 출항

.1 귀선은 ...에 정박하라는 지시가 있다.

.2 귀선은 ...로 항진하라고 변경이 되었다.

.3 지시대로 ...로 항진하라.

.4 귀선은 .... UTC에 입항하여도 좋음 / 항진하여도 좋다.

.5 선박은 .... 위치에서 선회 중 / 조선 중이다.

.6 MV ...

~ ... 위치에서 선회할 것이다.

~ UTC ...시에 ...를 떠날 것이다.

~ ...에서 떠나려하고 있다.

~ ...에서 떠났다.

~ ... 위치에서 가항항로로 들어갔다.

.7 귀선의 정박 장소가 비지 않았다.(...시까지)

.7.1 귀선의 정박 장소는 ...시에 비게 된다.

.8 귀선은 ...시에 정박 / 계류할 것이다.

.9 정박은 ...시까지 연기되었다.

.10 항해 준비를 하시오.

.10.1 본선은 항해 준비가 되었다.

.11 항해를 개시하라.

.12 귀선은 항해 중인가?

.12.1 그렇다, 본선은 항해 중이다.

.12.2 아니다, 본선은 항해 중이 아니다.

.13 전방으로 / 후방으로 ...미터 이동하라.

.14 귀선은 정위치이다.(계류하라)

.3.4 강제

.1 본선의 레이더에 따르면, 귀선의 침로는 COLREGS 규칙 10을 따르지 않고 있다.

.2 귀선의 행동은 당국에 보고될 것이다.

.3 You are

~ not complying with traffic regulations.

~ not keeping to the correct traffic lane.

.4 Have all navigational instruments in operation before entering this area / area … .

.5 Your navigation lights are not visible.

.6 Recover your fishing gear.

.6.1 You are fishing in the fairway.

.7 Fishing gear is to the …(cardinal points) of you.

.8 Fishing in area …is prohibited.

.9 You are approaching a prohibited fishing area.

.10 Fairway speed is… knots.

.3.5 Avoiding dangerous situations, providing safe movements

.1 It is dangerous

~ to anchor in your present position.

~ to remain in your present position.

~ to alter course to …(cardinal points).

.2 Large vessel is leaving the fairway- keep clear of the fairway approach.

.3 Nets with buoys / without buoys in this area - navigate with caution.

.4 Collision in position … .

.5 MV … is aground / on fire / … in position … .

.6 Stand by for assistance.

.7 Vessels must

~ keep clear of this area / area … .

~ avoid this area / area … .

~ navigate with caution.

.8 Keep clear of … - search and rescue in progress.

.9 Your present course is too close

~ to ingoing / outgoing vessel.

~ to the vessel that you are overtaking.

~ to the …(cardinal points) limit of the fairway.

.10 Your course is deviating from the radar reference line.

.11 You are running into danger

~ shallow water …(cardinal points) of you.

.3 귀선은

~ 통항 규칙에 따르지 않고 있다.

~ 올바른 통항선을 유지하지 않고 있다.

.4 이 구역/… 구역을 들어가기 전에 모든 항해기기를 작동시켜라.

.5 귀선의 항해등이 보이지 않는다.

.6 귀선의 어구를 회수하라.

.6.1 귀선은 가항항로에서 어로를 하고 있다.

.7 귀선의 …(우점/방점)에 어구가 있다.

.8 … 구역에서는 어로가 금지되어 있다.

.9 귀선은 어로금지구역으로 접근하고 있다.

.10 가항항로 내 속력은 …노트이다.

.3.5 위험상황 회피, 안전행동 제공

.1 위험하다

~ 현 위치에서 투묘하는 것은

~ 현 위치에 있는 것은

~ …(우점/방점)로 변침하는 것은

.2 대형 출항선이 항로에서 벗어나고 있다. - 항로로 접근하지 마라.

.3 이 구역에선 부표가 달린/부표가 없는 그물이 있다. - 항해 시 주의하라.

.4 … 위치에서 충돌이 있었다.

.5 MV …가 좌초되어 있다/화재 …/… 위치에 …

.6 원조를 위해 대기하라.

.7 반드시 선박은

~ 이 구역에 접근하지 마라/… 구역

~ 이 구역을 피하라/… 구역

~ 항해에 주의하라.

.8 …에 접근하지 마라 - 수색 구조작업 중이다.

.9 귀선의 현재 침로는 너무 가깝다.

~ 입항하는/출항하는 선박

~ 귀선이 추월 중인 선박

~ 항로의 한계선 …(우점/방점)

.10 귀선의 침로는 레이더 참조 항행선으로부터 벗어나고 있다.

.11 귀선은 위험 지역으로 향하고 있다.

~ 귀선 …(우점/방점)에 얕은 수역

~ submerged wreck ...(cardinal points) of you.

~ fog bank ...(cardinal points) of you.

~ risk of collision(with vessel bearing ... degrees, distance ... kilometres / nautical miles).

~ bridge is defective.

.12 You are proceeding at a dangerous speed.

.13 You must

~ proceed by the fairway / route ... .

~ keep to the ...(cardinal points) of the fairway line / radar reference line.

~ stay clear of the fairway.

.14 You must wait for MV ... to cross ahead of you.

.15 You must wait for MV ... to clear ... before

~ entering the fairway.

~ getting underway.

~ leaving the berth.

.16 Do not

~ overtake.

~ cross the fairway.

.17 Alter course to ...(cardinal points) of you.

.18 Pass ...(cardinal points) of

~ ingoing / outgoing / anchored / disabled vessel.

~ of ... mark / ... .

.19 Stop engines.

.20 MV ...

~ wishes to overtake ... (cardinal points) of you.

~ agrees / does not agree to be overtaken.

~ is approaching an obscured area ... - approaching vessels acknowledge.

.3.6 Canal and lock operations

.1 You must

~ close up on the vessel ahead of you.

~ drop back from the vessel ahead of you.

~ wait at ... .

~ 귀선 …(우점 / 방점)에 전침몰선

~ 귀선 …(우점 / 방점)에 짙은 안개

~ 급박한 충돌의 위험(선박 방위 …도, 거리 …킬로미터 / 해리)

~ 다리에 결함이 있다.

.12 귀선은 위험 속도로 항진하고 있다.

.13 반드시 귀선은

~ 가항항로로 항진해야 한다. / … 항로

~ 가항항로선의 …(우점 / 방점)를 유지 / 레이더 참조 항행선

~ 가항항로를 벗어나 유지하라.

.14 귀선은 전방으로 MV …가 지나가도록 대기하라.

.15 귀선은 MV …가 …를 지나가도록 대기하라.

~ 가항항로에 들어가라.

~ 항행하라.

~ 출항하라.

.16 금지한다

~ 추월

~ 가항항로를 횡단하다.

.17 귀선의 …(우점 / 방점)로 변침하는 것을

.18 …(우점 / 방점)를 통과하는 것을

~ 입항하는 / 출항하는 / 정박한 / 움직이지 못하는 선박

~ … 표지의 / …

.19 기관을 정지하라.

.20 MV…

~ 귀선의 …(우점 / 방점)로 추월하기를 원한다.

~ 동의한다 / 추월에 동의하지 않는다.

~ 불명료한 … 구역에 접근 중이다 - 접근 중인 선박을 확인하라.

.3.6 운하와 수문작업

.1 반드시 귀선은

~ 전방의 선박에 더 접근하라.

~ 전방의 선박으로부터 뒤로 떨어져라.

~ …에 대기하라.

~ moor at ... .

~ wait for lock clearance at ... until ... hours UTC.

.2 Convoy ... must wait / moor at ... .

.3 You will

~ join convoy ... at ... hours UTC.

~ enter canal / lock at ... urs UTC.

.4 Transit will begin at ... UTC.

.5 Your place in convoy is number ... .

.6 Transit / convoy speed is ... knots.

.7 Convoys / vessels will pass in area ... .

AI / 6.3 Handing over to another VTS

.1 ... VTS this is ... VTS: MV ... position is bearing... degrees, distance ... kilometres / nautical miles from ... . working frequency is VHF Channel .... Your target. Please confirm.

.2 ... VTS this is ... VTS: MV ... position bearing is ... degrees, distance ... kilometres / nautical miles from ... . I confirm. My target.

.3 ... VTS this is ... VTS: MV ... position is bearing... degrees, distance ... kilometres / nautical miles from ... . I am unable to take over this target.

AI / 6.4 Phrases for communication with emergency services and allied services

.1 Emergency services(SAR, fire fighting, pollution fighting)

See AI / 1 "Distress Communication"

.2 Tug services

Also see AII / 3.6 "Tug assistance"

.1 How many tugs do you require?

.1.1 I require ... tug(s).

.2 You must take

~ ... tug(s) according to port regulations.

~ ... tug(s) fore and ... tug(s) aft.

~ ...에 계류하라.

~ UTC ...시까지 ...에서 수문이 비기를 기다려라.

.2 ...호송선단은 반드시 대기하라/...에 계류하라.

.3 귀선은

~ UTC ...시에 ... 호송선단에 참가하게 된다.

~ 운하게 들어가게 된다/UTC ...시에 수문에 들어가게 된다.

.4 통과는 UTC ...시에 개시된다.

.5 귀선은 호송선단의 ... 번선이다.

.6 통과/호송선단의 속력은 ...노트이다.

.7 호송선단/선박들은 .. .구역을 통과할 것이다.

AI/6.3 다른 VTS로 교체

.1 ... VTS 여기는 ... VTS: MV ...위치는 ...로부터 방위 ...도, 거리 ...킬로미터/몇 해리에 있다. 교신 주파수는 VHF 채널 ...이며, 귀국 VTS 관할이다. 확인 바람

.2 ... VTS 여기는 ... VTS: MV ... 위치는 ...로부터 방위 ...도, 거리 ...킬로미터/몇 해리. 본국 VTS 대상 확인했음.

.3 ... VTS 여기는 ... VTS: MV ... 위치는 ...로부터 방위 ...도, 거리 ...킬로미터/몇 해리. 본선은 이 선박을 관할할 수 없다.

AI/6.4 비상 서비스와 연합 서비스 통신을 위한 용어

.1 비상 서비스(SAR, 화재진압, 오염방제)

AI/1 "조난통신"을 참조하라.

.2 예인선 서비스

AII/3.6 "예인선 원조"을 참조하라.

.1 귀선은 몇 척의 예인선을 요청하는가?

.1.1 본선은 예인선 ...척을 요청한다.

.2 귀선은 반드시 사용하라.

~ 항만규정에 따라 ... 예인선을

~ 선수에 ... 예인선과 선미에 ... 예인선을

.3 Wait for the tug(s) in position ... .

.4 The tugs will meet you in position ... at ... UTC.

.5 Tug services have been suspended until ...(date and time) / resumed on...(date and time).

.3 Pilot request

.1 Must I take a pilot?

.1.1 Yes, you must take a pilot - pilotage is compulsory.

.1.2 No, you need not take a pilot.

.2 Do you require a pilot?

.2.1 Yes, I require a pilot.

.2.2 No, I do not require a pilot - I am holder of Pilotage Exemption Certificate (No. ...).

.3 You are exempted from pilotage.

.4 Do you require a pilot at ...(name) Pilot Station?

.4.1 Yes, I require a pilot at ...(name) Pilot Station.

.4.2 No, I do not require a pilot at ...(name) Pilot Station - I require a pilot in position ...

.5 What is your ETA at ...(name) Pilot Station in local time?

.5.1 My ETA at...(name) Pilot Station is ... hours local time.

.6 What is local time?

.6.1 Local time is ... hours.

.7 What is your position?

.7.1 My position is ... .

.8 What is your distance from ...(name) Pilot Station?

.8.1 My distance from ...(name) Pilot Station is ... kilometers / nautical miles.

.9 Is the pilot boat on station?

.9.1 Yes, the pilot boat is on station.

.9.2 No, the pilot boat is not on station.

.9.3 The pilot boat will be on station at ... hours local time.

.10 In what position can I take the pilot?

.10.1 Take the pilot at ...(Pilot Station) / near ... at ... hours local time.

.11 When will the pilot embark?

.11.1 The pilot will embark at ... hours local time.

.3 ... 위치에서 예인선을 기다려라.

.4 예인선은 UTC ...시에 ... 위치에서 귀선을 만날 것이다.

.5 예인선 업무는 ...(날짜와 시간)까지 중지되었다. / ...(날짜와 시간)에 재개되었다.

.3 도선사 요구

.1 도선은 강제적인가?

.1.1 그렇다, 도선은 강제적이다 - 도선은 의무적이다.

.1.2 아니다, 귀선은 도선사가 필요하지 않다.

.2 귀선은 도선사를 요청하는가?

.2.1 그렇다, 본선은 도선사를 요청한다.

.2.2 아니다, 본선은 도선사를 요청하지 않는다 - 나는 도선 면제자격을 가지고 있다(No...).

.3 귀선은 도선이 면제되었다.

.4 귀선은 ...(이름) 파이럿 스테이션에서 도선사를 요구하는가?

.4.1 그렇다, 본선은 ...(이름) 파이럿 스테이션에서 도선사를 요구한다.

.4.2 아니다, 본선은 ...(이름) 파이럿 스테이션에서 도선사를 요구하지 않는다 - 본선은 ...위치에서 도선사를 요구한다.

.5 귀선의 ...(이름) 파이럿 스테이션 도착예정시는 지방시로 몇 시인가?

.5.1 본선의 ...(이름)파이럿 스테이션 도착예정시는 지방시로 ...시이다.

.6 현지 시간은 얼마인가?

.6.1 현지 시간은 ...시이다.

.7 귀선의 위치는 어디인가?

.7.1 본선의 위치는 ...이다.

.8 귀선은 ...(이름) 파이럿 스테이션으로부터 거리가 얼마인가?

.8.1 본선은 ...(이름) 파이럿 스테이션으로부터 ...킬로미터이다 / 해리이다.

.9 도선선은 제 위치에 있는가?

.9.1 그렇다, 도선선은 제 위치에 있다.

.9.2 아니다, 도선선은 제 위치에 있지 않다.

.9.3 지방시 ... 시에 도선선이 제 위치에 있을 것이다.

.10 도선사는 어느 위치에서 승선하는가?

.10.1 ...(파이럿 스테이션)에서 도선사가 승선한다 / 지방시 ...시 ... 근처에서

.11 언제 도선사가 승선할 것인가?

.11.1 지방시 ...시에 도선사가 승선할 것이다.

.12 The pilot boat is coming to you.

.13 Stop in present position and wait for the pilot.

.14 Keep the pilot boat ... (cardinal points) of you.

.15 What is your freeboard?

.15.1 My freeboard is ... metres.

.16 Change to VHF Channel ... for pilot transfer.

.17 Stand by on VHF Channel ... until pilot transfer is completed.

.18 Pilotage at ...(name) Pilot Station has been suspended until ...(date and local time).

.19 Pilotage at ...(name) Pilot Station has been resumed.

.20 The pilot cannot embark at ...(name) Pilot Station due to ... .

.21 Do you accept shore-based navigational assistance from VTS Centre?

.21.1 Yes, I accept shore-based navigational assistance.

.21.2 No, I do not accept shore-based navigational assistance.

.21.3 I will stay in position ... until ... .

.22 You have permission to proceed by yourself (or wait for the pilot at ... buoy).

.23 Follow the pilot boat inward where the pilot will embark.

.4 Embarking / disembarking pilot

See AI / 4.2 "Embarking / disembarking pilot"

.12 도선사가 귀선으로 가고 있다.

.13 현 위치에서 정지하고 도선사를 기다려라.

.14 귀선의 ...(우점 / 방점)에 도선선이 있도록 조선하라.

.15 귀선의 건현은 얼마인가?

.15.1 본선의 건현은 ... 미터이다.

.16 도선사와의 통화를 위해 VHF 채널 ...으로 바꿔라.

.17 도선사와의 통화가 끝날 때까지 VHF 채널 ...에서 대기하라.

.18 파이럿 스테이션 ...(이름)에서 도선이 ...(날짜와 지방시)까지 일시 중단되었다.

.19 파이럿 스테이션 ...(이름)에서 도선이 재개되었다.

.20 파이럿 스테이션 .. 때문에 ...(이름)에서 도선사가 승선하지 못한다.

.21 귀선은 VTS 센터로부터 육상기지의 항해도움을 수락하는가?

.21.1 그렇다, 본선은 육상기지의 항해도움을 수락한다.

.21.2 아니다, 본선은 육상기지의 항해도움을 수락하지 않는다.

.21.3 본선은 ... 때까지 ... 위치에 있겠다.

.22 귀선은 스스로 항진하도록 승인되었다.(또는 ... 부표에서 도선사를 기다리도록)

.23 도선사가 승선할 장소로 도선선을 따라가라.

.4 승선 / 도선사 하선

AI / 4.2 "승선 / 도선사 하선"을 참조하라.

Appendix to AI - External Communication Phrases

Standard GMDSS Messages

For further details see: ITU MANUAL for use by the Maritime Mobile and Maritime Mobile-Satellite Services, Geneva.

1 Standard Distress Message

.1 Structure

Upon receipt of a DSC Distress Alert acknowledgement the vessel in distress should commence the distress traffic on one of the international distress traffic frequencies for telephony (VHF Channel 16 or 2182 kHz) as follows:

MAYDAY

THIS IS

- The 9-digit Maritime Mobile Service Identity code (MMSI) plus name / call sign or other identification of the vessel calling
- the position of the vessel
- the nature of distress
- the assistance required
- any other information which might facilitate rescue.

.2 Example

MAYDAY

- THIS IS TWO-ONE-ONE-TWO-THREE-NINE-SIX-EIGHT-ZERO MOTOR VESSEL "BIRTE" CALL SIGN DELTA ALPHA MIKE KILO
- POSITION SIX TWO DEGREES ONE ONE DECIMAL EIGHT MINUTES NORTH, ZERO ZERO SEVEN DEGREES FOUR FOUR MINUTES EAST
- I AM ON FIRE AFTER EXPLOSION
- I REQUIRE FIRE FIGHTING ASSISTANCE
- SMOKE NOT TOXIC OVER

2 Standard Urgency Message

.1 Structure

After the transmission of a DSC Urgency Call switch the transmitter to VHF Channel 16 or frequency 2182 kHz (if not automatically controlled) and commence the urgency traffic as follows:

Appendix to AI - 외부 통신 문구

표준 GMDSS 메시지

좀더 자세한 내용을 위해서 해상이동통신 및 해상이동통신위성 업무에 관한 ITU 지침. Geneva를 참조하라.

1 표지 조난 메시지

.1 구 성

DSC 조난경보 수신 확인 통보를 수신하면 조난선은 VHF 채널 16번이나 2182kHz(자동으로 제어되지 않으면)와 같은 국제 조난통신 주파수 중 하나로 다음과 같이 조난 통화를 개시해야 한다.

MAYDAY

본선은

- 9자리의 MMSI 코드에 추가하여 선명 / 호출부호 또는 호출하는 선박의 다른 식별자
- 선박의 위치
- 조난의 종류
- 요청되는 도움
- 구조를 용이하게 할 수 있는 다른 정보

.2 예

MAYDAY

- 본선은 2-1-1-2-3-9-6-8-0이고, 동력선 BIRTE이다. 호출부호는 DAMK이다.
- 위치는 북위 62도 11.6분, 동경 007도 44분이다.
- 본선은 폭발 후에 화재가 발생한 상태이다.
- 본선은 소화작업의 도움을 요청한다.
- 연기는 유독성이 아니다. 이상

2 표준 긴급 메시지

.1 구 성

DSC 긴급 호출신호를 발신한 다음, 발신기를 VHF 채널 16번이나 주파수 2182kHz(자동으로 제어되지 않으면)로 전환하고 다음과 같이 긴급 통화를 개시한다.

PAN - PAN(repeated three times)

ALL STATIONS(repeated three times)

THIS IS

- the 9 - digit MMSI of the vessel plus name / call sign or other identification
- the position of the vessel
- the text of the urgency message.

.2 Example

PAN - PAN	PAN-PAN	PAN - PAN
ALL STATIONS	ALL STATIONS	ALL STATIONS

- THIS IS TWO - ONE - ONE - TWO - THREE - NINE - SIX - EIGHT - ZERO MOTOR VESSEL “BIRTE” CALL SIGN DELTA ALPHA MIKE KILO
- POSITION SIX TWO DEGREES ONE ONE DECIMAL EIGHT MINUTES NORTH, ZERO ZERO SEVEN DEGREES FOUR FOUR MINUTES EAST
- I HAVE PROBLEMS WITH ENGINES
- I REQUIRE TUG ASSISTANCE OVER

3 Standard Safety Message

.1 Structure

After the transmission of a DSC Safety Call switch the transmitter to VHF Channel 16 or frequency 2182 kHz (if not automatically controlled) and transmit the safety message as follows:

SECURITE(repeated three times)

ALL STATIONS(or all ships in a specific geographical area, or to a specific station) (repeated three times)

THIS IS

- the 9-digit MMSI of the vessel plus name / call sign or other identification
- the text of the safety message.

.2 Example

SECURITE	SECURITE	SECURITE
ALL SHIPS	ALL SHIPS	ALL SHIPS IN AREA PETER REEF

- THIS IS TWO-ONE-ONE-TWO-THREE-NINE-SIX-EIGHT-ZERO MOTOR VESSEL "BIRTE" CALL SIGN DELTA ALPHA MIKE KILO
- DANGEROUS WRECK LOCATED IN POSITION TWO NAUTICAL MILES SOUTH OF PETER REEF OVER

PAN - PAN(3번 반복)

모든 통신국(3번 반복)

본선은

- 9 자리 MMSI 코드에 추가하여 선명 / 호출부호 또는 호출하는 선박의 다른 식별자
- 선박의 위치
- 긴급 메시지의 내용.

.2 예

PAN-PAN PAN-PAN PAN-PAN

모든 통신국, 모든 통신국, 모든 통신국

- 본선은 2-1-1-2-3-9-6-8-0 이고, 동력선 BIRTE이다. 호출 부호는 DAMK이다.
- 위치는 북위 62도 11.6분, 동경 007도 44분이다.
- 본선의 기관에 문제가 있다.
- 본선은 예인선 도움을 요청한다. 이상

3 표준 안전 메시지

.1 구 성

DSC 안전 호출신호를 발신한 다음, 발신기를 VHF채널 16이나 주파수의 2182kHz(자동으로 제어되지 않으면)로 전환하여 다음과 같이 안전 통신문을 발신한다.

SECURITE (3번 반복)

모든 통신국(또는 특정한 지리적 위치에 있는 모든 선박 또는 특정 통신국) (3번 반복)

본선은

- 9 자리 MMSI 코드에 추가하여 선명 / 호출부호 또는 호출하는 선박의 다른 식별자
- 안전 메시지의 내용

.2 예

SECURITE SECURITE SECURITE

PETER REEF 수역에 있는 모든 선박, 모든 선박, 모든 선박

- 본선은 2-1-1-2-3-9-6-8-0이고, 동력선 BIRTE이다. 호출부호는 DAMK이다.
- PETER REEF에서 남쪽 2해리 떨어진 곳에 위험 침선이 있다. 이상

AII : On-Board Communication Phrases(A)

AII / 1 Standard Wheel Orders

All wheel orders given should be repeated by the helmsman and the officer of the watch should ensure that they are carried out correctly and immediately. All wheel orders should be held until countermanded. The helmsman should report immediately if the vessel does not answer the wheel.

When there is concern that the helmsman is inattentive s / he should be questioned: "What is your heading ?" And s / he should respond: "My heading is ... degrees."

Order	Meaning
1. Midships	Rudder to be held in the fore and aft position.
2. Port / starboard five	5° of port / starboard rudder to be held.
3. Port / starboard ten	10° of port / starboard rudder to be held.
4. Port / starboard fifteen	15° of port / starboard rudder to be held.
5. Port / starboard twenty	20° of port / starboard rudder to be held.
6. Port / starboard twenty-five	25° of port / starboard rudder to be held.
7. Hard -a-port / starboard	Rudder to be held fully over to port / starboard.
8. Nothing to port / starboard	Avoid allowing the vessel's head to go to port / starboard
9. Meet her	Check the swing of the vessel's head in a turn.
10. Steady	Reduce swing as rapidly as possible.
11. Ease to five / ten / fifteen / twenty	Reduce amount of rudder to 5° / 10° / 15° / 20° and hold.
12. Steady as she goes	Steer a steady course on the compass heading indicated at the time of the order. The helmsman is to repeat the order and call out the compass heading on receiving the order. When the vessel is steady on that heading, the helmsman is to call out: "Steady on ..."
13. Keep the buoy / mark / beacon / ...	on port side / starboard side.

AII : 선상 통신 용어들(A)

AII / 1 표준 조타 구령

모든 조타 명령은 조타수에 의해 복창되어져야 하고 당직사관은 조타명령이 정확하고 즉시 행해지는지 확인해야 한다. 모든 조타명령은 다음 조타명령이 있을 때까지 유지되어야 하며 조타수는 만약 타효가 없으면 즉시 보고해야 한다.

조타수의 조타에 대해 만약 의문이 있다면 당직사관은 즉시 "지금 heading이 몇 도입니까?" 라는 식으로 조타수의 환기를 집중하도록 해야 한다. 그리고 조타수는 "heading은 …도입니다." 라고 대답해야 한다.

구령	의미
1. Midships	타를 타 중앙으로 하라.
2. Port / starboard five	타각을 좌현(우현) 5˚로 하라.
3. Port / starboard ten	타각을 좌현(우현) 10˚로 하라.
4. Port / starboard fifteen	타각을 좌현(우현) 15˚로 하라.
5. Port / starboard twenty	타각을 좌현(우현) 20˚로 하라.
6. Port / starboard twenty-five	타각을 좌현(우현) 25˚로 하라.
7. Hard -a-port / starboard	타각을 우현(좌현)으로 최대 전타하라.
8. Nothing to port / starboard	현재 침로에서 좌현(우현)으로 가까이 마라.
9. Meet her	선회 중인 선회를 억제하라.
10. Steady	선박의 회전을 가능한 한 빨리 줄여라.
11. Ease to five / ten / fifteen / twenty	타각을 5, 10, 20˚로 줄이고 유지하라
12. Steady as she goes	명령이 떨어질 당시 compass heading이 가르키는 각도로 정침하라는 뜻이다. 조타수는 명령을 복창하고 명령이 떨어질 때의 compass heading을 읽는다. 선박이 그 heading으로 정침하면 조타수는 steady on …으로 보고한다.
13. Buoy / mark / beacon	을 좌현(또는 우현) …로 유지하라.

14. Report if she does not answer the wheel.
15. Finished with wheel, no more steering.

When the officer of the watch requires a course to be steered by compass, the direction in which she wants the wheel turned should be stated followed by each numeral being said separately, including zero, for example:

Order	Course to be steered
Port, steer one eight two	182°
Starboard, steer zero eight two	082°
Port, steer three zero five	305°

On receipt of an order to steer, for example, 182, the helmsman should repeat it and bring the vessel round steadily to the course ordered. When the vessel is steady on the course ordered, the helmsman is to call out:
"Steady on one eight two".
The person giving the order should acknowledge the helmsman's reply.
If it is desired to steer on a selected mark the helmsman should be ordered to:
"Steer on ... buoy / ... mark / ... beacon".
The person giving the order should acknowledge the helmsman's reply.

AII / 2 Standard Engine Orders

Any engine order given should be repeated by the person operating the bridge telegraph(s) and the officer of the watch should ensure the order is carried out correctly and immediately.

Order

1. (Port / starboard engines) Full ahead / astern
2. (Port / starboard engines) Half ahead / astern
3. (Port / starboard engines) Slow ahead / astern
4. (Port / starboard engines) Dead slow ahead / astern
5. Stop(port / starboard) engines
6. Emergency full ahead / astern
7. Stand by engine
   (Engine-room personnel fully ready to manoeuvre and bridge manned to relay engine orders.)

14. 만약 타효가 없으면 보고하라.
15. 조타는 더 이상 하지 않는다.

당직사관이 선박을 자신이 원하고자 하는 방향으로 조선을 하고자 할 때에는 조타명령은 숫자 "0"을 포함하여 각각의 숫자를 분리해서 불러주어야 한다.

예를 들면 조타 명령이 "Port, steer one eight two"라고 한다면 182˚로 조타하라는 뜻이다.

명령	조타해야 할 침로
Port, steer one eight two	182°
Starboard, steer zero eight two	082°
Port, steer three zero five	305°

조타수는 182°로 조타하라는 구령을 듣자마자 복창하고 선박을 즉시 명령되어진 각도로 돌리고 선박이 명령되어진 각도로 정침하면 조타수는 "Steady on one eight two" 라고 보고한다. 조타구령을 내린 당직사관은 조타수의 보고를 인지했다는 것을 나타내어야 한다.

선택되어진 mark로 조선하고자 할 때 조타수에게 명령을 내려야 한다:

"조타하라 ... buoy / ... mark ... beacon".

구령을 주고 있는 사람은 조타수의 응답에 대답해야 한다.

AII / 2 표준 기관명령

선교의 텔레그래프를 작동하는 사람의 명령된 모든 기관명령을 복창해야 하고 또한 당직항해사는 그 명령은 정확하고 신속하게 수행되었는지를 확인해야 한다.

명령
1.(좌현 / 우현 기관) 전진전속 / 후진전속
2.(좌현 / 우현 기관) 전진반속 / 후진반속
3.(좌현 / 우현 기관) 전진미속 / 후진미속
4.(좌현 / 우현 기관) 전진극미속 / 후진극미속
5. 기관정지(좌현 / 우현)
6. 비상 전진전속 / 비상 후진전속
7. 기관준비 (기관실에서는 기관운전을 위해서 인원이 완전히 배치되고, 선교에서는 기관명령을 전달하기 위해서 인원이 배치되는 것)

8. Finished with engines - no more manoeuvring.
   (Operation of engines no longer required.)

In vessels fitted with twin propellers, the word "both" should be added to all orders affecting both shafts, e.g. "Full ahead both", and "Slow astern both", except that the words "Stop all engines" should be used, when appropriate. When required to manoeuvre twin propellers independently, this should be indicated, i.e. "Full ahead starboard", "Half astern port", etc.

Where bow thrusters are used, the following orders are used:

9. Bow thruster full / half to port / starboard.
10. Stern thruster full / half to port / starboard.
11. Bow / stern thruster stop

AII / 3 Pilot on the Bridge

AII / 3.1 Propulsion system

.1 Is the engine a diesel or a turbine?
  .1.1 The engine is a diesel / turbine.
.2 Is the engine-room manned or is the engine on bridge control?
  .2.1 The engine-room is manned.
  .2.2 The engine is on bridge control.
.3 How long does it take to change the engines from ahead to astern?
  .3.1 It takes ... seconds to change the engines(from ahead to astern).
.4 How long does it take to start the engines from stopped?
  .4.1. It takes ... seconds to start the engines(from stopped).
.5 Is extra power available in an emergency?
  .5.1 Yes, extra power is available.
  .5.2 No, extra power is not available.
.6 Do you have a controllable or fixed pitch propeller?
  .6.1 We have a controllable pitch propeller.
  .6.2 We have a fixed pitch propeller.
.7 Do you have a right-hand or left - hand propeller?
  .7.1 We have a right-hand / left-hand propeller.

8. 기관완료 - 더 이상 조종이 없음
   (기관의 작동 요구 없음)

쌍축선의 경우 양 축을 동시에 사용할 때에는 "양현"이라는 말을 모든 기관명령에 덧붙여야 한다. 예컨대, "양현 전진전속" "양현 후진미속" 등과 같다. 단, 적절한 경우 "모든 기관 정지"라는 말을 사용하는 때는 제외한다.

두 프로펠러를 각각 별도로 사용해야 할 경우에는 이 사실을 지시해야 한다. 예를 들어, "우현 전진전속" "좌현 후진반속" 등과 같다.

선수 스러스터를 사용하는 경우의 명령은 다음과 같다.

9. 선수 스러스터 전속 / 반속 / 우현으로
10. 선미 스러스터 전속 / 반속 / 우현으로
11. 선수 / 선미 스러스터 정지

AII / 3 선교에서 도선사

AII / 3.1 추진 계통

.1 기관은 디젤 혹은 터빈인가?

  .1.1 기관은 디젤 / 터빈이다.

.2 기관실은 기관 제어 또는 선교 제어인가?

  .2.1 기관실 사람에 의한 것이다.

  .2.2 기관실은 선교제어에 의한 것이다.

.3 전진에서 후진으로 기관을 전환하는데 얼마나 시간이 걸리는가?

  .3.1 전진에서 후진으로 기관을 전환하는데 ...초가 걸린다.

.4 기관을 정지된 상태에서 출발하는데 얼마나 걸리는가?

  .4.1 기관을 출발하는데 ...초가 걸린다(정지에서부터)

.5 비상시에 여분 출력 이용이 가능한가?

  .5.1 그렇다, 여분 출력이 가능하다.

  .5.2 아니다, 여분 출력이 가능하지 않다.

.6 귀선은 가변피치 추진기 또는 고정 피치 추진기인가?

  .6.1 본선은 가변 피치 추진기이다.

  .6.2 본선은 고정 피치 추진기이다.

.7 귀선은 오른쪽 방향 회전 추진기인가 - 왼쪽 방향 회전 추진기인가?

  .7.1 본선은 오른쪽 방향 회전 추진기이다 / 왼쪽 방향 회전 추진기이다.

.8 Do you have a single propeller or twin propellers?

.8.1 We have a single propeller / twin propellers.

.9 Do you have a bow thrusteror / stern thruster?

.9.1 We have one / two / .. bow thruster(s) / stern thruster(s).

.10 What is the maximum manoeuvring power ahead / astern?

.10.1 The maximum manoeuvring power ahead / astern is ... kiloWatts.

.11 What are the maximum revolutions ahead / astern?

.11.1 The maximum revolutions ahead / astern are ... .

.12 Do the twin propellers turn inward or outward when going ahead?

.12.1 The twin propellers turn inward / outward(when going ahead).

AII / 3.2 Manoeuvring

.1 I require the pilot card / manoeuvring data.

.2 What is the diameter of the turning circle?

.2.1 The diameter of the turning circle is ... metres.

.3 What is the advance and transfer distance in a crash-stop?

.3.1 The advance distance is ... kilometres / nautical miles, the transfer distance is ... degrees(in a crash-stop).

.4 How long does it take from hard-a-port to hard-a-starboard?

.4.1 It takes ... seconds(from hard-a-port to hard-a-starboard).

.5 Is the turning effect of the propeller very strong?

.5.1 Yes, the turning effect(of the propeller) is very strong.

.5.2 No, the turning effect(of the propeller) is not very strong.

.6 Where is the whistle control?

.6.1 The whistle control is on the console / on ... .

.7 What notice is required to reduce from full sea speed to manoeuvring speed?

.7.1 ... minutes notice is required(to reduce from full sea speed to manoeuvring speed).

.8 Do you have an automatic pilot?

.8.1 Yes, we have an automatic pilot.

.8.2 No, we do not have an automatic pilot.

.9 Give ... short / prolonged blast(s)(on the whistle).

.8 귀선은 단축선인가 쌍축선인가?

.8.1 본선은 단축선이다 / 쌍축선이다.

.9 귀선은 선수 스러스터가 있는가 / 선미 스러스터가 있는가?

.9.1 본선은 하나 / 둘 / ... 선수 스러스터가 있다 / 선미 스러스터가 있다.

.10 전진 / 후진 최대 조종출력은 얼마인가?

.10.1 전진 / 후진 최대 조종출력은 ... 킬로와트이다.

.11 전진 / 후진 최대 회전수는 얼마인가?

.11.1 전진 / 후진 최대 회전수는 ... 이다.

.12 전진시 쌍추진기는 내선식인가 외선식인가?

.12.1 쌍추진기는 내선식이다 / 외선식이다(전진시)

All / 3.2 조 선

.1 본선은 도선사 카드 / 조선 자료를 요청한다.

.2 선회권의 직경은 얼마인가?

.2.1 선회권의 직경은 ... 미터이다.

.3 급정거시 선회 종거와 선회 횡거는 얼마인가?

.3.1 선회 횡거는 ... 킬로미터 / 해리이다.

선회 종거는 ... 도이다.(급정거시)

.4 최대 좌현에서 최대 우현으로 하는데 얼마나 걸리는가?

.4.1 ... 초가 걸린다(최대 좌현에서 최대 우현으로)

.5 추진기의 선회 효과는 매우 좋은가?

.5.1 그렇다, (추진기의)선회 효과는 매우 좋다.

.5.2 아니다, (추진기의)선회 효과는 매우 좋지 못하다.

.6 기적은 어디 있는가?

.6.1 기적은 계기판에 / ... 에 있다.

.7 최대 항해속력에서 조종속력으로 감소시키는데 어떤 주의가 필요한가?

.7.1 ... 분의 주의가 필요하다(최대 항해속력에서 조종속력으로 감소시키는데)

.8 귀선은 자동 조타기가 있는가?

.8.1 그렇다, 본선은 자동 조타기가 있다.

.8.2 아니다, 본선은 자동 조타기가 없다.

.9 ... 번의 단음 / 장음을 울려라(whistle로)

.10 Stand by lookout.

~ on the bridge

~ on the forwardcastle

~ in the port / starboard wing

.11 Maintain a speed of ... knots.

.12 What is the(manoeuvring) speed at full / half / slow / dead slow ahead?

.12.1 The manoeuvring speed at full / half / slow / dead slow ahead is ... knots.

.13 What is the full sea speed / fairway speed?

.13.1 The full sea speed / fairway speed is ... knots.

AII / 3.3 Radar

.1 Is the radar operational?

.1.1 Yes, the radar is operational.

.1.2 No, the radar is not operational.

.2 Where is the radar antenna?

.2.1 The radar antenna is on ... .

.3 Does the radar have any blind sectors?

.3.1 Yes, the radar has blind sectors from ... to ... degrees and from ... to ... degrees.

.3.2 No, the radar does not have any blind sectors.

.4 Change the radar to

~ ... miles range scale.

~ relative head-up / north-up / course-up.

~ true-motion north-up / course-up.

AII / 3.4 Draft and air draft

.1 What is your present maximum draft?

.1.1 My present maximum draft is ... metres.

.1.2 My draft forward / aft is ... metres.

.2 What is your air draft?

.2.1 My air draft is ... metres.

.10 경계 준비하라.

~ 선교에서

~ 선수갑판에서

~ 좌현 wing에서 / 우현 wing에서

.11 …노트의 속력을 유지하라.

.12 전진전속(조종) / 전진반속 / 전진미속 / 전진극미속 속력은 얼마인가?

.12.1 전진전속 조종 속력은 / 전진반속 / 전진미속 / 전진극미속 속력은 …노트이다.

.13 최대 항해속력은 얼마인가? / 항로내 속력

.13.1 최대 항해속력 / 항로내 속력은 …노트이다.

AII / 3.3 레이더

.1 귀선의 레이더는 작동하고 있는가?

.1.1 그렇다, 작동하고 있다.

.1.2 아니다, 작동하고 있지 않다.

.2 레이더 안테나는 어디 있는가?

.2.1 레이더 안테나는 …에 있다.

.3 레이더의 맹목구간이 있는가?

.3.1 그렇다, 레이더의 맹목구간은 …에서 …도 그리고 …에서 …도이다.

.3.2 아니다, 레이더의 맹목구간은 없다.

.4 레이더를 바꿔라.

~ …마일 거리척

~ 상대운동 지시방식의 헤드업 / 노스업 / 코스업

~ 진운동 지시방식의 노스업 / 코스업

AII / 3.4 흘수와 건현

.1 귀선의 현재 최대 흘수는 얼마인가?

.1.1 본선의 현재 최대 흘수는 …미터이다.

.1.2 본선의 선수 흘수 / 선미 흘수는 …미터이다.

.2 귀선의 건현은 얼마인가?

.2.1 본선의 건현은 …미터이다.

AII/3.5 Anchoring

.1 Going to anchor

.1 Stand by port / starboard / both anchor(s) for letting go.

.2 Walk out the anchor(s)

.3 We are going to anchorage.

.4 We will let go port / starboard / both anchor(s).

.5 Put ... shackles in the water / in the pipe / on deck.

.6 Walk back port / starboard / both anchor(s) one / one and a half shackle(s).

.7 We will let go port / starboard / both anchor(s) ... shackle(s) and dredge it / them.

.8 Let go port / starboard / both anchor(s).

.9 Slack out the cable(s).

.9.1 Check the cable(s).

.9.2 Hold on the port / the starboard / both cable(s).

.10 How is the cable leading?

.10.1 The cable is leading

~ ahead / astern.

~ to port / to starboard.

~ round the bow.

~ up and down.

.11 How is the cable growing?

.11.1 The cable is slack / tight / coming tight.

.12 Is / are the anchor(s) holding.

.12.1 Yes, the anchor(s) is / are holding.

.12.2 No, the anchor(s) is / are not holding.

.13 Is she brought up?

.13.1 Yes, she is brought up in position ... .

.13.2 No, she is not brought up(yet).

.14 Switch on the anchor light(s).

.15 Hoist the anchor ball.

.16 Check the anchor position by bearings / by ... .

.16.1 The anchor position is bearing ... degrees, distance ... kilometres / nautical miles to ... .

.16.2 Check the anchor position every ... minutes.

AII/3.5 정 박

.1 투묘 작업

.1 좌현/우현/양현 앵커 투묘 준비하라.

.2 투묘 준비상태로 하라.

.3 본선은 정박지로 가고 있다.

.4 본선은 좌현/우현/양현 앵커 투묘할 것이다.

.5 ... 샤클을 수면/파이프/갑판상에 내려 놓아라.

.6 좌현/우현/양현 앵커를 1/1.5 샤클 walk back하라.

.7 본선은 좌현/우현/양현 앵커를 ... 샤클 내리고 끌고가겠다.

.8 좌현/우현/양현묘 투묘하라.

.9 닻줄을 늦추어 주어라.

.9.1 닻줄 상태를 조사하라.

.9.2 좌현/우현/양현 앵커 케이블을 현상태로 멈춰라.

.10 닻줄 발향이 어떠한가?

.10.1 닻줄이 향하고 있다.

~ 선수로/선미로.

~ 좌현으로/우현으로.

~ 선수 주위로.

~ 수직으로.

.11 닻줄의 장력은 어떠한가?

.11.1 케이블이 느슨하다/팽팽하다/팽팽해지고 있다.

.12 앵커는 파주력을 가지고 있는가?

.12.1 그렇다, 앵커는 파주력을 가지고 있다.

.12.2 아니다, 앵커는 파주력을 가지고 있지 않다.

.13 앵커가 brought up 되었는가?

.13.1 그렇다, ... 위치에 앵커가 brought up되었다.

.13.2 아니다, 앵커가 brought up되지 않았다(아직).

.14 앵커등을 켜라.

.15 흑구를 올려라.

.16 방위/...로 앵커 위치를 조사하라.

.16.1 앵커 위치는 방위 ...도이다.
거리 ...킬로미터/...로 몇 해리이다.

.16.2 매 ...분마다 앵커 위치를 조사하라.

.2 Leaving the anchorage

.1 How much cable is out?

.1.1 ... shackle(s) is / are out.

.2 Stand by for heaving up.

.3 Put the windlass in gear.

.3.1 The windlass is in gear.

.4 How is the cable leading?

.4.1 The cable is leading

~ ahead / astern.

~ to port / to starboard.

~ round the bow.

~ up and down.

.5 Heave up port / starboard / both cable(s).

.6 How much weight is on the cable?

.6.1 Much / too much weight is on the cable.

.6.2 No weight is on the cable.

.7 Stop heaving.

.8 How many shackles are left(to come in)?

.8.1 ... shackles are left(to come in).

.9 Attention! Turn in cable(s).

.10 The anchor(s) is / are aweigh..

.10.1 The cables are clear.

.11 The anchor(s) is / are clear of the water / home / foul / secured.

AII / 3.6 Tug assistance

.1 We will take ... tug(s).

.2 The tug(s) will pull / push.

.3 We use the towing line(s) of your vessel.

.3.1 We use the towing line(s) of the tug(s).

.4 Stand by for making fast the tug(s).

.5 Use the centre lead / panama lead.

.5.1 Use the fairlead

~ on port side / starboard side.

~ amidships.

.2 정박지 출항

.1 닻줄이 얼마나 나갔는가?

.1.1 …샤클 나갔다.

.2 앵커를 감아올릴 준비를 하라.

.3 윈들라스에 gear를 넣어라.

.3.1 윈들라스에 gear가 준비되었다.

.4 닻줄은 어디로 향하고 있는가?

.4.1 닻줄이 향하고 있다.

~ 선수로 / 선미로.

~ 좌현으로 / 우현으로.

~ 선수주위.

~ 수직으로.

.5 좌현 / 우현 / 양현 케이블을 감아 들여라.

.6 닻줄에 걸리는 장력이 어떤가?

.6.1 강하다 / 케이블에 매우 강한 장력이 걸린다.

.6.2 닻줄에 장력이 걸리지 않는다.

.7 감는 것을 중지하라.

.8 몇 샤클 남아 있는가(감아들였는가)?

.8.1 … 샤클 남아 있다(감아들였다)

.9 주의! 닻줄이 꼬여 있다.

.10 앵커가 막 해저에서 떨어졌다.

.10.1 닻줄은 꼬이지 않았다.

.11 앵커는 수면을 벗어나 있다 / 묘쇄공으로 / 꼬임 / 완전히 격납하였다.

AII / 3.6 예인선 원조

1. 본선은 …척의 예인선을 사용할 것이다.

.2 예인선은 당길 것이다 / 밀 것이다.

.3 본선은 귀선의 예인줄을 사용한다.

.3.1 본선은 예인선의 예인줄을 사용한다.

.4 예인선을 고박시킬 준비를 하라.

.5 센터리드 / 파나마리드를 사용하라.

.5.1 페어리드를 사용하라.

~ 좌현쪽에 / 우현쪽에

~ 중앙부에.

~ on port bow / starboard bow.
~ on port / starboard quarter.

.6 Send heaving line(s) to the tug(s).
.7 Send two towing line(s) to the tug(s).
.8 Lower towing line(s)
~ to the tug(s).
~ ... metre(s) from the water.
.9 Slack away towing line(s).
.10 Make fast the tug(s).
.10.1 Make fast the tug(s)
~ forward / aft.
~ on port bow / starboard bow.
~ on port quarter / starboard quarter.
.11 Make fast the forward / aft tug(s) alongside on port side / starboard side.
.12 Make fast ... tug(s) on each bow / quarter.
.13 Put the eyes of the towing line(s) on bitts.
.14 The tug(s) is / are fast(on ...).
.15 Keep clear of towing line(s).
.16 Stand by for letting go the tug(s).
.17 Let go the tug(s).
.18 Towing line(s) is / are broken.

AII / 3.7 Berthing and unberthing

.1 General

.1 Is / are the propeller(s) clear?
.1.1 Yes, the propeller(s) is clear.
.1.2 No, the propeller(s) is not clear.
.1.3 Keep the propeller(s) clear.
.2 Are fenders on the berth?
.2.1 Yes, fenders are on the berth.
.2.2 No, fenders are not on the berth.
.3 Have fenders ready fore and aft.

~ 좌현 선수에 / 우현 선수에.

~ 좌현 / 우현 쿼터에.

.6 히빙 라인을 예인선으로 보내라.

.7 두 개의 예인줄을 예인선으로 보내라.

.8 예인줄을 내려라.

~ 예인선으로.

~ 수면으로 ... 미터.

.9 예인줄을 늦춰라.

.10 예인선을 고박시켜라.

.10.1 예인선을 고박시켜라.

~ 선수 / 선미.

~ 좌현 선수 / 우현 선수.

~ 좌현 쿼터 / 우현 쿼터.

.11 선수부 / 선미부 예인선은 좌현 / 우현측에 나란히 고박시켰다.

.12 ... 척의 예인선을 각각 선수 / 쿼터에 고박시켜라.

.13 비트에 예인줄의 eye를 걸어라.

.14 예인선은 ... 에 고박되었다.

.15 예인줄에서 벗어나라.

.16 예인선을 놓을 준비를 하라.

.17 예인선을 놓아라.

.18 예인줄이 끊어졌다.

AII / 3.7 접안과 이안

.1 일 반

.1 프로펠러는 사용해도 되는가?

.1.1 그렇다, 프로펠러를 사용해도 된다.

.1.2 아니다, 프로펠러를 사용해서는 안된다.

.1.3 프로펠러를 사용할 수 있게 하라.

.2 정박지에 fender가 있는가?

.2.1 그렇다, 정박지에 fender가 있다.

.2.2 아니다, 정박지에 fender가 없다.

.3 선수와 선미에 fender를 준비하라.

.2 **Berthing**

.1 We will berth port side / starboard side alongside.

.2 We will moor

~ to buoy(s)(ahead and astern).

~ alongside.

~ to dolphins.

.3 Send out

~ the head / stern / breast lines.

~ the ... spring(s) forward / aft.

.4 Do you have tension winches?

.4.1 Yes, we have tension winches(forward and aft).

.4.2 No, we do not have tension winches.

.5 Have the heaving lines ready forward and aft.

.6 Send the heaving / head / stern / breast line(s) ashore.

.7 The linesmen will use shackles / lashings for securing the mooring.

.8 Use

~ the centre lead / panama lead .

~ the bow lead.

~ the port quarter / starboard quarter lead.

.9 Heave on the ... line(s) / ... spring(s)..

.10 Pick up the slack on the ... line(s) / ... spring(s)..

.11 Heave away.

.11.1 Stop heaving.

.12 Slack away / check the ... line(s) / ... spring(s)..

.13 Hold on the ... line(s) / ... spring(s).

.14 Heave in easy.

.14.1 Heave alongside.

.15 Keep the ... line(s) / ... spring(s) tight.

.16 Report the forward / aft distance to ... .

.16.1 The forward / aft distance to ... is ... metres.

.17 We have to move ... metres ahead / astern.

.18 We are in position.

.19 Make fast fore and aft.

.20 Finished with manoeuvring stations.

.2 접 안

.1 본선은 좌현/우현으로 접안할 것이다.

.2 본선은 계류할 것이다

~ 부표에(선수와 선미).

~ 나란히

~ dolphin에

.3 보내라.

~ 헤드라인/스턴라인/브레스트라인

~ 선수 ... 스프링/선미

.4 귀선은 tension 윈치가 있는가?

.4.1 그렇다, 본선은 tension 윈치가 있다.(선수와 선미)

.4.2 아니다, 본선은 tension 윈치가 없다.

.5 히빙라인을 선수와 선미에 준비하라.

.6 육상으로 히빙라인/헤드라인/스턴라인/브레스트라인을 보내라.

.7 lineman은 계류를 고박하기 위해 샤클/라싱을 사용할 것이다.

.8 사용하라.

~ 센터리드/파나마리드.

~ 바우리드.

~ 좌현 쿼터/우현 쿼터리드.

.9 ... 라인을 감아라/... 스프링을

.10 ... 라인/... 스프링을 처진 것만 감아라.

.11 감아라.

.11.1 감는 것을 중지하라.

.12 늦춰라/... 라인을 확인하라/... 스프링을

.13 ... 라인을 그대로 유지하라/... 스프링을

.14 천천히 감아라.

.14.1 안벽쪽으로 감아라.

.15 ... 라인을/... 스프링을 팽팽하게 하라.

.16 ...부터 선수/선미거리 보고하라.

.16.1 선수/...부터 선미거리는 ...미터이다.

.17 본선은 ...미터 전진/후진해야 한다.

.18 본선은 정위치에 있다.

.19 선수와 선미에 고박하라.

.20 입항 부서를 해제한다.

.3 Unberthing

.1 Stand by engine(s).

.2 Are you ready to get underway?

.2.1 Yes, we are ready(to get underway).

.2.2 No, we are not ready(yet)(to get underway).

.2.3 We will be ready to get underway in ... minutes.

.3 Stand by for letting go.

.4 Single up the ... lines and ... springs fore and aft.

.5 Slack away / hold on / heave on the

~ head / stern line.

~ breast line.

~ fore / aft spring.

.6 Let go

~ the head / stern line.

~ the breast line.

~ the fore / aft spring

~ all(forward / aft).

.7 Let go the towing line(s).

.8 Stand by bow anchor(s).

.9 Finished with manoeuvring stations.

2.2.5 PART B : IMO Standard Marine Communication Phrases

PART B covers further on-board standard safety-related Phrases which, supplementary to PART A, may assist mariners in meeting other basic on-board communication requirements and may be regarded useful for Maritime English instruction.

.3 이 안

.1 기관 준비하라.

.2 귀선은 항해준비가 되었는가?

.2.1 그렇다, 본선은 준비가 되었다(항해준비).

.2.2 아니다, 본선은 준비되지 않았다(아직)(항해준비).

.2.3 본선은 ... 분에 항해준비가 될 것이다.

.3 라인을 풀 준비를 하라.

.4 선수와 선미의 ... 라인과 ... 스프링을 single up하라.

.5 늦춰라 / 유지하라 / 감아라

~ 헤드라인 / 스턴라인.

~ 브레스트라인.

~ 선수 / 선미 스프링.

.6 풀어라

~ 헤드라인 / 스턴라인.

~ 브레스트라인.

~ 선수 / 선미스프링.

~ 모두(선수 / 선미).

.7 예인선을 풀어라.

.8 선수 앵커를 준비하라.

.9 출항 부서를 해제한다.

2.2.5 PART B : 표준해사통신용어

PART B는 PART A에 추가하여 안전과 관련된 선상 표준용어를 포함하며 다른 기본적인 선상 통신요건을 이야기하는 데 해기사에게 도움을 줄 것이며 해사영어교육에도 도움이 될 것이다.

ON-Board Communication Phrases(B)

B1 Operative Ship handling

B1 / 1 Handing over the watch

B1 / 1.1 Briefing on position, movement and draft

The officer of the watch should brief the relieving officer on the following:

.1 Position

.1 The present position is
~ latitude ..., longitude ... .
~ bearing ... degrees, distance ... kilometres / nautical miles.
~ buoy ...(charted name).
~ between ... and... .
~ way point / reporting point ... .
~ ... .

.2 The next way point / reporting point is ... .

.3 ETA at ... is ... hours UTC.

.4 We are passing / we passed buoy ...(charted name) on port side / starboard side.

.5 We are approaching buoy ...(charted name) on port side / starboard side.

.6 Buoy ...(charted name) ... is ... kilometres / nautical miles ahead.

.7 We are entering / we entered area ... .

.8 We are leaving / we left area ... .

.2 Movements

.1 True course / gyro compass course / magnetic compass course is ...

.2 Gyro compass error is ... degrees plus / minus.

.2.1 Magnetic compass error is ... degrees east / west.

.3 Speed over ground / through water is ... knots.

.4 Set and drift is ... degrees, ... knots.

.5 We are making ... degrees leeway.

.6 The course board is written up.

.7 The next chart is within ... hours.

.3 Draft

.1 Draft forward / aft is ... metres.

.2 Present maximum draft is ... metres.

.3 Underkeel clearance is ... metres.

선상 통신 용어(B)

B1 작동하는 선박조종

B1 / 1 당직 교대

B1 / 1.1 위치, 동정 및 흘수에 대한 브리핑

당직사관은 차직 당직사관에게 아래와 같은 것을 설명해야 한다.

.1 위 치

.1 현재 위치는

~ 위도 … , 경도 … .
~ 방위 … 도, 거리 … 킬로미터 / 해리.
~ 부표 …(해도상의 이름).
~ … 와 … 사이.
~ 변침점 / …레포딩 포인드.
~ … .

.2 다음 변침점 / 보고지점은 … 이다.

.3 … ETA는 UTC로 …시이다.

.4 본선은 통과 중이다 / 본선 좌현측 / 우현측으로 … (해도상의 이름)부표를 지났다.

.5 본선은 …(해도상의 이름)부표를 좌현측 / 우현측으로 접근 중이다.

.6 …(해도상의 이름)부표는 …킬로미터이다 / 선수 몇 해리이다.

.7 본선은 들어가고 있는 중이다 / 본선은 … 구역을 진입하였다.

.8 본선은 떠나는 중이다 / 본선은 … 구역을 떠났다.

.2 동 정

.1 진침로 / 자침로 / 나침로는 …도이다.

.2 자이로 컴퍼스 오차는 플러스 …도 / 마이너스이다.

.2.1 마그네틱 컴퍼스 오차는 동쪽 / 서쪽 …도이다.

.3 대지 속력 / 대수 속력은 …노트이다.

.4 유향와 편류는 …도 …노트이다.

.5 본선의 풍압차는 …도이다.

.6 침로는 기재판에 쓰였다.

.7 다음 해도는 …시간 이내이다.

.3 흘 수

.1 선수 흘수 / 선미 흘수는 …미터이다.

.2 현재 최대 흘수는 …미터이다.

.3 선저여유수심은 …미터이다.

B1 / 1.2 Briefing on traffic situation in the area

.1 A vessel is

~ overtaking ...(cardinal points) of us.

~ on opposite course.

~ passing on port side / starboard side.

.2 A vessel is crossing from port side.

.2.1 The vessel

~ will give way.

~ has given way.

~ has not given way yet.

~ is standing on.

~ need not give way.

.3 A vessel is crossing from starboard side.

.3.1 We

~ need not give way.

~ will stand on.

~ will alter course to give way.

~ have altered course to give way.

.3.2 The vessel will pass ... kilometres / nautical miles ahead / astern.

.3.3 I will complete the manoeuvre.

.4 A vessel ...(cardinal points) of us is on the same course.

.5 The bearing to the vessel in ... degrees is constant.

.6 There is heavy traffic / ... in the area.

.6.1 There are fishing boats / ... in the area.

.7 There are no dangerous targets on the radar .

.7.1 Attention. There are dangerous targets on the radar

.8 Call the Master if any vessel passes with a CPA of less than ... miles.

.8.1 Call the Master if ... .

B1 / 1.3 Briefing on navigational aids and equipment status

.1 Port side / starboard side radar is at ... miles range scale.

.2 The radar is

~ relative head-up / north-up / course-up.

~ true-motion north-up / course-up.

B1 / 1.2 구역에서의 교통 상황설명

.1 선박은

~ 본선의 ...로(기본 방위) 추월하고 있다.

~ 반대 침로이다.

~ 좌현측 / 우현측으로 지나고 있다.

.2 좌현측으로 선박이 가로지르고 있다.

.2.1 선박은

~ 양보할 것이다.

~ 양보했다.

~ 아직 양보하지 않았다.

~ 그대로 있다.

~ 양보할 필요가 없다.

.3 우현측으로 선박이 가로지르고 있다.

.3.1 본선은

~ 양보할 필요가 없다.

~ 그대로 있을 것이다.

~ 양보하기 위해 침로를 바꿀 것이다.

~ 양보하기 위해 침로를 바꾸었다.

.3.2 선박은 ...킬로미터 통과할 것이다 / 선수방향 몇 해리 / 선미방향

.3.3 조선을 끝낼 것이다.

.4 본선의 ...(우점 / 방점) 선박은 본선과 같은 침로이다.

.5 ...도에 있는 선박의 방위는 일정하다.

.6 통항량이 많다 / ... 구역에.

.6.1 어선들이 있다 / ... 구역에.

.7 레이더상에 위험한 표적이 없다.

.7.1 주의. 레이더에 위험한 표적이 있다.

.8 어떤 선박이 ...마일 이내 CPA로 통과하면 선장을 호출하라.

.8.1 만약 ...하면 선장을 호출하라.

B1 / 1.3 항해기기와 장비상태 상황설명

.1 좌현측 / 우현측 레이더는 ...마일 거리척이다.

.2 레이더는

~ 상대운동 지시방식의 헤드업 / 코스업.

~ 진운동 지시방식의 노스업 / 코스업.

.3 GPS / LORAN is / is not in operation.

.4 Echo sounder is at ... metres range scale.

.4.1 The echo sounder recordings are unreliable.

.5 I changed to manual / automatic steering(at ... hours UTC).

.6 Navigation lights are switched on / off.

B1 / 1.4 Briefing on radiocommunications

.1 INMARSAT ...(type of system) is operational / is not operational.

.2 VHF DSC Channel 70 / VHF Channel ... / DSC controller is switched on.

.2.1 DSC frequency 2187.5 kHz is switched on.

.3 NAVTEX is switched on.

.4 Following was received on ... at ... UTC

.5 Shore based radar assistance / VTS / Pilot station is on VHF Channel ... .

.6 The Pilot station / VTS station requires

~ flag state.
~ call sign / identification.
~ draft.
~ gross tonnage.
~ length overall.
~ kind of cargo.
~ ETA at ... .
~ MAREP POSREP / ... .
~ ... .

B1 / 1.5 Briefing on meteorological conditions

.1 A weak / strong(tidal) current is setting ... degrees.

.1.1 The direction of the(tidal) current will change in ... hours.

.2 Fog / mist / dust / rain / snow / ... is in the area.

.3 Automatic fog signal is switched on.

.4 The wind increased / decreased(within last ... hours).

.4.1 The wind is ...(cardinal points) force Beaufort ... .

.4.2 The wind changed from ...(cardinal points) to ...(cardinal points).

.5 The sea state is expected to change(within ... hours).

.6 A smooth / moderate / rough / heavy sea / slight / moderate / high swell of ... metres from ...(cardinal points) is expected(within ... hours).

.3 GPS / LORAN은 / 설치되지 않았다.
.4 측심기는 …미터 거리척이다.
.4.1 측심기 기록을 신뢰할 수 없다.
.5 I 수동으로 바꾸었다 / 자동 조타(UTC …시에)
.6 항해등을 켰다 / 껐다.

B1 / 1.4 무선통신 상황설명

.1 INMARSAT …(시스템 형식)가 작동된다. / 작동되지 않는다.
.2 VHF DSC 채널 70 / VHF 채널 … / DSC 제어기가 켜져 있다.
.2.1 DSC 주파수 2187.5kHz가 켜져 있다.
.3 NAVTEX가 켜져 있다.
.4 …에서 UTC …시에 다음과 같은 것을 받았다.
.5 육상 레이더 원조 / VTS / 파이럿 스테이션은 VHF … 채널이다.
.6 Pilot station / VTS가 요청한다.
~ 기국.
~ 호출부호 / 식별부호.
~ 흘수.
~ 총톤수.
~ 전장.
~ 화물의 종류.
~ …에 도착예정시간.
~ MAREP POSREP / … .
~ … .

B1 / 1.5 기상상태 상황설명

.1 약한 / 강한(조수) 조류가 … 도로 흐르고 있다.
.1.1(조수) 조류의 방향이 … 시간 후에 바뀔 것이다.
.2 … 지역에 짙은 안개 / 옅은 안개 / 비 / 눈이 내린다.
.3 자동 무중 신호가 켜져 있다.
.4 바람이 강해졌다 / 약해졌다.(지난 …시간 동안)
.4.1 바람이 …의 세기로 … 로(우점 / 방점) 분다.
.4.2 바람이 …에서(우점 / 방점) …로(우점 / 방점)으로 바뀌었다.
.5 바다의 상태가 바뀔 것으로 예상된다.(…시간 안에)
.6 평온한 / 온화한 / 거친 / 약간 높은 파도 / … 미터의 강한 파도가 …로부터(우점 / 방점) 예상된다(…시간 안에).

.7 A tsunami / an abnormal wave is expected by ... UTC.

.8 Visibility is ...kilometres / nautical miles.

.9 Visibility is reduced by fog / mist / dust / rain / snow / ... .

.10 Visibility is expected

~ to decrease / increase to ...kilometres / nautical miles(within ... hours).

~ variable between ... and ... kilometres / nautical miles(within ... hours).

.11 Next weather report is at ... UTC.

.12 Atmospheric pressure is ... millibars / hPascal.

.13 Barometric change is ... millibars / hPascal per hour / within the last ... hours.

.13.1 Barometer is steady / dropping(rapidly) / rising(rapidly).

.14 There was a gale warning / tropical storm warning for the area ... at ... UTC.

B1 / 1.6 Briefing on standing orders and bridge organization

.1 Standing orders for the period from ... to ... UTC ... are: ... .

.2 Standing orders for the area ... are: ... .

.3 Take notice of changes in the standing orders.

.4 Do you understand the standing orders?

.4.1 Yes, I understand the standing orders.

.4.2 No, I do not understand, please explain.

.5 Read / sign the standing orders.

.6 The latest fire patrol was at ... UTC.

.7 The latest security patrol was at ... UTC.

.7.1 Everything is in order.

.7.2 The following was stated: ... .

.7.3 The following measures were taken: ... .

.7.4 The following requires attention: ... .

.8 The lookout is standing by.

.9 The helmsman is standing by.

.10 Call the Master at ... UTC / in position ... .

B1 / 1.7 Briefing on special navigational events Also see AI / 3 Safety communications.

.1 There was an engine Alarm at ... UTC due to .....

.2 Speed was reduced at ... UTC due to .....

.3 Engine(s) was / were stopped at ... UTC due to .....

.7 진파 / 불규칙한 파도가 세계시...시에 예상된다.

.8 시정이 ...킬로미터 / 마일이다.

.9 시정이 짙은 안개 / 부슬비 / 먼지 / 비 / 눈 / ...에 의해 감소되었다.

.10 시정이 예상된다

~ ...킬로미터 / 마일로 감소 / 증가할 것으로(...시간 안에).

~ ...와 ... 킬로미터 / 마일 사이로 변하기 쉽다(...시간 안에).

.11 다음 일기 예보는 UTC ... 시이다.

.12 기압이 ...밀리바 / 헥토파스칼이다.

.13 기압계가 시간당 / 지난... 시간동안 ...밀리바 / 헥토파스칼이다.

.13.1 기압계가 유지한다 / 떨어진다(급격히) / 올라간다(급격히).

.14 ... UTC시 ... 지역에 강풍 / 열대성 저기압이 있었다.

B1 / 1.6 당직근무수칙과 선교조직 상황설명

.1 당직근무는 ...시에서 ...시까지이다.

.2 ... 지역에의 당직근무수칙은 ...이다.

.3 당직근무수칙에 변경사항을 주목하라.

.4 당신은 당직근무수칙을 이해하고 있습니까?

.4.1 네, 당직근무수칙을 이해하고 있습니다.

.4.2 아닙니다, 이해하지 못했습니다, 설명해주십시오.

.5 당직근무수칙을 읽어라 / 서명하라.

.6 최근의 소방 순찰은 ...UTC에 했다.

.7 최근의 안전 순찰은 ...시에 했다.

.7.1 모든 것이 정상이다.

.7.2 다음의 것이 언급되었다 ...

.7.3 다음의 조치가 내려졌다 ...

.7.4 다음은 주의가 요구된다 ... .

.8 경계원이 대기 중이다.

.9 조타수가 대기 중이다.

.10 ...UTC / ... 위치에서 선장을 호출하라.

B1 / 1.7 특별한 항해상 사고의 상황설명 또한 A1 / 3 안전통신을 참조하라.

.1 ...UTC에 ... 때문에 엔진 알람이 울렸다.

.2 ...UTC에 ... 때문에 속도가 감소되었다.

.3 ...UTC에 ... 때문에 기관(들)이 멈췄다.

.4 Course was altered at ... UTC due to ...

.5 The Master / Chief Engineer was called at ... UTC due to ... .

B1 / 1.8 Briefing on temperatures, pressures and soundings

.1 The ...(equipment) temperature minimum / maximum is

~ ... degrees(centigrade) / to maintain.

~ ... above / below normal.

~ critical.

.1.1 Do not exceed a minimum / maximum temperature of ... degrees.

.2 The ...(equipment) pressure minimum / maximum is

~ ... kiloponds / bars / to maintain.

~ above / below normal.

~ critical.

.2.1 Do not exceed a pressure of ... kiloponds / bars.

.3 Ballast / fresh water / fuel / oil / slop sounding is ... metres / cubic metres.

.3.1 Sounding of

~ no ... cargo tank is ... metres / cubic metres.

~ no ... cargo hold is ... centimetres.

~ ... .

B1 / 1.9 Briefing on operation of main engine and auxiliary equipment Also see B1 / 1.8.

.1 (present) revolutions of the main engine(s) are ... per minute.

.2 (present) output of the main engine(s) / auxiliary engine(s) are ... kilowatts.

.3 (present) pitch of the propeller(s) is ... degrees.

.4 There are no problems.

.5 There are problems with ... .

~ with the main engine(s) / auxiliary engine(s).

~ with ... .

.6 Call the watch engineer(if the problems continue).

.6.1 Call the watch engineer ... minutes before the arrival at ... / at ... UTC.

B1 / 1.10 Briefing on pumping of fuel, ballast water, etc.

.1 There is no pumping at present.

.4 …UTC에 … 때문에 침로가 변경되었다.

.5 …UTC에 … 때문에 선장 / 기관장을 호출하였다.

B1 / 1.8 온도, 압력, 측심 상황설명

.1 …(장비)의 최소 / 최대 온도는 …이다.

~ …도(섭씨) / ~ 로 유지된다.

~ … 정상 이상 / 아래

~ 위험한

.1.1 최소 / 최대 … 도를 넘기면 안된다.

.2 (장비)의 최소 / 최대 압력은 … 이다.

~ …kiloponds / bars / ~로 유지된다.

~ 정상의 위 / 정상의 아래로

~ 위험한

.2.1 …kiloponds / bars 의 압력을 넘겨서는 안된다.

.3 밸러스트 / 청수 / 연료 / 기름 / slop 측심은 …미터 / 큐빅 미터이다.

.3.1 측심은

~ … 화물 탱크는 …미터 / 큐빅미터이다.

~ … 화물 홀드는 … 센티미터이다.

~ … .

B1 / 1.9 주기관과 보조장비의 조작 상황설명 또한 B1 / 1.8을 참조하라.

.1 (현재)주기관(들)의 회전수는 분당 … 이다.

.2 (현재)주기관(들) / 보조기관(들)의 출력은 …킬로와트이다.

.3 (현재) 프로펠러의 피치는 …도이다.

.4 아무 문제가 없다.

.5 문제는 …이다.

~ 주기관(들) / 보조기관(들).

~ …와 같이.

.6 당직기관사를 불러라(만약 문제가 지속된다면).

.6.1 … UTC / …시에 도착하기 …분 전에 당직기관사를 호출하라.

B1 / 1.10 연료, 밸러스트, 기타 등의 Pumping에 관한 상황설명

.1 현재 Pumping은 없다.

.2 We are filling / we filled(no.) … double bottom tank(s) / the ballast tanks / the … tank(s).

.2.1 Fill up … tonnes / sounding … / ullage … / level … to the Alarm point.

.3 We are discharging / we discharged(no.) … double bottom tank(s) / the ballast tanks / the … tank(s).

.4 We are transferring / we transferred fuel / ballast / fresh water / oil from(no.) … tank(s) to(no.) … tank(s).

.5 We require a further generator to operate an additional pump.

B1 / 1.11 Briefing on special machinery events and repairs

.1 There was a breakdown of the main engine(s)(at … UTC / from … to … UTC).

.1.1 There was a breakdown of …(at … UTC / from … to … UTC).

.2 There was a total blackout(at … UTC / from … to … UTC).

.2.1 There was a blackout in …(at … UTC / from … to … UTC) .

.3 Main engine(s) was / were stopped(at … UTC / from … to … UTC) due to …

.4 Speed was reduced(at … UTC / from … to … UTC) due to … .

.5 Call the Master / Chief engineer if the revolutions of the main engine(s) are below … per minute.

.5.1 Call the Master / Chief Engineer / watch engineer if … .

B1 / 1.12 Briefing on record keeping

.1 The log books / record books are completed and signed.

.1.1 The note book entries will be copied(into the log books / record books) after the watch.

.2 Change the paper of the data logger / echo sounder / … recorder.

.2.1 Refill the toner / ink of the data logger / echo sounder / … recorder

B1 / 1.13 Handing and taking over the watch / conn

The Master / Chief Engineer or an(engineer) officer handing over the watch should say:

.1 You have the watch now.

The relieving officer should confirm and say:

.1.1 I have the watch now.

The Master / Chief Engineer when called to the bridge / engine(control) room and formally taking over the watch, should confirm and say:

.2 우리는 채우고 있다 / 채웠다(no)... double bottom tank(s) / ballast tanks / ... 탱크(들)에.

.2.1 Alarm point까지 ...톤 / sounding... / ullage ... / ... level까지 채워라.

.3 우리는 배출하고 있다 / 배출했다.(no.) ... double bottom tank(s) / ballast tanks / ... 탱크(들)에

.4 우리는 이송하고 있다 / 이송했다 연료 / 밸러스트 / 청수 / 기름을(no.)... 탱크(들)에서(no.) ... 탱크(들)로.

.5 우리는 추가의 pump를 작동시키기 위해 부가적인 발전기 작동을 요구한다.

B1 / 1.11 특별한 기계사고와 수리에 대한 상황설명

.1 주기관(들)의 고장이었다.(... UTC / ... 시에서... 시까지 UTC)

.1.1 ...의 고장이 있었다.(...시에 UTC / ...시에서 ...시까지 UTC)

.2 정전이었다.(...시에 UTC / ...시에서 ...시까지 UTC)

.2.1 ...에 정전이 있었다.(...시에 UTC / ...시에서 ...시까지 UTC)

.3 주기관(들)이 ... 때문에 멈췄다(...시에 UTC / ...시에서 ...시까지 UTC).

.4 속도가 ... 때문에 감소되었다.(...시에 UTC / ...시에서 ...시까지 UTC)

.5 주기관(들)의 회전수가 분당...로 떨어지면 선장 / 기관장을 호출하라.

.5.1 만약 ...이면 선장 / 기관장 / 당직기관사를 호출하라.

B1 / 1.12 기록유지에 관한 상황설명

.1 항해일지들 / 기록부는 완료되었고 사인했다.

.1.1 Note book 기재사항은 당직 후에 기록될 것이다.(로그북 안에 / 레코드북들)

.2 데이터 logger / 측심기 / ... 기록지를 바꿔라.

.2.1 데이터 logger / 측심기 / ... 기록지의 토너를 채워라.

B1 / 1.13 당직 인수인계

당직을 인계하는 선장 / 기관장 또는 항해사(기관사)는 이야기해야 한다.

.1 지금부터 당신이 당직이다.

인계받은 사관은 확인하고 말해야 한다.

.1.1 지금부터 내가 당직이다.

선장 / 기관장이 브리지 / 기관실에 호출되어 당직을 공식적으로 인수받을 때 확인하고 다음과 같이 말해야 한다.

.2 I have the watch now.

The officer of the watch should confirm and say:

.2.1 You have the watch now.

B1/2 Trim, List and Stability

.1 The vessel is on even keel(at present).

.1.1 The vessel is ... metres down by the head/stern(at present).

.2 There is no list (at present).

.2.1 (present) list is ... degrees to port/starboard.

.3 Fuel/ballast/fresh water/oil was transferred from(no.) ... tank(s) to(no.) ... tank(s) to correct the list.

.3.1 We must transfer fuel/ballast/fresh water/oil from(no.) ... tank(s) to(no.) ... tank(s) to correct the list.

.4 Deck cargo/cargo was restowed(in (no.) ... hold(s)) to correct the list.

.4.1 We must restow cargo in(no.) ... hold(s) to correct the list.

.5 (present) stability is good/poor.

.6 (no.) ... double bottom tank(s) was/were filled to improve the stability.

.7 Fuel/ballast/fresh water/oil was transferred from(no.) ... tank(s) to(no.) ... tank(s) to improve the stability.

.7.1 We must transfer fuel/ballast/fresh water/oil from(no.) ... tank(s) to(no.) ... tank(s) to improve the stability.

.8 Cargo was restowed in(no.) ... hold(s)/on deck to improve the stability.

.8.1 We must restow cargo in(no.) ... hold(s)/on deck to improve the stability.

.9 Containers were restowed from ... to ... to improve the stability.

.9.1 We must restow containers from ... to ... to improve the stability.

B2 Safety on Board

B2/1 General Activities

The phrases of this section apply to most of the emergencies covered in this chapter.

B2/1.1 Raising Alarm

.1 Operate the general emergency Alarm.

.2 Inform the Master/Chief Engineer/... .

.3 Inform the ... coast radio station/vessels in vicinity(on radio).

.2 지금부터 내가 당직이다.
당직사관은 확실하고 말해야 한다.
.2.1 지금부터 당신이 당직이다.

B1 / 2 트림, 경사와 복원성

.1 배가 even keel이다(현재는)
.1.1 배가 선수 / 선미쪽으로 ...미터 가라앉았다.(현재는)
.2 경사가 없다.(현재는)
.2.1 (현재)경사는 좌현으로 / 우현으로 ...도 기울어져 있다.
.3 연료 / 밸러스트 / 청수 / 기름을 경사를 바로 잡기 위해(no.) ... 탱크(들)에서 (no.) ... 탱크(들)로 이송하였다.
.3.1 우리는 연료 / 밸러스트 / 청수 / 기름을 경사를 바로 잡기 위하여(no.) ... 탱크(들)에서 ... 탱크(들)로 이송하였다.
.4 갑판적 화물 / 화물을 경사를 바로 잡기 위해서((no.) ... hold(s)안에) 재적재했다.
.4.1 우리는 경사를 바로잡으려고(no.) ... hold(s)에 재적재해야 한다.
.5 (현재)복원성은 좋다 / 나쁘다.
.6 (no.) ... double bottom tank(s)는 복원성을 향상시키기 위해 채웠다.
.7 연료 / 밸러스트 / 청수 / 기름을 복원성 향상을 위해서(no.) ... 탱크(들)에서(no.)... 탱크(들)로 이송되었다.
.7.1 우리는 연료 / 밸러스트 / 청수 / 기름을 복원성 향상을 위해서(no.) ... 탱크(들)에서(no.) ... 탱크(들)로 이송해야 한다.
.8 화물이 복원성 향상을 위해서(no.) ... hold(s) / 갑판상에 재적재하였다.
.8.1 우리는 복원성 향상을 위해(no.) ... hold(s) / 갑판상의 화물을 재적재하여야 한다.
.9 컨테이너들은 복원성 향상을 위해 ...에서...로 재적재되었다.
.9.1 복원성 향상을 위해 컨테이너들을 ...에서...로 재적재해야 한다.

B2 선상의 안전

B2 / 1 일반적인 행동들

이 장의 문구들은 대부분의 비상시에 적용한다.

B2 / 1.1 알람의 울림

.1 일반 비상 알람을 울려라.
.2 선장 / 기관장 / ...에게 알려라.
.3 ... 연안 무선국 / 가까운 배들에게(무선으로) 알려라.

.4 Request assistance(on radio) from ... and report.

.4.1 Assistance was

~ requested from ... .

~ offered by ... .

~ accepted from ... .

.5 Transmit a SECURITE / PAN-PAN / distress alert / MAYDAY and report.

.5.1 A SECURITE / PAN-PAN / distress alert / MAYDAY was transmitted.

.6 Was the distress alert / MAYDAY acknowledged?

.6.1 Yes, the distress alert / MAYDAY was acknowledged by ... coast radio station / MRCC / vessel(s) in vicinity.

.6.2 No, the distress alert was not acknowledged(yet).

.6.1.1 Repeat the distress alert.

B2 / 1.2 Briefing crew and passengers

Also see B4 " Passenger Care".

.1 Make the following announcement(on the PA - system):

.2 This is your Captain speaking.

.2.1 We have grounded / a minor flooding / a minor fire in ... .

.2.2 There is no immediate danger to crew, passengers or vessel - and there is no reason to be Alarmed.

.2.3 For safety reasons I request all crew members to go to their assembly stations.

.2.3.1 All officers to report to the bridge.

.2.3.2 Watchkeepers remain at stations until further order.

.2.4 As soon as I have further information I will make another announcement - there is no danger at this time.

.2.5 Fire fighting teams / damage control teams are fighting the fire / flooding.

.2.6 We also have radio contact with other vessels / coast radio stations.

.2.7 The fire / flooding is under control.

.3 This is your Captain speaking. I have another announcement:

.3.1 The fire / flooding is not under control yet.

.3.2 Leave the engine room / superstructure / your stations / your cabins / ... immediately - close all openings.

.3.3 Take lifejackets with you.

.4 …로부터(무선으로)도움을 요청하고 보고하라.

.4.1 도움은

~ …로부터 요청되었다.

~ …로부터 제공되었다.

~ …로부터 받아들여졌다.

.5 SECURITE / PAN-PAN / 조난경보 / MAYDAY를 송신하고 보고하라.

.5.1 SECURITE / PAN-PAN / 조난경보 / MAYDAY는 송신되었다.

.6 조난신호 / MAYDAY를 인지하였는가?

.6.1 그렇다, 조난신호 / MAYDAY는 … coast radio station / MRCC / 근처의 배에 의해 인지되었다.

.6.2 아니다, 조난신호는 인지되지 못하였다.(아직)

.6.1.1 조난신호를 반복하라.

B2 / 1.2 선원과 승객들에게 알림

또한 B4 "승객보호"를 참조하라.

.1 다음을 방송하라.(확성장치로)

.2 선장이 말하는 것이다.

.2.1 우리는 …에 좌초 / 약간의 침수 / 소형 화재가 났다.

.2.2 선원, 승객들 또는 배에 당장의 위험은 없다 - 그래서 알람을 울린 이유도 없다.

.2.3 안전을 이유로 선원들에게 그들의 집결 위치로 갈 것을 요구한다.

.2.3.1 모든 사관들은 브리지로 보고하라.

.2.3.2 당직자들은 다른 지시가 있을 때까지 현 위치에서 대기하라.

.2.4 다른 정보들이 있으면 바로 다른 지시를 할 것이다 - 현재는 위험이 없다.

.2.5 화재진압반 / 손상제어반들이 화재를 진압하고 있다 / 침수를 막고 있다.

.2.6 우리는 또한 다른 배들 / 연안국들에게 무선 연락을 하였다.

.2.7 화재 / 침수는 제어 중이다.

.3 선장이다. 나는 다른 지시를 내린다.

.3.1 화재 / 침수는 아직 통제하고 있지 못하다.

.3.2 기관실 / 거주 구역 / 당신의 위치 / 당신의 선실 / …에서 즉시 떠나라 - 모든 출입구가 닫힌다.

.3.3 구명동의를 가지고 가라.

.3.3.1 Take your emergency equipment with you according to the muster list.

.3.4 Stand by fire fighting stations / damage control stations and report.

.3.4.1 Fire fighting stations / damage control stations are standing by.

.3.5 All crew members to assembly stations.

.3.6 Follow the escape routes shown.

.3.7 The route to the assembly station is ... not clear.

.3.7.1 The route to the assembly station will be via ... .

.3.8 Assemble

~ on deck.

~ on the foredeck / afterdeck.

~ on the ... deck on port side / starboard side.

~ on the ... deck forward of ... / aft of ... .

.3.9 Do not

~ go to the lifeboat / liferaft stations before ordered.

~ enter the lifeboats / liferafts - the order to enter will be given from the bridge / by the officers.

.3.10 The following department(s) / crew members will(temporarily) disembark for safety reasons.

B2 / 1.3 Checking status of escape routes

.1 Check the escape routes and report.

.1.1 All escape routes are clear.

.1.2 The escape route(s) from ...(to ...) / via ... is / are blocked / not clear(yet).

.1.3 The escape route(s) from ...(to ...) / via ... will be clear in ... minutes..

B2 / 1.4 Checking status of lifeboats / liferafts

.1 Check the launching tracks and report.

.1.1 All launching tracks are clear.

.1.2 The launching track(s) of no. ...lifeboat / liferaft is / are not clear(yet).

.1.3 The launching track(s) of no. ... lifeboat / liferaft will be clear in ... minutes.

.2 Check the working parts and report.

.2.1 All working parts are free.

.2.2 The roll(s) / block(s) / rigging / ... of no. ...lifeboat is / are not free(yet).

.2.3 The roll(s) / block(s) / rigging / ... of no. ... lifeboat will be free in ... minutes.

.3.3.1 비상 부서배치표에 따라 당신의 비상 장비를 가지고 가라.

.3.4 화재진압반 / 손상제어반 준비하고 보고하라.

.3.4.1 화재진압반 / 손상제어반 위치에서 대기 중이다.

.3.5 모든 선원들은 집합 위치로 가라.

.3.6 보이는 비상탈출로를 따라가라.

.3.7 … 집합 위치로 가는 길은 명확하지 않다.

.3.7.1 집합 위치로 가는 길은 …을 경유할 것이다.

.3.8 집합

~ 갑판에

~ 선수갑판 / 선미갑판에

~ 좌현쪽 / 우현쪽 …갑판위에

~ …의 앞 / …의 뒤 갑판위에

.3.9 금지한다.

~ 지시가 있기 전에 구명정 / 구명뗏목에 가지 마라.

~ 구명정 탑승 / 구명벌 - 탑승 명령이 선교 / 항해사로부터 내려질 것이다.

.3.10 안전을 이유로 다음 부서(들) / 선원들은(일시적으로) 하선할 것이다.

B2 / 1.3 비상탈출로 상태점검

.1 비상탈출로를 점검하고 보고하라.

.1.1 모든 비상탈출로에는 장애물이 없다.

.1.2 …로부터(…으로 가는) / …을 경유하는 비상탈출로(들)는 막혀 있다 / 명확하지 않다.(아직)

.1.3 …로부터(…으로 가는) / …을 경유하는 비상탈출로(들)는 …분 안에 명확해질 것이다.

B2 / 1.4 구명정 / 구명뗏목의 상태점검

.1 진수 트랙을 점검하고 보고하라.

.1.1 모든 진수 트랙들은 양호하다.

.1.2 No. … 구명정 / 구명뗏목의 진수 트랙(들)은 양호하지 않다.(아직)

.1.3 No. … 구명정 / 구명뗏목의 진수 트랙(들)은 …분 안에 양호하게 될 것이다.

.2 작동 부위들을 점검하고 보고하라.

.2.1 모든 작동 부위들은 양호하다.

.2.2 No. … 구명정의 roll(s) / block(s) / 삭구 / …는 양호하지 않다.(아직)

.2.3 No. … 구명정의 roll(s) / block(s) / 삭구 / …는 …분 안에 자유롭게 될 것이다.

.3 Check the securings of the launching appliances and report.

.3.1 All securings are in the correct position.

.3.2 The securing of no. ... lifeboat / liferaft is not in the correct position.

.3.2.1 Correct the position of the securing .

.3.3 The securing of no. ... lifeboat / liferaft is damaged.

.3.3.1 Replace / repair the securing.

.3.4 The harbour pin(s) of no. ...lifeboat is / are missing.

.3.4.1 Replace the harbour pin(s).

.4 Check the fuel / oil of the lifeboat engine(s) and report.

.4.1 The fuel tank of no. ...lifeboat engine is full / not full.

.4.1.1 Fill up fuel.

.4.2 The oil level of no. ... lifeboat engine is normal / below normal.

.4.2.1 Fill up oil.

.5 Operate the lifeboat engine(s) and report.

.5.1 All lifeboat engines are operational.

.5.2 No. ... lifeboat engine is not operational(yet).

.5.3 No. ... lifeboat engine will be operational in ... minutes.

.6 Check the bilge pumps of the lifeboats and report.

.6.1 All bilge pumps are operational.

.6.2 The bilge pumps of no. ... lifeboat are not operational(yet).

.6.3 The bilge pumps of no. ... lifeboat will be operational in ... minutes.

.7 Check the drain plugs and report.

.7.1 All drain plugs are available.

.7.2 The drain plug(s) in no. ... lifeboat is / are missing.

.7.2.1 Replace the drain plug(s).

.8 Check the slip gear in the lifeboats and report.

.8.1 All slip gear is in the correct position and secured.

.8.2 The slip gear of no. ... lifeboat is not in the correct position.

.8.2.1 Correct the position of the slip gear.

.8.3 The slip gear of no. ... lifeboat is not secured.

.8.3.1 Secure the slip gear.

.9 Check the lifeboat equipment and report.

.9.1 All lifeboat equipment is complete and operational.

.3 진수 장비의 고박장치들을 점검하고 보고하라.

.3.1 모든 고박장치는 제 위치에 있다.

.3.2 No. … 구명정/구명뗏목의 고박장치는 정확한 위치에 있지 않다.

.3.2.1 고박장치 위치를 바로 하라.

.3.3 No. … 구명정/구명뗏목의 고박장치는 손상을 입었다.

.3.3.1 고박장치를 교체하라/수리하라.

.3.4 No. … 구명정의 harbour pin(들)은 없다.

.3.4.1 Harbour pin(들)을 교체하라.

.4 구명정 엔진(들)의 연료/기름을 점검하고 보고하라.

.4.1 No. … 구명정 엔진 연료 탱크가 가득 찼다/차지 않았다.

.4.1.1 연료를 채워라.

.4.2 No. … 구명정 엔진 기름양은 정상이다/정상보다 낮다.

.4.2.1 기름을 채워라.

.5 구명정의 엔진(들)을 작동하고 보고하라.

.5.1 모든 구명정 엔진들은 작동이 된다.

.5.2 No. … 구명정 엔진은 작동이 안된다.(아직)

.5.3 No. … 구명정 엔진은 …분 안에 작동될 것이다.

.6 구명정의 빌지 펌프들을 점검하고 보고하라.

.6.1 모든 빌지 펌프들은 작동이 된다.

.6.2 No. … 구명정의 빌지 펌프들은 작동이 안된다.(아직)

.6.3 No. … 구명정의 빌지 펌프들은 …분 안에 작동이 될 것이다.

.7 드레인 플러그들을 체크하고 보고하라.

.7.1 모든 드레인 플러그들은 쓸 수 있다.

.7.2 No. … 구명정의 드레인 플러그(들)는 없어졌다.

.7.2.1 드레인 플러그(들)를 다시 장착시켜라.

.8 구명정안의 슬립 기어를 점검하고 보고하라.

.8.1 모든 슬립기어가 정확한 위치에 있고, 고정되어 있다.

.8.2 No. … 구명정의 슬립기어는 정확한 위치에 있지 않다.

.8.2.1 슬립기어를 정확한 위치에 놓아라.

.8.3 No. … 구명정의 슬립기어는 고정되어 있지 않다.

.8.3.1 슬립기어를 고정시켜라.

.9 구명정 장비를 체크하고 보고하라.

.9.1 모든 구명정 장비는 완벽하고 작동 중이다.

.9.2 The lifeboat equipment is not complete.

.9.2.1 Complete the lifeboat equipment..

.10 Launch / hoist no. ... lifeboat(s) and report.

.10.1 The launching appliances are operational.

.10.2 The launching appliances are not operational.

.10.3 No. ... winch / davit is not operational(yet).

.10.3.1 No. ... winch / davit will be operational in ... minutes.

.10.4 Hoist no. ... lifeboat(s).

.11 Secure the lifeboat(s) and report.

.11.1 Lifeboat(s) is / are secured .

.12 Check the liferafts and report.

.12.1 All liferafts are in position and operational.

.12.2 No. ... liferaft(s) is / are not operational.

.12.3 The inflation cord of no. ... liferaft is not secured on board.

.12.3.1 Secure the inflation cord.

.12.4 No. ... liferaft container is damaged.

.12.4.1 Replace the liferaft container in the next port.

.12.5 The inspection tag of no. ... liferaft is expired

.12.5.1 Replace the liferaft in the next port.

B2 / 1.5 Ordering evacuation

.1 Evacuate all rooms / spaces / decks / ... and report.

.1.1 All rooms / spaces / decks / ... evacuated.

.2 Evacuate engine room and report.

.2.1 Engine room evacuated.

.3 Evacuate no. ... hold(s) / tank(s) and report.

.3.1 No. ... hold(s) / tank(s) evacuated.

.4 Evacuate superstructure and report.

.4.1 Superstructure evacuated.

.5 Evacuate accommodation and report.

.5.1 Accommodation evacuated.

.6 Do not enter ... deck / space / area.

.7 Report missing persons / injured persons / casualties.

.7.1 No persons missing / injured.

.9.2 구명정 장비는 완비되어 있지 않다.

.9.2.1 구명정 장비를 완비하라.

.10 No. … 구명정(들)을 진수하라. / 감아올려라.

.10.1 진수장치는 작동 중이다.

.10.2 진수장치는 작동이 되지 않는다.

.10.3 No. … winch / davit은 작동이 되지 않는다.(아직)

.10.3.1 No. … winch / davit은 …분 안에 작동이 될 것이다.

.10.4 No. … 구명정(들)을 감아올려라.

.11 구명정(들)을 고박시키고 보고하라.

.11.1 구명정(들)은 고박되었다.

.12 구명뗏목을 점검하고 보고하라.

.12.1 모든 구명뗏목들은 제자리에 있고 작동가능하다.

.12.2 No. … 구명뗏목(들)은 작동이 안된다.

.12.3 No. … 구명뗏목의 inflation cord는 배위에 고정되어 있지 않다.

.12.3.1 Inflation cord를 고정시켜라.

.12.4 No. … 구명뗏목 컨테이너는 손상되었다.

.12.4.1 다음 항구에서 구명뗏목 컨테이너를 교체하라.

.12.5 No. … 구명뗏목의 검사 tag는 유효기간이 끝났다.

.12.5.1 다음 항구에서 구명뗏목을 교체하라.

B2 / 1.5 대피명령

.1 모든 방들에서 / 공간에서 / 갑판에서 / …에서 대피하고 보고하라.

.1.1 모든 방들 / 공간들 / 갑판들 / …에서 대피했다.

.2 기관실에서 대피하고 보고하라.

.2.1 기관실에서 대피했다.

.3 No. … hold(들) / 탱크(들)에서 대피하고 보고하라.

.3.1 No. … hold(들) / 탱크(들)에서 대피했다.

.4 선루에서 대피하고 보고하라.

.4.1 선루에서 대피했다.

.5 선실에서 대피하고 보고하라.

.5.1 선실에서 대피했다.

.6 … 갑판 / 공간 / 지역에 들어가지 마라.

.7 실종자 / 부상자 / 사상자들을 보고하라.

.7.1 실종자 / 부상자들은 없다.

.7.2 Number of missing persons / injured persons / casualties is:... .

.7.3 ... deck / space / area not accessible(yet).

.8 Provide first aid (in the vessel's hospital / at a safe place).

.8.1 Request medical assistance from ...(on radio).

.9 All persons are outside the danger area.

B2 / 1.6 Roll call

.1 Report number of all persons / passengers / crew members at assembly stations.

.1.1 Number of all persons / passengers / crew members at assembly station ...is ...

.1.2 Number of persons / passengers / crew members at assembly station ... is complete.

.1.3 Number of persons / passengers / crew members at assembly station ... is not complete(yet).

.1.4 ... passenger(s) / crew member(s)is / are missing.

.2 Search for missing passenger(s) / crew member(s) and report.

.2.1 Missing passenger(s) / crew member(s) recovered.

.2.2 Missing passenger(s) / crew member(s) not recovered(yet) - (search is continuing).

.3 Watchkeepers to assembly stations.

.4 Lifeboatmen! Check the equipment of the crew at assembly stations and report.

.4.1 Equipment of the crew at assembly station ... is complete.

.4.2 Equipment of the crew at assembly station ...is not complete(yet).

.4.3 Complete the equipment and report.

.4.3.1 Go for blanket / stretcher / ... and report.

.5 Lifeboatmen! Check the outfit of the passengers at assembly stations and report.

.5.1 Outfit of the passengers at assembly station ... is correct.

.5.2 Outfit of the passengers at assembly station ... is not correct(yet).

.5.2.1 Correct the outfit and report.

.5.2.2 Put on warm clothing / long sleeved shirt / long trousers / strong shoes / head covering / ... and report.

.6 Passengers and crew ! Follow the lifeboatmen to the lifeboat stations / liferaft stations on the embarkation deck.

.7.2 실종자 / 부상자 / 사망자의 숫자는 ... 이다.

.7.3 ... deck / 공간 / 지역은 접근하지 못한다.(아직)

.8 응급치료를 행하라(배의 병원에서 / 안전한 곳에서)

.8.1 ...로부터 의료 도움을 요청해라.(무선으로)

.9 모든 사람들은 위험한 곳에서 밖으로 나갔다.

B2 / 1.6 인원점검

.1 집합 위치에 있는 모든 사람들 / 승객들 / 승무원들의 숫자를 보고하라.

.1.1 집합 위치 ...에 있는 모든 사람들 / 승객들 / 승무원들의 숫자는 ... 이다.

.1.2 집합 위치 ...에 있는 모든 사람들 / 승객들 / 승무원들의 숫자는 완전하다.

.1.3 집합 위치 ...에 있는 모든 사람들 / 승객들 / 승무원들의 숫자는 완전하지 않다.(아직)

.1.4 ...승객(들) / 승무원(들)이 실종되었다.

.2 실종된 승객(들) / 승무원(들)을 찾고 보고하라.

.2.1 실종된 승객(들) / 승무원(들)을 찾았다.

.2.2 실종된 승객(들) / 승무원(들)은 찾지 못했다.(아직) - (계속 찾고 있는 중)

.3 당직자들는 집합 위치로 모여라.

.4 정장! 집합 위치에 있는 승무원들의 장비를 점검하고 보고하라.

.4.1 집합 위치 ...에 있는 승무원들의 장비는 완벽하다.

.4.2 집합 위치 ...에 있는 승무원들의 장비는 완벽하지 않다.(아직)

.4.3 장비를 완벽하게 하고 보고하라.

.4.3.1 담요 / 들 것 / ...을 들고 오고 보고하라.

.5 정장! 집합 위치 승객들의 복장을 점검하고 보고하라.

.5.1 집합 위치 ...에 있는 승객들의 복장은 완벽하다.

.5.2 집합 위치 ...에 있는 승객들의 복장은 완벽하지 않다.(아직)

.5.2.1 복장을 수정하게 하고 보고하라.

.5.2.2 따뜻한 옷 / 긴 소매 셔츠 / 긴 바지들 / 강한 양말 / 헬멧 / ...를 착용하고 보고하라.

.6 승객들과 승무원 여러분! 정장을 따라 승정갑판에 있는 구명정 / 구명뗏목 승정 위치로 가십시오.

B2/1.7 Ordering abandon vessel

.1 Swing out no. ... lifeboat(s) and report.

.1.1 No. ... lifeboat(s) swung out.

.2 Lower no. ... lifeboat(s) alongside the embarkation deck and report.

.2.1 No. ... lifeboat(s) is/are alongside the embarkation deck.

.3 Enter the lifeboat(s)(no. ...) and report.

.3.1 Enter the lifeboat(s)/liferaft(s) over the ... deck.

.3.2 Enter the lifeboat(s)/liferaft(s) over the ladders/nets/manropes.

.3.3 Jump into the water and enter the lifeboat(s)/liferaft(s).

.3.4 Jump onto the liferaft(s) alongside the vessel.

.3.5 Do not push each other when entering.

.3.6 Assist injured/helpless persons.

.3.7 Clear the entrance of the lifeboat/liferaft.

.3.8 Sit down in the lifeboat/liferaft immediately.

.3.9 Hold on to the ropes or to your seat when launching.

.4 No. ... lifeboat(s)/liferaft(s) entered.

.5 Let go no. ... lifeboat(s)/liferaft(s) and report.

.5.1 No. ... lifeboat(s)/liveraft(s) is/are let go.

.6 Throw over board no. ... liferaft and report.

.6.1 No. ... liferaft thrown over board.

.7 Inform coast radio stations/vessels in vicinity about the number of lifeboats/liferafts launched and report.

.7.1 Inform coast radio stations/vessels in vicinity about the number of persons in each lifeboat/liferaft and report.

.7.2 Inform coast radio stations/vessels in vicinity about the number of crew members remaining on board.

.7.3 Coast radio station .../vessels in vicinity informed.

.8 Stand clear of the vessel and report.

.8.1 No. ... lifeboat(s)/liferaft(s) standing clear.

.8.2 No. ... lifeboat(s)/liferaft(s) not standing clear.

.9 Rescue boat/no. ...motor lifeboat!

Assist no. ... lifeboat(s)/liferaft(s) and report.

.9.1 Rescue boat/no. ... motor lifeboat is assisting.

.9.2 No. ... lifeboat(s)/liferaft(s) standing clear of the vessel now.

B2 / 1.7 퇴선명령

.1 No. ... 구명정(들)을 선외로 내리고 보고하라.

.1.1 No. ... 구명정(들)은 선외로 내려졌다.

.2 No. ... 구명정(들)을 승정갑판까지 강하시키고 보고하라.

.2.1 No. ...구명정(들)은 승정갑판에 있다.

.3 (No. ...) 구명정(들)에 승정하고 보고하라.

.3.1 구명정(들) / 구명뗏목(들)에 ... deck을 경유하여 들어가라.

.3.2 구명정(들) / 구명뗏목(들)에 사다리들 / 그물들 / manrope를 이용하여 들어가라.

.3.3 물에 뛰어들어 구명정(들) / 구명뗏목(들)에 들어가라.

.3.4 배 옆의 구명뗏목(들)위로 뛰어라.

.3.5 들어갈 때 서로 밀지 마라.

.3.6 부상자 / 도움이 필요한 사람들을 도와줘라.

.3.7 구명정 / 구명뗏목의 입구를 확보하라.

.3.8 구명정 / 구명뗏목에서 즉시 앉아라.

.3.9 진수할 때 로프를 잡거나 혹은 벨트를 묶어라.

.4 No. ... 구명정(들) / 구명뗏목(들)에 승정했다.

.5 No. ... 구명정(들) / 구명뗏목(들) 내리고 보고하라.

.5.1 No. ... 구명정(들) / 구명뗏목(들) 강하되었다.

.6 No. ... 구명뗏목은 배에서 던지고 보고하라.

.6.1 No. ... 구명뗏목이 배에서 던져졌다.

.7 진수된 구명정들 / 구명뗏목들의 숫자를 연안국 / 주변의 선박들에게 알리고 보고하라.

.7.1 각 구명정 / 구명뗏목의 인원수를 연안국 / 주변의 선박들에게 알리고 보고하라.

.7.2 배에 남아있는 인원수를 연안국 / 주변의 선박들에게 알려라.

.7.3 ... 연안국 / 주변의 선박들에게 알렸다.

.8 배에서 멀리 떨어지고 보고하라.

.8.1 No. ... 구명정(들) / 구명뗏목(들)은 배에서 떨어졌다.

.8.2 No. ... 구명정(들) / 구명뗏목(들)은 배에서 떨어지지 못했다.

.9 구조정 / no. ... 모터 구명정을 구조하라.

No. ... 구명정(들) / 구명뗏목(들)을 도와주고 보고하라.

.9.1 구조정 / no. ... 모토 구명정이 도와주고 있다.

.9.2 No. ... 구명정(들) / 구명뗏목(들)은 지금 배에서 떨어져 있다.

B2 / 1.8 In - boat procedures

Also see: B4 "Passenger Care" 2.5 and 2.6.

.1 Stand by engine / pumps / lookout / entrance and report.

.1.1 Engine / pumps / lookout / entrance is / are standing by.

.2 Recover persons in water and report.

.2.1 Number of persons recovered is: ... .

.2.2 Keep lookout for further persons in water.

.2.3 Report the total number of persons in lifeboat(s) / liferaft(s).

.2.3.1 The total number of persons is now: ... .

.3 Report the number of injured persons.

.3.1 No persons injured.

.3.2 The number of injured persons is: ... .

.3.3 Provide first aid to injured persons .

.3.4 Secure injured / helpless persons.

.4 Let go sea anchor and report.

.4.1 Sea anchor is let go.

.5 Report the number of lifeboats / liferafts in sight.

.5.1 The number of lifeboats / liferafts in sight is: ... .

.6 Contact the lifeboat(s) / liferaft(s) on radio and report.

.6.1 Lifeboat(s) / liferaft(s) contacted.

.6.2 No contact possible.

.7 Give distress signals for identification.

.7.1 Fire rockets for identification.

.7.2 Use glasses / lamps / mirrors for identification.

.7.3 Give sound signals / ... signals for identification.

.8 Start the engine. and report.

.9 Set sail.

.10 Use oars.

.11 Join the other lifeboat(s) / liferaft(s).

.11.1 Connect the lifeboats / liferafts with lines and report.

.11.2 ... lifeboats / liferafts connected.

B2 / 1.8 보트 내부 절차

또한 B4 "승객보호" 2.5와 2.6을 참조하라.

.1 엔진 / 펌프들 / 경계 / 입구를 준비하고 보고하라.

.1.1 엔진 / 펌프들 / 경계 / 입구 준비가 되었다.

.2 물에 빠진 사람들을 구조하고 보고하라.

.2.1 구조한 사람들의 숫자는 … 이다.

.2.2 물에 빠진 사람들을 더 찾아봐라.

.2.3 구명정(들) / 구명뗏목(들)안에 있는 모든 인원수를 보고하라.

.2.3.1 총인원수는 지금 … 이다.

.3 부상자들의 숫자를 보고하라.

.3.1 부상자가 없다.

.3.2 부상자들의 숫자는 … 이다.

.3.3 부상자들에게 응급치료 해줘라.

.3.4 부상자 / 도움이 필요한 사람들을 안전하게 하라.

.4 Sea anchor를 투하하고 보고하라.

.4.1 Sea anchor를 투하시켰다.

.5 보이는 구명정들 / 구명뗏목들의 숫자를 보고하라.

.5.1 보이는 구명정들 / 구명뗏목들의 숫자는 … 이다.

.6 무선을 통해 구명정(들) / 구명뗏목(들)에 교신하고 보고하라.

.6.1 구명정(들) / 구명뗏목(들)과 교신했다.

.6.2 교신이 가능하지 않다.

.7 식별을 위해 조난신호를 보내라.

.7.1 식별하기 위해 로켓을 발사하라.

.7.2 식별하기 위해 유리 / lamp / 거울을 사용하라.

.7.3 식별하기 위해 음파 / … 신호를 보내라.

.8 엔진 시동 걸고 보고하라.

.9 돛을 준비하라.

.10 노를 이용하라.

.11 다른 구명정(들) / 구명뗏목(들)과 합류하라.

.11.1 구명정들 / 구명뗏목들에 줄로 연결하고 보고하라.

.11.2 … 구명정들 / 구명뗏목들에 연결했다.

B2/2 Occupational Safety

B2/2.1 Instruction

.1 Prepare a training plan for occupational safety.

.2 When was the last training session on occupational safety?

.2.1 The last training session was on ...(date)

.3 When is the next training session on occupational safety?

.3.1 The next training session is on ...(date).

.4 Are new crew members / passengers instructed on occupational safety?

.4.1 Yes, new crew members / passengers are instructed.

.4.2 No, new crew members / passengers are not instructed(yet).

.4.3 Instruct new crew members / passengers by ...(time) / on ...(date).

.5 Participation in training sessions on occupational safety is mandatory.

B2/2.2 Practical occupational safety

.1 Instruct crew on occupational safety before departure.

.2 Have special instruction on dangerous goods / heavy lifts / cargo securing / illumination / ventilation / ... .

.3 Where are dangerous goods carried on board?

.3.1 Dangerous goods of IMO Class ... are carried

~ on deck(in roped-off areas).

~ in no. ... hold(s).

~ in ... / on... .

.4 Prepare an emergency plan.

.5 Brief all crew members / passengers on the symptoms caused by dangerous substances.

.6 What signals / communications are used in case of emergency ?

.6.1 The following signals / communications are used in case of emergency: ... .

.7 Brief all crew members / passengers

- about restricted areas.
- how to report in / out(when entering / leaving bridge / engine room / ...).

.8 Do not enter the unmanned(engine) room / ... space without permission.

.8.1 Report on telephone / radio / ... while in the(engine) room / ... space every ... minutes.

B2 / 2 작업 중 안전

B2 / 2.1 교 육

.1 작업 중 안전을 위해 훈련계획을 짜라.

.2 작업 중 안전에 관련하여 가장 최근의 훈련일은 언제인가?

.2.1 최근 훈련한 것은 ... 이었다(날짜).

.3 작업 중 안전을 위한 다음 훈련은 언제할건가?

.3.1 다음 훈련은 ... 할거다.(날짜)

.4 새로운 승무원들 / 승객들에게 작업 중 안전에 대해 교육시켰는가?

.4.1 그렇다, 새로운 승무원들 / 승객들에게 교육시켰다.

.4.2 아니다, 새로운 승무원들 / 승객들에게 교육을 시키지 않았다.(아직)

.4.3 새로운 승무원들 / 승객들에게 ...에(시간) / ...에(날짜) 교육하라.

.5 작업 중 안전과 관련된 훈련에 참가하는 것은 의무다.

B2 / 2.2 실제 작업상의 안전

.1 출항 전에 작업 중 안전에 대해 승무원들에게 교육시켜라.

.2 위험한 물품 / 무거운 것 들어 올리는 일 / 화물 고정 / 조명 / 환기시키는 것 / ...에 대해 특별 교육을 시켜라.

.3 배에서 위험한 물건은 어디에 싣고 있는가?

.3.1 IMO class 위험한 물건은 ...에 싣는다.

~ 갑판 위에(밧줄로 둘러친 구역들).

~ no. ... hold(들)에.

~ ...안에 / ...위에.

.4 비상계획을 준비하라.

.5 모든 승무원들 / 승객들에게 위험 물질들에 의해 야기되는 증상에 대해 알려라.

.6 비상사태시 무슨 신호 / 통신들을 사용하는가?

.6.1 비상사태의 경우 다음의 신호들 / 통신들을 사용한다 : ...

.7 모든 승무원들 / 승객들에게 알려라.

~ 제한 구역에 대해.

~ (출입할 때 / 브리지를 나갈 때 / 기관실 / ...) 어떻게 보고하고 들어오는지 / 나가는지.

.8 허가 없이 사람이 없는(기관)실 / ... 구역에 들어가지 마라.

.8.1(기관)실 / ... 구역에 있는 동안 매 ... 분마다 전화 / 무전기로 알려라.

.9 Brief all crew members / passengers on the storm.

.9.1 Attention!

Entering the forecastle / main deck / weather side / ... of the vessel is prohibited / dangerous(due to storm).

.9.2 Attention!

Make use of hand rails and lifelines in corridors and on deck.

.9.3 Attention!

Close all dead lights and storm doors.

.9.4 Attention!

Secure all loose objects in your cabins / on deck / in ... .

.10 Brief all crew members / passengers on winter conditions / tropical conditions.

.11 Check the completeness and availability of the occupational safety equipment and report.

.11.1 Occupational safety equipment is complete and available.

.11.2 Following occupational safety equipment is not complete / available: ...

.11.3 Occupational safety equipment will be complete and available in ... hour(s).

.12 Appoint an officer / a crew member in charge of safety before working.

.13 Take additional safety measures for the

~ work on masts.

~ work outboard.

~ work in hold(s) / tank(s).

~ work in extreme weather conditions / ... .

B2 / 2.3 Occupational accidents

.1 Accident in engine room / in no. ... hold / in no. ... tank / in superstructure / in accommodation / in ... space / on deck / outboard / on pier / on ... / in ....

.2 Report injured persons / casualties:

.2.1 No person injured.

.2.2 The number of injured persons / casualties is: ... .

.3 What happened?

.3.1 Explosion / fire in ... .

.3.2 Accident with cargo.

.3.3 Fall from ... / into ... .

.3.4 Electrical accident in ... .

.9 모든 승무원들 / 승객들에게 폭풍이 오는걸 알려라.

.9.1 주의해라!

선수 / 매인 데크 / weather side / 배의 ...에 들어가는 것은 금지된다 / 위험하다(폭풍 때문에)

.9.2 주의해라!

복도와 갑판에서는 핸드레일과 생명줄을 잡아라.

.9.3 주의해라!

모든 현창 안뚜껑과 덧문을 닫아라.

.9.4 주의해라!

선실 / 갑판에 / ...에 있는 모든 풀어진 짐들을 고정시켜라.

.10 모든 승무원들 / 승객들에게 날씨상태 / 태풍의 상태를 알려라.

.11 작업 중 안전한 장비의 완전성과 유용성을 점검하고 보고하라.

.11.1 작업상 안전한 장비는 완전하고 이용 가능하다.

.11.2 다음의 작업상 안전한 장비는 완전하지 / 이용 가능하지 못하다.

.11.3 작업상 안전한 장비는 ... 시간 안에 완전하고 이용 가능할 것이다.

.12 일하기 전에 안전을 책임질 사관 / 승무원을 임명하라.

.13 추가의 안전조치를 하라.

~ 마스트에서 일하는 것.

~ 선외에서 일하는 것.

~ hold(들) / 탱크(들)안에서 일하는 것.

~ 극한의 날씨 상태에서 일하는 것.

B2 / 2.3 작업상 사고

.1 기관실 / no. ... hold / no. ... 탱크 / 선루안 / 선실안 / ... 공간안 / 갑판위 / 배 밖 / 선창 위 / ... 위 / ...안에서의 사고가 발생했다.

.2 부상자들 / 사상자들을 보고하라.

.2.1 부상자들 없다.

.2.2 부상자들 / 사상자들의 숫자는 ...이다.

.3 무슨 일이 났는가?

.3.1 ...안에 폭발 / 불이 났다.

.3.2 화물에 사고가 났다.

.3.3 ...로부터 / ...안에 떨어졌다.

.3.4 ...안에 전기사고 발생했다.

.3.5 Leakage of gas / … .

.3.6 … .

.4 Take immediate action to recover injured person(s) / casualties.

.4.1 Provide first aid.

.4.2 Take immediate action to control the danger area.

.5 What kind of assistance is required?

.5.1 No assistance is required.

.5.2 Medical / technical assistance is required.

.5.3 Shoreside assistance is required.

.6 Secure the danger area and report.

.6.1 The danger area is secured.

.7 Prepare an accident report.

B2 / 3 Fire Protection and Fire Fighting

B2 / 3.1 Fire protection

.1 Checking status of equipment

.1 Have fire patrols(every … hour(s) / … time(s) every watch).

.1.1 Have fire patrols

~ in all spaces.

~ in the engine room / cargo hold(s) / superstructures / accommodation / … .

~ on deck.

.1.2 Have a permanent fire watch.

.2 Is everything in order?

.2.1 Yes, everything is in order.

.2.2 No, following is not in order: … .

.3 Check the fire / smoke Alarm(s) and report.

.3.1 All fire / smoke Alarms are operational.

.3.2 Fire / smoke Alarm(s) in … is / are not operational(yet).

.3.3 Fire / smoke Alarm(s) in … will be operational in … minutes.

.4 Check the portable extinguishers and report.

.4.1 All portable extinguishers are in position and operational.

.3.5 가스 / ...가 샌다.

.3.6 ... .

.4 부상자(들) / 사상자들이 회복되게 즉시 행동을 취하라.

.4.1 응급조치를 취하라.

.4.2 위험한 지역을 제어할 수 있게 즉시 행동을 취하라.

.5 필요한 도움이 무엇인가?

.5.1 도움은 필요 없다.

.5.2 의료 / 기술적인 도움이 요구된다.

.5.3 육상측 도움이 요구된다.

.6 위험한 지역을 안전하게 하고 보고하라.

.6.1 위험한 지역을 안전하게 하였다.

.7 사고보고서를 준비하라.

B2 / 3 화재방비와 화재진압

B2 / 3.1 화재방비

.1 장비상태의 점검

.1 화재순찰을 하라(매...시간마다 / 매...시간 당직마다).

.1.1 화재순찰을 하라...

~ 모든 구역을.

~ 기관실 / 화물창고(들) / 선루 / 선실 / ... 안을.

~ 갑판 위.

.1.2 계속적으로 화재 당직을 서라.

.2 모든 것이 양호한가?

.2.1 그렇다, 모든 것이 양호하다.

.2.2 아니다, 다음은 규정대로가 아니다. : ...

.3 화재 / 연기 알람(들)을 점검하고 보고하라.

.3.1 모든 화재 / 연기 알람들은 작동 중이다.

.3.2 ...에 있는 화재 / 연기 알람(들)은 작동 중이지 않다.(아직)

.3.3 ...에 있는 화재 / 연기 알람(들)은 ...분 안에 작동될 것이다.

.4 휴대용 소화기를 점검하고 보고하라.

.4.1 모든 휴대용 소화기는 제 위치에 있고 작동 중이다.

.4.2 The portable extinguishers in …

~ are not in position(yet)..

~ will be in position in … minutes..

~ are not accessible(yet).

~ will be accessible in … minutes.

~ are missing.

.4.2.1 Replace the missing portable extinguisher(s).

.4.3 The inspection tag(s) of the portable extinguisher(s) in … is / are broken / expired.

.4.3.1 place the portable extinguisher(s) with broken / expired inspection tag(s).

.5 Check the fire mains and report.

.5.1 All fire mains are operational.

.5.2 The hydrant(s) in … is / are not operational(yet)..

.5.2.1 The hydrant(s) will be operational in … minutes.

.5.3 The hose(s) to hydrant(s) in … is / are worn / cut.

.5.3.1 Replace the worn / cut hose(s).

.5.4 The hose(s) / spanner(s) / nozzle(s) to hydrant(s) in … is / are missing.

.5.4.1 Replace the missing hose(s) / spanner(s) / nozzles(s).

.5.5 The fire pump(s) in … is / are not operational(yet).

.5.5.1 Fire pump(s) in … will be operational in … minutes.

.5.6 The water pipe(s) in … is / are leaking.

.5.6.1 Repair the leaking water pipe(s) in … .

.5.7 The water pipe(s) in … is / are blocked.

.5.7.1 Free the blocked water pipe(s) in … .

.5.8 Pressure in the water pipe(s) in … is too high / low.

.5.8.1 Reduce / increase pressure in the water pipe(s)in … .

.6 Check the fixed foam / gas fire extinguishing system and report.

.6.1 The fixed foam / gas system is operational.

.6.2 The fixed foam / gas system is not operational(yet)

.6.2.1 The fixed foam / gas system will be operational in … minutes.

.7 Check the sprinkler system and report.

.7.1 The sprinkler system is operational.

.4.2 ...에 있는 휴대용 소화기는

~ 제자리에 없다.(아직)

~ ...안에 제자리에 있을 것이다.

~ 접근이 불가능하다.(아직)

~ ...분 접근할 것이다.

~ 잃어버렸다.

.4.2.1 잃어버린 휴대용 소화기(들)를 제자리에 갖다 놓아라.

.4.3 ...안에 휴대용 소화기의 검사표(들)은 훼손되었다 / 만기가 되었다.

.4.3.1 훼손된 / 만기가 된 휴대용 소화기의 검사표(들)를 새로 갖다 놓아라.

.5 소방시설을 점검하고 보고하라.

.5.1 모든 소방시설은 작동 가능하다.

.5.2 ...에 있는 소화전(들)이 작동이 안된다.(아직)

.5.2.1 ...분 안에 소화전(들)이 작동될 것이다.

.5.3 ...에 있는 소화전(들)의 호스(들)가 낡았다 / 끊어졌다.

.5.3.1 낡은 / 끊어진 호스(들)를 교체하라.

.5.4 ...안에 있는 소화전(들)의 호스(들) / 스패너(들) / 노즐(들)이 없다.

.5.4.1 잃어버린 호스(들) / 스패너(들) / 노즐(들)을 새로 갖다 놓아라.

5.5 ...에 있는 fire pump(들)들이 작동되지 않는다.(아직)

.5.5.1 ...에 있는 fire pump(들)은 ...분 안에 작동될 것이다.

.5.6 ...안에 있는 water pipe(들)이 새고 있다.

.5.6.1 ...의 세고 있는 water pipe(들)을 수리하라.

.5.7 ...에 있는 water pipe(들)은 막혔다.

.5.7.1 ...에 막힌 water pipe(들)을 뚫어라.

.5.8 ...의 water pipe(들) 압력이 너무 높다 / 낮다.

.5.8.1 ...에 있는 water pipe(들) 압력을 감소 / 증가시켜라.

.6 고정식 폼 / 가스 소화 시스템을 점검하고 보고하라.

.6.1 고정식 폼 / 가스 시스템은 작동 가능하다.

.6.2 고정식 폼 / 가스 시스템은 작동이 안된다.(아직)

.6.2.1 고정식 폼 / 가스 시스템은 ...분 안에 작동될 것이다.

.7 스프링클러 시스템을 점검하고 보고하라.

.7.1 스프링클러 시스템은 작동 가능하다.

.7.2 The sprinkler system in ... is not operational(yet).

.7.2.1 The sprinkler system in ... will be operational in ... minutes.

.8 Check the ventilation system and report.

.8.1 The ventilation system is operational.

.8.2 The ventilation system is not operational(yet)

.8.2.1 The ventilation system will be operational in ... minutes.

.8.3 The remote control is not operational(yet).

.8.3.1 The remote control will be operational in ... minutes

.8.4 The indicators are not operational(yet).

.8.4.1 The indicators will be operational in ... minutes.

.8.5 The fire dampers in ... are not operational(yet).

.8.5.1 The fire dampers in ... will be operational in ... minutes.

.8.6 The fire dampers in ... are painted stuck.

.8.6.1 Clear the fire dampers.

.9 Check the skylights / windows / ... and report.

.9.1 The skylights / windows / ... in / to ... are open.

.9.1.1 Close the skylights / windows / ... in / to ... .

.10 Check the watertight door control and report.

.10.1 The watertight door control is operational.

.10.2 The watertight door control in ... is not operational(yet).

.10.3 The watertight door control in ... will be operational in ... minutes.

.11 Check the electrical lighting and report

.11.1 The electrical lighting is operational.

.11.2 The electrical lighting in ...is not operational(yet).

.11.3 The electrical lighting in ... will be operational in ... minutes.

.11.4 Switch on / off the electrical lighting in ... .

.12 Check the emergency power supply and report.

.12.1 The emergency power supply is operational.

.12.2 The emergency power supply is not operational(yet).

.12.3 The emergency power supply will be operational in ... minutes.

.13 Check the firemen's outfits and report.

.13.1 All firemen's outfits are complete and available.

.13.2 The firemen's outfits are not complete.

.13.2.1 Complete the firemen's outfits.

.7.2 ...에 있는 스프링클러 시스템은 작동이 안된다.(아직)

.7.2.1 ...에 있는 스프링클러 시스템은 ...분 안에 작동될 것이다.

.8 환기 시스템을 점검하고 보고하라.

.8.1 환기 시스템은 작동 가능이다.

.8.2 환기 시스템은 작동이 안된다.(아직)

.8.2.1 환기 시스템은 ...분 안에 작동될 것이다.

.8.3 리모트 컨트롤은 작동이 안된다.(아직)

.8.3.1 리모트 컨트롤은 ...분 안에 작동될 것이다.

.8.4 인디케이터는 작동이 안된다.(아직)

.8.4.1 인디케이터는 ...분 안에 작동이 될 것이다.

.8.5 ...안에 있는 fire damper들은 작동이 안된다.(아직)

.8.5.1 ...안에 있는 fire damper들은 ...분 안에 작동이 될 것이다.

.8.6 ...안에 있는 fire damper들은 페인트로 고착되었다.

.8.6.1 Fire damper들을 작동하게 하라.

.9 스카이라이트들 / 창문들 / ...를 점검하고 보고하라.

.9.1 ...안 / ...에 있는 스카이라이트들 / 창문들 / ...는 열려 있다.

.9.1.1 ...안 / ...에 있는 스카이라이트들 / 창문들 / ...를 닫아라.

.10 수밀문을 점검하고 보고하라.

.10.1 수밀문은 작동 가능하다.

.10.2 ...에 있는 수밀문은 작동이 안된다.(아직)

.10.3 ...에 있는 수밀문은 ...안에 작동이 될 것이다.

.11 전등을 점검하고 보고하라.

.11.1 전등은 작동 가능하다.

.11.2 ...에 있는 전등은 작동이 안된다(아직)

.11.3 ...에 있는 전등은 ...분 안에 작동이 될 것이다.

.11.4 ...에 있는 전등을 켜라 / 꺼라.

.12 비상전원 공급장치를 점검하고 보고하라.

.12.1 비상전원 공급장치는 작동 가능하다.

.12.2 비상전원 공급장치는 작동이 안된다.(아직)

.12.3 비상전원 공급장치는 ...안에 작동이 될 것이다.

.13 소방원 장비를 점검하고 보고하라.

.13.1 모든 소방원 장비는 완벽하고 쓸 수 있다.

.13.2 소방원 장비는 완벽하지 않다.

.13.2.1 소방원 장비를 완벽하게 하라.

B2 / 3.2 Fire fighting and drills

.1 Reporting fire

.1 Fire on board!

.1.1 Smoke / fumes / fire / explosion
~ in engine room.
~ in no. … hold(s) / tank(s).
~ in superstructure / accommodation.
~ in … space.
~ on deck / … .

.1.2 Smoke / fumes from ventilator(s).

.1.3 Burnt smell / fumes in … / from… .

.2 Report injured persons / casualties:

.2.1 No person injured.

.2.2 Number of injured persons / casualties is: … .

.3 What is on fire?

.3.1 Fuel / cargo / car(s) / truck(s) / waggon(s) / containers(with dangerous goods) / … on fire.

.3.6 No information(yet).

.4 Is smoke toxic?

.4.1 No, smoke not toxic.

.4.2 Yes, smoke toxic

.5 Is fire under control?

.5.1 Yes, fire(in …) under control.

.5.2 No, fire(in …) not under control(yet).

.5.2.1 Fire spreading(to …).

.5.2.2 Fire(in …) not accessible.

.6 Report damage.

.6.1 No damage.

.6.2 Minor / major damage in … / to … .

.6.3 No power supply(in …).

.6.4 Making water in … .

.7 Pressure on fire mains!

B2 / 3.2 화재진압과 훈련

.1 화재보고

.1 배에 불이 났다!

.1.1 연기 / 연무 / 불 / 폭발이 났다.

~ 기관실에서.

~ no. ... hold(들) / 탱크(들)에서.

~ 선루 / 선실에서.

~ ... 공간안에서.

~ 갑판위 / ... 에서.

.1.2 환풍기로부터 연기 / 연무가 난다.

.1.3 ... 안에서 / ... 로부터 탄 냄새 / 연무가 난다.

.2 부상자들 / 사상자들을 보고하라.

.2.1 부상자는 없다.

.2.2 부상자들 / 사상자들의 숫자는 ... 이다.

.3 어떤 화재인가?

.3.1 연료 / 화물 / 자동차(들) / 트럭(들) / waggon(s) / 컨테이너들(위험한 물질이 있는) / ... 의 불이 났다.

.3.6 아무런 정보 없음(아직)

.4 연기에 유독성인가?

.4.1 아니다, 연기는 유독성이 아니다.

.4.2 그렇다, 유독성이 있다.

.5 불을 제어 중인가?

.5.1 그렇다 불(... 에 난)은 제어 중이다.

.5.2 아니다, 불(... 에 난)은 잡히지 않았다.(아직)

.5.2.1 불이 번지고 있다.(... 로)

.5.2.2 불(... 에 난)에 접근이 불가능하다.

.6 피해를 보고하라.

.6.1 피해가 없다.

.6.2 ... 안에 / ... 로 조금 / 많은 피해가 있다.

.6.3 (... 안에)전원 공급이 안된다.

.6.4 ... 안에 물을 뿌리다.

.7 Fire main에 압력을 가하라.

.8 Shut down main engine(s) / auxiliary engine(s) / … and report.

.8.1 Main engine(s) / auxiliary engine(s) / … shut down.

.9 Stop fuel and report.

.9.1 Fuel stopped.

.10 Close all openings(in … / in all rooms) and report.

.10.1 All openings(in … / in all rooms) closed.

.10.1.1 Openings in … not accessible.

.11 Switch off ventilator(s)(in …) and report.

.11.1 Ventilator(s)(in …) switched off.

.12 Turn bow / stern to windward.

.13 Turn port side / starboard side to windward.

.14 Alter course to … .

.2 Reporting readiness for action

.1 Stand by fire fighting team / rescue team / first aid team / support team and report.

.1.1 Fire fighting team / rescue team / first aid team / support team standing by.

.2 Stand by main engine and report.

.2.1 Main engine standing by.

.3 Stand by CO_2 station / … station / emergency generator.

.3.1 CO_2 station / … station / emergency generator standing by.

.4 Close all openings(in … / in all rooms) and report

.4.1 All openings(in … / in all rooms) closed.

.4.1.1 Openings in … not accessible.

.3 Orders for fire fighting

.1 Start fire fighting.

.1.1 Take one / two / … fire fighting teams / … team(s) to scene.

.2 Go following route:

.2.1 Go through engine room / no. … hold(s) / tank(s) / superstructure / accommodation / … space / manhole(s) to … space / funnel / … .

.2.2 Go from

~ outside / inside to … .

~ port side / starboard side to … .

~ … to … .

.8 주기관(들) / 보조기관(들) / …를 중지하고 보고하라.

.8.1 주기관(들) / 보조 기관(들) / …는 멈췄다.

.9 연료공급을 중지하고 보고하라.

.9.1 연료공급이 차단되었다.

.10 모든 출입문들(…안에 / 모든 방들의)을 닫고 보고하라.

.10.1 모든 출입문들(…안에 / 모든 방들의)을 닫았다.

.10.1.1 …안의 개구부 접근이 쉽지 않다.

.11 환풍기(들)(…안에)을 끄고 보고하라.

.11.1 환풍기(들)(…안에) 껐다.

.12 바람 부는 쪽으로 선수 / 선미를 틀어라.

.13 바람 부는 쪽으로 좌현으로 / 우현으로 틀어라.

.14 …쪽으로 코스를 바꿔라.

.2 행동을 위한 준비보고

.1 화재진압반 / 구조반 / 응급치료반 / 지원반은 준비하고 보고하라.

.1.1 화재진압반 / 구조반 / 응급치료반 / 지원반은 준비되었다.

.2 주기관을 준비시키고 보고하라.

.2.1 주기관은 준비되었다.

.3 CO_2 station / … station / 비상발전기를 준비하라.

.3.1 CO_2 staion / … station / 비상발전기가 준비되었다.

.4 모든 출입문들(…안에 / 모든 방들을) 닫고 보고하라.

.4.1 모든 출입문들(…안에 / 모든 방들을) 닫았다.

.4.1.1 …안에 있는 개구부로의 접근이 쉽지가 않다.

.3 화재진압 명령

.1 화재진압 시작

.1.1 일반 / 이반 / … 화재진압반들 / …팀(들)은 현장으로 가라.

.2 다음의 길을 따라가라.

.2.1 기관실 / no. … hold(들) / 탱크(들) / 선루 / 선실 / … 공간 / … 공간의 대피소(들) / 좁은 통로 / …를 경유하여 가라.

.2.2 ~로부터 가라

~ 바깥으로 / …안으로.

~ …의 좌현 / 우현으로.

~ …의 …로.

.3 Take following(additional) safety measures and report.

.3.1 Have two / ... members in one team.

.3.1.1 Number of members in fire fighting team / ... team is: ... .

.3.2 Have lifeline between each other / to outside.

.3.2.1 ... team members have lifelines to each other.

.3.2.2 ... team has lifelines to outside.

.3.3 Have rescue team on stand by.

.3.4 Maintain visual contact / radio contact on walkie-talkie.

.4 Fire fighting team must have following outfit:

.4.1 Fire fighting team must have protective clothing / smoke helmets / breathing apparatus / ... .

.5 Manning of fire fighting team / ... team(s) as follows:

.5.1 Chief Officer / Chief Engineer / ... in command of fire fighting team /... team(no. ...).

.5.2 Following officer(s) / crew member(s) in fire fighting team / ... team: ...

.6 Restrict action(in ... / on ...) to ... minutes.

.6.1 Agree on retreat signal and report.

.6.1.1 Retreat signal for fire fighting team / ... team ... is ... .

.7 Use water / foam / powder / CO_2 / sand / ... in ... .

.8 Run out fire hoses and report.

.8.1 Fire hoses run out.

.9 Water on!

.9.1 Water is on.

.10 Cool down ... with water and report.

.10.1 ... cooled down.

.4 Cancellation of Alarm

.1 Is the fire extinguished?

.1.1 Yes, fire(in ...) extinguished.

.1.2 No, fire(in ...) not extinguished(yet).

.1.3 Fire restricted to ... space / area

.2 Post a fire watch and report.

.2.1 Fire watch posted(in ...space / area).

.3 Fire extinguishing systems / means remain on stand-by.

.4 Fire fighting team / ... team remain on stand-by.

.3 (부가적인)안전 조치들을 취하고 보고하라.

.3.1 한 팀의 멤버는 둘 / ... 이다.

.3.1.1 화재진압반 / ... 팀 멤버의 숫자는 ... 이다.

.3.2 서로 / 밖으로 생명줄을 묶어라.

.3.2.1 ... 팀 멤버들은 서로 생명줄을 묶었다.

.3.2.2 ... 팀은 밖으로 생명줄들을 묶었다.

.3.3 구조반을 준비하라.

.3.4 시각적 통신 / 워키토키로 무선 연락을 유지하라.

.4 화재진압반은 다음 장비를 가지고 있어야 한다.

.4.1 화재진압반은 방화복 / 소방모 / 호흡장비 / ... 을 가지고 있어야 한다.

.5 화재진압반 / ... 팀의 배치는 다음과 같다.

.5.1 화재진압반 / ... 팀(no. ...) 지휘는 일항사 / 일기사 / ... 이다.

.5.2 다음의 사관(들) / 선원(들)이 화재진압반 / ... 팀에 멤버이다.

.6 ... 분 으로(... 안 / ... 정각) 행동을 제한한다.

.6.1 후퇴신호에 동의하고 보고하라.

.6.1.1 화재진압반 / ... 팀을 위한 후퇴신호는 ... 이다.

.7 물 / 폼 / 분말 / CO_2 / 모래 / ... 안의 ... 를 사용하라.

.8 소방 호스를 신출하고 보고하라.

.8.1 소방 호스들을 신출했다.

.9 물 틀어라.

.9.1 물 틀었다.

.10 물로 ... 의 온도를 낮추고 보고하라.

.10.1 ... 는 온도가 내려갔다.

.4 경보의 취소

.1 불은 꺼졌는가?

.1.1 그렇다, (... 안의) 불은 꺼졌다.

.1.2 아니다, (... 안의) 불은 꺼지지 않았다.(아직)

.1.3 ... 공간 / 지역에 화재가 제한되어 있다.

.2 화재감시를 세우고 보고하라.

.2.1 화재감시를 세웠다.(... 공간 / 지역 안에)

.3 소방장치 시스템들 / 수단(방법)들이 대기 중이다.

.4 화재진압팀 / ... 팀은 대기 중이다.

.5 Rope-off the fire area and report.

.5.1 Fire area roped-off.

.6 Check the fire area every ... minutes / hour(s) for re-ignition and report.

.6.1 Fire area checked, no re-ignition.

.6.2 Fire area checked, re-ignition in ... space / area.

.6.2.1 Re-ignition extinguished.

.7 The fire Alarm is cancelled(with following restrictions: ... .)

B2 / 4 Damage Control

Also see B2 / 1 "General Activities".

B2 / 4.1 Checking equipment status and drills

.1 Check the openings in all spaces / in ... and report

.1.1 All openings in ... are closed.

.1.2 Openings in ... are not closed(yet).

.1.3 Openings in ... are not accessible.

.2 Check the watertight door control and report

.2.1 Watertight door control

~ is operational.

~ (in ...) is not operational(yet).

~ (in ...) will be operational in ... minutes.

.2.2 Watertight door(s)(in ...) is / are not accessible.

.3 Check the pumps / emergency generator and report

.3.1(Bilge) pump(s) in ... / emergency generator

~ is / are operational.

~ is / are not operational(yet).

~ will be operational in ... minutes.

.4 Check the power supply and report

.4.1 Power(in / at ...)

~ is available.

~ is not available(yet).

~ will be available in ... minutes.

.5 Check the damage control equipment and report.

.5.1 All damage control equipment is complete and available.

.5.2 Damage control equipment is not complete.

.5 화재지역을 통제하고 보고하라.

.5.1 화재지역을 통제했다.

.6 매…분 / 시간마다 화재구역을 다시 불이 붙는가 점검하고 보고하라.

.6.1 불이 난 곳은 더 이상 재점화는 없다.

.6.2 … 공간 / 지역의 불이 다시 점화되었다.

.6.2.1 다시 점화된 곳은 꺼졌다.

.7 화재경보는 취소되었다.(다음의 제한된 …에 따라)

B2 / 4 손상제어

또한 B2 / 1 "일반적인 행동들"도 참조하라.

B2 / 4.1 장비상태의 점검과 훈련

.1 모든 구역들 / …안의 개구부를 점검하고 보고하라.

.1.1 …안의 개구부는 닫혀 있다.

.1.2 …안의 개구부들은 열려져 있다.(아직)

.1.3 …안의 개구부들은 접근할 수 없다.

.2 수밀문 조정을 체크하고 보고하라.

.2.1 수밀문 조종은

~ 작동 가능하다.

~ (…안의) 작동이 안된다.(아직)

~ (…안의) …분 안에 작동이 될 것이다.

.2.2 (…안의) 수밀문(들)은 접근할 수 없다.

.3 펌프들 / 비상발전기를 점검하고 보고하라.

.3.1 …안의 (빌지) 펌프(들) / 비상발전기는

~ 작동 가능하다.

~ 작동이 되지 않는다(아직).

~ …분 안에 작동이 될 것이다.

.4 전원공급을 점검하고 보고하라.

.4.1 전원은(…안 / …에)

~ 이용 가능하다.

~ 이용하지 못한다.(아직)

~ …분 안에 이용이 가능할 것이다.

.5 손상제어 장비를 점검하고 보고하라.

.5.1 모든 손상제어 장비는 완벽하고 이용 가능하다.

.5.2 손상제어 장비는 완벽하지 않다.

.5.2.1 Complete the damage control equipment.

B2 / 4.2 Damage control activities

.1 Reporting flooding

.1 We have collided(with ...) .

.2 We have flooding in ... .

.3 Is flooding under control ?

.3.1 Yes, flooding under control.

.3.2 No, flooding(in ...) not under control(yet).

.4 Is danger imminent ?

.4.1 No, danger not imminent.

.4.2 Yes, danger of(total) blackout(in ...).

.4.3 Yes, danger of heavy listing / capsizing / sinking / ... .

.2 Reporting readiness for action

.1 Muster damage control team and report.

.1.1 Damage control team complete and mustered.

.2 Is damage control material available?

.2.1 Yes, damage control material available.

.2.2 No, damage control material not available(yet).

.2.3 Damage control material will be available in ... minutes.

.3 Stand by engine room / ... station and report.

.3.1 Engine room / ... station standing by.

.3.2 Engine room / ... station flooded.

.3.3 Engine room / ... station will be standing by in ... minutes.

.3 Orders for damage control

.1 Close all openings / outlets / valves(in ...) and report.

.1.1 All openings / outlets / valves(in ...) closed.

.1.2 Openings / outlets / valves in ... not accessible / not operational.

.2 Switch on / off power(at / on / in) and report.

.2.1 Power(at / on / in ...) switched on / off.

.2.2 Power supply(at / on / in ...) not operational.

.3 Close watertight door(s)(in ...)(by hand) and report.

.3.1 Watertight door(s)(in ...) closed.

.5.2.1 손상제어 장비를 완벽하게 하라.

B2 / 4.2 손상제어 행동

.1 침수 보고

.1 본선은 충돌했다.(...와)

.2 본선은 ...에 침수되었다.

.3 침수는 제어할 수 있는가?

.3.1 그렇다, 침수를 제어할 수 있다.

.3.2 아니다, 침수(...안의)는 제어할 수 없다.(아직)

.4 급박한 위험인가?

.4.1 아니다, 급박한 위험은 아니다.

.4.2 그렇다,(...안의) 정전의 위험이 있다.

.4.3 그렇다, 심한 경사 / 전복 / 침몰 / ...의 위험이 있다.

.2 행동준비의 보고

.1 손상제어반을 소집하고 보고하라.

.1.1 손상제어반은 완벽하고 소집되었다.

.2 손상제어 도구는 이용가능한가?

.2.1 그렇다, 손상제어 도구는 이용 가능하다.

.2.2 아니다, 손상제어 도구는 애용할 수 없다.(아직)

.2.3 손상제어 도구는 ...분 안에 이용 가능할 것이다.

.3 기관실 / ...스테이션은 준비하고 보고하라.

.3.1 기관실 / ... 스테이션은 준비되었다.

.3.2 기관실 / ... 스테이션은 침수되었다.

.3.3 기관실 / ... 스테이션은 ...분 안에 준비될 것이다.

.3 손상제어 대한 명령

.1 모든(...안의)통로들 / 배출구들 / 밸브들을 닫고 보고하라.

.1.1 모든 통로들 / 배출구들 / 밸브들(...안의)은 닫았다.

.1.2 ...안의 통로들 / 배출구들 / 밸브들은 접근할 수 없다 / 작동이 되지 않는다.

.2 (...에 / ...위에 / ...안에) 전원을 켜고 / 끄고 보고하라.

.2.1 (...에 / ...위에 / ...안에) 전원은 켜졌다 / 꺼졌다.

.2.2 (...에 / ...위에 / ...안에) 전원공급은 작동이 되지 않는다.

.3 (...안의) 수밀문(들)을(수동으로) 닫고 보고하라.

.3.1 (...안의) 수밀문(들)이 닫혔다.

.3.2 Watertight door(s)(in ...) not accessible / not operational.

.4 Switch on(bilge) pump(s)(in ...)and report.

.4.1(Bilge) pump(s)(in ...) switched on.

.4.2(Bilge) pump(s)(in ...) not operational.

.5 Switch over(bilge) pump(s) from ... to ... .

.5.1(Bilge) pump(s) switched over.

.5.2 Switching over(bilge) pump(s) not possible.

.6 Start damage control.

.6.1 Take one / two / ... damage control team(s) to scene.

.7 Go following route: ... .

.7.1 Go through engine room / no. ... hold(s) / tank(s) / superstructure / manhole / ... space / ... deck / ... .

.8 Go from

~ outside / inside to ... .

~ port side / starboard side to ... .

~ ... to ... .

.9 Take following(additional) safety measures and report.

.9.1 Have two / ... members in one damage control team.

.9.2 Have lifeline to each other / to outside.

.9.3 Have rescue team on stand by and report.

.9.3.1 Rescue team standing by.

.9.4 Maintain visual contact / radio contact on walkie-talkie.

.10 Damage control team must have following outfit(s).

.10.1 Damage control team must have

~ protective clothing

~ safety helmets.

~ lifejackets.

~ diving equipment / ... .

.11 Manning of damage control team as follows: ... .

.11.1 Chief Officer / Chief Engineer / ... in command of damage control team(no. ...) ...

.11.2 Following officer(s) / crew member(s) in damage control team(no. ...):.. .

.12 Restrict action(in ...) to ... minutes.

.12.1 Agree on retreat signal and report.

.12.1.1 Retreat signal ... .

.3.2 (... 안의) 수밀문(들)은 접근할 수 없다 / 작동이 되지 않는다.

.4 (... 안의) (빌지) 펌프(들)을 작동시키고 보고하라.

.4.1 (...안의) (빌지) 펌프(들)은 작동이 되었다.

.4.2 (...안의) (빌지) 펌프(들)은 작동이 되지 않는다.

.5 (빌지) 펌프(들)을 ...에서 ...로 바꿔라.

.5.1 (빌지) 펌프(들)을 바꿨다.

.5.2 (빌지) 펌프(들)을 바꾸는 것이 가능하지 않다.

.6 손상제어를 시작하라.

.6.1 1 / 2 / ... 손상제어반은 현장으로 가라.

.7 ... 다음의 길을 따라가라.

.7.1 기관실 / no. ... hold(들) / 탱크(들) / 선루 / manhole / ...스페이스 / ...갑판 / ...를 경유하여 가라.

.8 ~로부터 가라.

~ 바깥으로 / ...안으로.

~ 좌현 / 우현쪽 ...으로.

~ ...의 ...으로.

.9 (부차적인) 다음의 안전조치들을 취하고 보고하라.

.9.1 한 손상제어반은 2 / ... 구성이다.

.9.2 서로 / 바깥으로 생명줄을 묶어라.

.9.3 구조반은 대기하고 보고하라.

.9.3.1 구조반은 대기 중이다.

.9.4 시각통신 / 워키토키로 무선 연락을 유지하라.

.10 손상제어반은 다음의 장비(들)를 갖추어야 한다.

.10.1 손상제어반은 갖추어야 한다.

~ 방화복.

~ 안전모.

~ 구명자켓.

~ 잠수 장비 / ... .

.11 손상제어반 구성은 다음과 같다. ...

.11.1 손상제어반의(no. ...) 지휘는 일항사 / 기관장 ...이다.

.11.2 다음의 사관(들) / 선원(들)이 손상제어반(no. ...) 멤버이다.

.12 ...분 안에(...에)조치를 제한한다.

.12.1 후퇴신호에 동의하고 보고하라.

.12.1.1 후퇴신호는 ...

.13 Stop flooding from inside / outside(... space / area) and report.

.13.1 Flooding stopped

.13.2 Stopping flooding from inside / outside not possible.

.4 Cancellation of Alarm

.1 Has flooding stopped ?

.1.1 Yes, flooding(in ...) has stopped.

.1.2 No, flooding(in ...) has not(completely) stopped(yet).

.2 Is flooding under control ?

.2.1 Yes, flooding(in ...) under control.

.2.2 Flooding(in ...) below / above capacity of(bilge) pump(s).

.2.3 Flooding restricted to ... space / area.

.3 Post damage control watch and report.

.3.1 Damage control watch posted(in ...).

.4 How much water is in the vessel ?

.4.1 Quantity of water(in ...) about ... tonnes.

.4.2 Quantity of water(in ...) not dangerous.

.5 (Bilge) pump(s) remain on stand by.

.6 Engine room remains on stand by.

.7 Additional emergency generator remains on stand by.

.8 Damage control team remains on stand by.

.9 Rope - off flooded area.

.10 Check leak every ... minutes / hour(s) and report.

.10.1 Leak checked - no flooding.

.10.2 Leak checked - minor / major flooding(in ...).

.10.2.1 Flooding has stopped.

.11 The Alarm is cancelled(with following restrictions: ...).

B2 / 5 Grounding

Also see B2 / 1 "General Activities"

B2 / 5.1 Reporting grounding and ordering actions

.1 We are aground.

.2 Stop engine(s).

.3 Close watertight doors and report.

.3.1 Watertight doors closed.

.13 안으로/밖으로부터(... 스페이스/지역에) 침수를 막고 보고하라.

.13.1 침수는 멈췄다.

.13.2 안으로/밖으로부터 침수를 멈추게 할 수 없다.

.4 경보의 해제

.1 침수가 멈췄는가?

.1.1 그렇다, (...안의)침수는 멈췄다.

.1.2 아니다, (...안의)침수는 (완벽하게) 멈추지 않았다(아직).

.2 침수는 통제할 수 있나?

.2.1 그렇다, (...안의)침수는 통제 가능하다.

.2.2 (...안의)침수는(빌지) 펌프(들)의 용량 이하/이상이다.

.2.3 침수는 ... 구역/구역으로 제한되었다.

.3 손상제어 당직을 세우고 보고하라.

.3.1 (...안에)손상제어 당직을 세웠다.

.4 배에 물이 얼마나 있는가?

.4.1 (...안에) 물이 약 ...톤 있다.

.4.2 (...안에) 물의 양은 위험하지 않다.

.5 (빌지) 펌프(들)는 준비된 상태로 유지한다.

.6 기관실은 준비된 상태로 유지한다.

.7 추가의 비상발전기도 준비된 상태로 유지한다.

.8 손상제어반은 준비된 상태로 유지한다.

.9 침수구역을 통제하라.

.10 매...분/시간마다 누수되는 곳을 체크하고 보고하라.

.10.1 누수되는 곳을 체크했다 - 침수는 없다.

.10.2 누수되는 곳을 체크했다 - (...에)조금/많이 침수되고 있다.

.10.2.1 침수는 멈췄다.

.11 경보는 해제되었다.(다음의 제한으로 : ...)

B2/5 좌 초

또한 B2/1 "일반적인 활동"을 참조하라.

B2/5.1 좌초의 보고와 행동명령

.1 본선은 좌초되었다.

.2 엔진(들)을 멈춰라.

.3 수밀문들을 닫고 보고하라.

.3.1 수밀문은 닫혔다.

.4 Is vessel(still) making way ?

.4.1 Yes, vessel making way ahead / astern.

.4.2 No, vessel not making way.

.5 Give "vessel aground" signals.

.6 Inform engine room.

.7 What part is aground ?

.7.1 Vessel aground forward / amidships / aft / full length.

.8 Stand by forward station and aft station and report.

.8.1 Forward station / aft station standing by.

.9 Stand by port anchor / starboard anchor.

.10 What is position ?

.10.1 Position ... .

B2 / 5.2 Reporting damage

.1 Report damage.

.1.1 No damage.

.1.2 Crack(s) in plating / no. ... double bottom / no. ... hold(s) / tank(s) / main / auxiliary engine(s) foundation / ... .

.1.3 Deformation(s) / indentation(s) to plating / to ... .

.1.4 Deformation(s) / indentation(s) to ... .

.2 Check flooding and report.

.2.1 No flooding.

.2.2 Flooding in ... .

.3 Is danger imminent ?

.3.1 No, danger not imminent.

.3.2 Yes, danger of

~ heavy listing(to port / starboard)

~ decreasing stability.

~ damage by sea.

~ breaking apart.

~ environmental pollution.

~ ... .

.4 What is nature of sea bottom ?

.4.1 Sea bottom rocky.

.4 배는(여전히) 타력이 있는가?

.4.1 그렇다, 배는 전진 / 후진 타력이 있다.

.4.2 아니다, 배는 타력이 없다.

.5 좌초 신호를 보내라.

.6 기관실에 알려라.

.7 좌초된 부분이 어디인가?

.7.1 배가 선수 / 중간 / 선미 / 전체가 좌초되었다.

.8 선수 부서와 선미 부서는 준비하고 보고하라.

.8.1 선수 부서 / 선미 부서는 준비되었다.

.9 좌현 앵커 / 우현 앵커를 준비하라.

.10 위치가 어디인가?

.10.1 위치는 …

B2 / 5.2 손상보고

.1 손상을 보고하라.

.1.1 손상이 없다.

.1.2 Plating에 금 / no. …doublebottom / no. …hold(들) / 탱크(들) / 주 / 보조 기관(들) foudation / …

.1.3 Plating에 / …에 변형(들) / 움푹 들어감.

.1.4 …에 변형(들) / 움푹 들어감

.2 침수를 체크하고 보고하라.

.2.1 침수는 없다.

.2.2 …에 침수 중이다.

.3 급박한 위험인가?

.3.1 아니다, 위험이 급박하지 않다.

.3.2 그렇다, 위험이 있다.

~ 심한 경사(좌현으로 / 우현으로)

~ 복원성 감소.

~ 해수에 의한 피해.

~ 산산조각 부서짐.

~ 환경오염.

~ … .

.4 저질은 무엇인가?

.4.1 저질은 바위로 되어 있다.

.4.2 Sea bottom soft.

.5 What is state of tide ?

.5.1 No tide.

.5.2 Tide ... metres / rising / falling / turning at ... UTC / within ... hours.

.6 What is wind force and direction ?

.6.1 Wind force Beaufort... from ...(cardinals points) .

.6.1.1 Wind expected to decrease / increase(within the next ... hours).

.6.1.2 Wind expected to back / veer(within the next ... hours).

.6.1 No change expected(within the next ... hours).

.7 What is sea state ?

.7.1 Sea smooth / moderate / rough / high / swell slight / moderate / heavy... metres from ...(cardinal points) .

.7.2 Sea smooth / moderate / rough / high / swell slight / moderate / heavy ... expected to decrease / increase(within the next ... hours).

.7.3 No change expected(within the next ... hours).

.8 What is draft ?

.8.1 Draft ... metres(port side / starboard side) forward / aft / amidships.

.9 What is depth of water ?

.9.1 Greatest depth ... metres(port side / starboard side) forward / aft / amidships.

B2 / 5.3 Orders for refloating

.1 Are(bilge) pumps operational ?

.1.1 Yes,(bilge) pumps operational.

.1.2 No,(bilge) pumps not operational(yet).

.1.3 (Bilge) pumps will be operational in ... minutes.

.2 Is damage control material available ?

.2.1 Yes, damage control material available.

.2.2 No, damage control material not available(yet).

.2.3 Damage control material will be available in ... minutes.

.3 Stand by engine room and report.

.3.1 Engine room standing by.

.4 Stand by all anchors for letting go.

.4.2 저질은 부드럽다.

.5 조류의 상태는 어떤가?

.5.1 조석이 없다.

.5.2 조석이 ... metress / 올라간다 / 낮아진다 / ... 시에 바뀐다 / ... 시간동안

.6 바람의 영향과 방향은?

.6.1 바람의 세기는 ... 에서(기본 방위) Beaufort ... 이다.

.6.1.1 바람은 감소 / 증가(다음 ... 시간 동안) 할 것으로 예상된다.

.6.1.2 바람은 역전 / 순전할 것으로 예상된다.(다음 ... 시간동안)

.6.1 바람은 변할 것으로 예상하지 않는다.(다음... 시간동안)

.7 바다의 상태는 어떠한가?

.7.1 바다는 평온한 / 온화한 / 거친 / 높은 / 강한 파도 / moderate / ... 로부터 강한... 미터의 파도(우점 / 방점)

.7.2 평온 / 온화한 / 거친 / 높은 / 강한 파도 / moderate / 강한... 바다는 감소 / 증가할 것으로 예상된다.(다음 ... 시간에)

.7.3 변할 것으로 예상하지 않았다.(다음... 시간에)

.8 흘수는 얼마인가?

.8.1 흘수는 선수 / 선미 / 중앙(좌현 / 우현) ... metres이다.

.9 수심은 얼마인가?

.9.1 가장 깊은 곳이 선수 / 선미 / 중앙(좌현 / 우현)는 ... metres이다.

B2 / 5.3 재부상을 위한 지시

.1 (빌지) 펌프들이 작동이 되는가?

.1.1 그렇다, (빌지) 펌프들이 작동이 되고 있다.

.1.2 아니다, (빌지) 펌프들은 작동이 안된다.(아직)

.1.3 (빌지) 펌프들은 ... 분 안에 작동이 될 것이다.

.2 손상제어 도구는 이용 가능한가?

.2.1 그렇다, 손상제어 도구는 이용 가능하다.

.2.2 아니다, 손상제어 도구는 이용 가능하지 않다.(아직)

.2.3 손상제어 도구는 ... 분 안에 이용이 가능할 것이다.

.3 기관실은 준비하고 보고하라.

.3.1 기관실은 준비가 되었다.

.4 모든 앵커들을 투묘 준비하라.

.5 Report distribution of cargo.
 .5.1 No. ... hold(s) / tank(s) ... tonnes(of ... cargo).
 .5.2 Deck cargo foreward / aft / amidships ... tonnes(of ...).
 .5.3 Forepeak / afterpeak ... tonnes.
 .5.4 No. ... double bottom tank(s) ... tonnes(of ballast / ...).
.6 Transfer cargo from no. ... hold(s) / tank(s) to no. ...hold(s) / tank(s) and report.
 .6.1 Cargo from no. ... hold(s) / tank(s) transferred to no. ... hold(s) / tank(s).
.7 Transfer deck cargo from ... to ... and report.
 .7.1 Deck cargo from ... transferred to ... .
.8 Pump out forepeak / afterpeak and report.
 .8.1 Forepeak / afterpeak pumped out.
.9 Transfer ballast / ... from no. ... double bottom tank(s) to no. ... double bottom tank(s) and report.
 .9.1 Ballast / ... from no. ... double bottom tanks transferred to no. ... double bottom tank(s).
.10 Fill forepeak / afterpeak.
.11 Jettison cargo from ... and report.
 .11.1 Cargo from ... jettisoned .
.12 Engine(s) full / ... astern / ahead.
.13 Has vessel refloated?
 .13.1 Yes, vessel refloated.
 .13.2 No, vessel not refloated(yet).

B2 / 5.4 Checking seaworthiness

.1 Request a(diving) survey.
.2 Report the result of the(diving) survey.
 .2.1 No damage.
 .2.2 Following damage to the plating:
  .2.2.1 Crack(s) in area of ... .
  .2.2.2 Deformation(s) / indentation(s) in area of ... .
 .2.3 Following damage to the engine(s) / pipe(s):
  .2.3.1 Crack(s) in the main engine(s) / auxiliary engine(s) foundation.
  .2.3.2 Deformations / fracture(s) to the pipe(s) in / out ... .

.5 화물의 분포를 보고하라.

.5.1 No. ... hold(들) / 탱크(들)에(...화물이) ...톤이 있다.

.5.2 선수 / 선미 / 중앙에 갑판화물(...의) ...톤이 있다.

.5.3 Forepeak / afterpeak에 ...톤이 있다.

.5.4 No. ... double bottom tank(들)에 ...톤이 있다.(밸러스트가 / ...이)

.6 No. ... hold(들) / 탱크(들)에서 no. ... hold(들) / 탱크(들)로 화물을 이송하고 보고하라.

.6.1 화물을 no. ... hold(들) / 탱크(들)에서 no. ... hold(들) / 탱크(들)로 이송하였다.

.7 갑판 화물을 ...로부터 ...로 옮기고 보고하라.

.7.1 갑판 화물을 ...에서 ...로 옮겼다.

.8 Forepeak / afterpeak에서 배출하고 보고하라.

.8.1 Forepeak / afterpeak에서 배출하였다.

.9 밸러스트 / ...를 no. ... double bottom tank(들)에서 no. ... double bottom tank(들)로 이송하라.

.9.1 밸러스트 / ...를 no. ...double bottom tank(들)에서 no. ... double bottom tank(들)로 이송하였다.

.10 Forepeak / afterpeak.를 채워라.

.11 ...로부터 화물을 버리고 보고하라.

.11.1 ...로부터 화물을 버렸다.

.12 엔진(들)을 full / ... astern / ahead하라.

.13 배를 다시 부상했는가?

.13.1 그렇다, 배가 다시 부상되었다.

.13.2 아니다, 배가 다시 부상되지 않았다.(아직)

B2 / 5.4 감항성 점검

.1 (잠수) 검사를 요청하라.

.2 (잠수) 검사의 결과를 보고하라.

.2.1 손상이 없다.

.2.2 Plating쪽으로 다음과 같은 손상이 있다.

.2.2.1 ...의 구역에 금(들)이 갔다.

.2.2.2 ... 구역에 변형(들) / 움푹 들어간 곳이 있다.

.2.3 다음의 손상은 엔진(들) / 파이프(들)에 있다.

.2.3.1 주기관(들) / 보조기관(들)의 foundation에 금(들)이 있다.

.2.3.2 ...안 / ...밖의 파이프(들)에 변형들 / 파열이 있다.

.2.3.3 Fractures / bending of the bolt(s) of ...

.2.4 Following damage to the underwater hull:
(also see: .1.2.2)

.2.4.1 Deformation(s) / indentation(s) to the sea water inlet(s) / outlet(s).

.2.4.2 Deformation(s) / indentation(s) to the stem / bulb.

.2.4.3 Deformation(s) to the propeller(s).

.2.4.4(Port / starboard) propeller(s) missing.

.2.4.5 Deformation to the rudder / to ... .

.2.5 Dry - docking is recommended / necessary.

.3 Is the vessel seaworthy ?

.3.1 Yes, the vessel is seaworthy.

.3.2 No, the vessel is not seaworthy(yet).

.3.2.1 The vessel must be repaired and re-inspected.

.3.3 Request ... tug(s).

B2 / 6 Search and Rescue On-board Activities

For details also see IAMSAR-Manual, London / Montreal, 1998.

B2 / 6.1 Checking equipment status

.1 Check the lifebuoys and report.

.1.1 All lifebuoys are complete.

.1.2 Lifebuoy(s) at ... is / are damaged / missing.

.1.2.1 Replace the damaged / missing lifebuoy(s).

.2 When was the last man overboard drill ?

.2.1 Last man overboard drill was on ...(date) .

.3 Prepare a plan for man overboard drill.

.3.1 Prepare a plan for

~ an announced / not announced drill.

~ a daytime / nighttime drill.

~ a muster(at all stations).

~ a recovering manoeuvre(with dummy / buoy).

.4 Have a drill / manoeuvre / muster on ...(date)

.2.3.3 ...의 볼트(들)의 파손이 있다. / 구부러졌다.

.2.4 다음은 수선 하부의 손상을 다음과 같다.
(또한, 1.2.2를 참조하라)

.2.4.1 해수유입구 / 출구가 변형 / 움푹 들어갔다.

.2.4.2 선수재 / 구형 선수에 변형 / 움푹 들어갔다.

.2.4.3 프로펠러(들)가 변형되었다.

.2.4.4 (좌현 / 우현) 프로펠러(들)가 없다.

.2.4.5 타가 / ...이 변형되었다.

.2.5 Dry-docking를 추천한다. / 필요하다.

.3 배는 감항성이 있는가?

.3.1 그렇다, 배가 감항성이 있다.

.3.2 아니다, 배가 감항성이 없다.(아직)

.3.2.1 그 배는 수리되어야 하고 다시 검사를 해야 한다.

.3.3 ... 예인선(들)을 요청하라.

B2 / 6 선상에서의 수색과 구조활동

또한 좀더 상세한 것은 IAMSAR-Manual, London / Montreal, 1998을 참조하라.

B2 / 6.1 장비의 상태를 확인

.1 구명부표를 점검하고 보고하라.

.1.1 모든 구명부표들은 완벽하다.

.1.2 ...에 구명부표는 / 손상되었다 / 분실되었다.

.1.2.1 손상된 / 분실한 구명부표를 교체하라.

.2 익수자 훈련을 마지막으로 한 것이 언제인가?

.2.1 마지막 익수자 훈련은 ...이다(요일).

.3 익수자 훈련 계획을 준비하라.

.3.1 ~을 위한 계획을 준비하라.

~ 공지된 / 공지하지 못한 훈련.

~ 낮 / 밤 훈련.

~ 소집(모든 구역에서).

~ 원침로 조종(모형 / 부대와).

.4 ...에 훈련 / 조선 / 소집을 하다.

B2 / 6.2 Person-overboard activities

.1 Man overboard(on port side / starboard side / astern)!

.2 Drop lifebuoy(s).

.2.1 Sound "man overboard" Alarm.

.3 Hoist flag signal "Oscar".

.4 Hard-a-port / hard-a-starboard the wheel.

.5 Is person in water / lifebuoy located ?

.5.1 Yes, person in water / lifebuoy located.

.5.2 Report direction and distance of person in water / lifebuoy.

.5.2.1 Direction at ... points port side / starboard side / ... degrees, distance ... metres.

.5.2.2 Maintain visual contact to person in water / lifebuoy.

.5.3 No, person in water / lifebuoy not located(yet).

.5.3.1 Look out for person in water / lifebuoy and report.

.5.4 Passenger / crew member missing(for ... hours / since ... UTC) - search in vessel negative.

.5.4.1 Stop engine(s).

.5.4.2 Transmit Alarm signal - PAN-PAN / distress alert - MAYDAY to radio coast station / Maritime Rescue Co-ordination Centre / vessels in vicinity and report.

.5.4.3 Alarm signal - PAN-PAN / distress alert - MAYDAY transmitted / acknowledged by ... / not acknowledged(yet).

.6 Return manoeuvre ! Port / starboard, steer... degrees.

.7 Report position.

.7.1 Position ... .

.8 Report traffic situation.

.8.1 No vessel in vicinity.

.8.2 Following vessel(s) in vicinity ... .

.9 Report weather situation.

.9.1 Sea smooth / moderate / rough / high - swell slight / moderate / heavy from ...(cardinal points).

.9.2 Winds force Beaufort... from ...(cardinal points).

.9.3 Visibility good / moderate / poor.

.9.4 Current ... knots to ...(cardinal points).

B2 / 6.2 익수자 조치

.1 익수자 발생(좌현쪽 / 우현쪽 / 선수쪽에)!

.2 구명부환(들)을 던져라.

.2.1 "익수자"라는 경보를 울려라.

.3 "Oscar" 깃발 신호를 올려라.

.4 왼쪽 / 오른쪽으로 최대 선회하라.

.5 수중에 / 구명부환을 확인했는가?

.5.1 예, 사람이 수중에 / 구명부환에 있습니다.

.5.2 수중 / 구명부환에 있는 사람의 거리와 방향을 보고하라.

.5.2.1 좌현측 / 우현측 ...지점에 ... 정도의 방향에, ...미터 거리에 있다.

.5.2.2 수중에 / 구명부환에 있는 사람의 시각적 연락을 유지하라.

.5.3 아니오, 수중에 / 구명부환에 사람이 있지 않습니다.(아직)

.5.3.1 수중 / 구명부환에 사람이 있는지 관찰하고 보고하라.

.5.4 승객 / 승무원이(...시간 동안 / ... UTC 이후로) 선박에서 실종이다.

- 선박에서의 수색은 부정적이다.

.5.4.1 엔진을(들을) 멈춰라.

.5.4.2 긴급신호 / 조난신호를 근접한 선박 / 해안무선국 / 해사구조본부에 송신하고 보고하라.

.5.4.3 긴급신호 / 조난신호를 ...으로부터 인지했다 / ...으로부터 인지받지 못했다. (아직)

.6 다시 조선 ! 좌 / 우현 ...정도로 조선하라.

.7 위치보고.

.7.1 ...에 위치.

.8 통항 상황보고.

.8.1 근처에 선박이 없다.

.8.2 ... 근처에 선박(들)이 따라오고 있다.

.9 날씨 상황 보고하라.

.9.1 ...에서부터 바다가 부드럽다 / 온난하다 / 거칠다 / 파도가 높다 - 파도가 잔잔하다 / 온난하다 / 악천후이다.(우점 / 방점))

.9.2 ...에서부터 Beaufort 세기가 ...이다(우점 / 방점).

.9.3 시정이 좋다 / 보통이다 / 나쁘다.

.9.4 조류가 ...로 ...노트이다.(우점 / 방점)

.10 Have man overboard stations / lookouts at ... manned and report.

.10.1 Man overboard stations / lookouts at ... manned.

.11 Stand by for recovering from shipboard and report.

.11.1 Standing by for recovering from shipboard.

.12 Stand by boat / motor lifeboat no. ... for letting go and report.

.12.1 Rescue boat / motor lifeboat no. ... standing by for letting go

.13 Let go rescue boat / motor lifeboat.

.14 Use VHF Channel ... / frequency ... for communication

.14.1 Use light signals / flag signals / whistle for communication.

15. 영문

.15.1 Retreat signal ... .

.16 Stand by one / two crew member(s) for rescue in water and report.

.16.1 One / two crew member(s) standing by for rescue in water

.17 Person overboard rescued / recovered

.18 Stand by boat / rescue litter / rescue net / rescue basket / rescue sling and report.

.18.1 Boat / rescue litter / rescue net / rescue basket / rescue sling standing by.

.19 Hoist person and report.

.20 Report condition of survivor.

.20.1 Survivor

~ is in good / bad condition.

~ has hypothermia.

~ is injured.

~ is suffering a shock.

.20.2 Person is dead.

B2 / 6.3 Rescue operation - reporting readiness for assistance

Also see AI / 1.2 "Search and rescue communications"

.1 Received an Alarm signal / EPIRB transmission / PAN-PAN / distress alert - MAYDAY at ... UTC on ...(VHF Channel / frequency).

.2 Observed the following distress signal in ... degrees.

.3 Report the distress position.

.3.1 Distress position ... .

.10 익수자 부서 배치 / ...에서 경계를 세우고 보고하라.

.10.1 익수자 부서 배치 / ...에서 경계를 세워라.

.11 현측으로부터 끌어올릴 준비를 하고 보고하라.

.11.1 현측으로부터 끌어올릴 준비가 되었다.

.12 구조하러 가기 위하여 no...의 보트 / 모터 구명보트를 준비하고 보고하라.

.12.1 구조하러 가기 위한 no... 구조정 / 모터 구명보트를 준비하였다.

.13 구조정 / 모터 구명정을 내려라.

.14 교신을 위하여 VHF 채널 ... / 주파수 ...을 사용하라.

.14.1 교신을 위하여 점등신호 / 깃발신호 / 호각을 사용하라.

.15 구조하는 구조정 / 모터 구명보트를 위한 퇴각신호는?

.15.1 퇴각신호는 ...

.16 익수자를 구조하기 위하여 한 명 / 두 명의 승무원들을 준비하고 보고하라.

.16.1 익수자를 구조하기 위하여 한 명 / 두 명의 승무원들을 준비하였다.

.17 익수자를 구조하였다 / 끌어올려졌다.

.18 보트 / 들것 / 그물 / 바구니 / 붕대를 준비하고 보고하라.

.18.1 보트 / 들것 / 그물 / 바구니 / 붕대를 준비하였다.

.19 사람을 올리고 보고하라.

.20 생존자의 상태를 보고하라.

.20.1 생존자 ~

~ 는 상태가 좋다 / 나쁘다.

~ 는 저체온 상태다.

~ 는 다쳤다.

~ 는 충격을 받았다.

.20.2 사람이 죽었다.

B2 / 6.3 구조작업 - 원조를 위한 준비보고

또한 AI / 1.2 "수색과 구조 교신"을 참조하라.

.1 ...(VHF 채널 / 주파수)으로 UTC에 경보신호 / EPIRB / 긴급통신 / 조난구조신 호를 수신하였다.

.2 ...도에서 다음의 조난신호를 관찰하였다.

.3 조난위치를 보고하라.

.3.1 조난위치는...

.4 Was the Alarm signal / EPIRB transmission / PAN-PAN / distress alert - MAYDAY acknowledged?

.4.1 The Alarm signal / EPIRB transmission / PAN-PAN / distress alert - MAYDAY was acknowledged by ... / not acknowledged(yet)..

.4.2.1 Acknowledge the PAN-PAN / distress alert - MAYDAY - RELAY. Transmit a MAYDAY - RELAY to ...(radio station).

.5 Watch the radar.

.6 Have the lookouts manned and report.

.6.1 Lookouts are manned.

.7 Contact vessels in vicinity of the distress and report.

.7.1 We have contact to following vessel(s) in vicinity of the distress: ... .

.7.2 We have no contact(yet).

.8 Request information from the vessel in distress and report.

.8.1 We have following information from the vessel in distress: ... .

.8.2 We have no information(yet).

.9 Stand by lines / lifebuoys / nets / derricks / cranes / ... and report.

.9.1 Lines / lifeboats / nets / derricks / cranes / ... standing by.

.10 Stand by lifeboats / rescue boat and report.

.10.1 Lifeboats / rescue boat standing by.

.11 Stand by liferaft(s) as boarding station(s) and report.

.11.1 Liferaft(s) standing by as boarding station(s).

.11.2 Let go liferaft(s) as boarding station(s) with ... crew members(each).

.12 Stand by ... crew members for assisting survivors in water and report.

.12.1 ... crew members standing by for assisting survivors in water.

.13 Switch on the deck lighting / outboard lighting / search lights.

.14 Stand by line throwing apparatus and report.

.14.1 Line throwing apparatus standing by.

B2 / 6.4 Conducting search

.1 We / MV ... will act as On-scene Co-ordinator.

.1.2 Inform radio coast station(s) / MRCC / vessels in vicinity.

.2 Stand by bridge team / lookouts for information / signals of On-scene Co-ordinator.

.2.1 Following information / signal received from On-scene Co-ordinator

.4 경보신호 / EPIRB / 긴급통신 / 조난통신이 확인되었는가?

.4.1 경보신호 / EPIRB / 긴급신호 / 조난신호가 ...으로부터 확인되었다 / 확인되지 않았다(아직).

.4.2.1 긴급신호 / 조난신호 - 중계를 확인하였다.

조난신호를 송신하라 - ...로 중계하라(무선국).

.5 레이더를 주시하라.

.6 경계를 세우고 보고하라.

.6.1 경계를 세웠다.

.7 조난 위치 부근의 선박과 교신하고 보고하라.

.7.1 우리는 조난 위치 부근 다음의 선박과 교신하였다.

.7.2 우리는 교신하지 못하였다.(아직)

.8 조난선박으로부터 정보를 요구하고 보고하라.

.8.1 우리는 조난선박으로부터 다음과 같은 정보를 얻었다. ...

.8.2 우리는 정보를 받지 못하였다.(아직)

.9 줄 / 구명부표 / 그물 / 데릭 / 크레인 / ...을 준비하고 보고하라.

.9.1 줄 / 구명부표 / 그물 / 데릭 / 크레인 / ... 준비되었다.

.10 구명정 / 구조정을 준비하고 보고하라.

.10.1 구명정 / 구조정이 준비되었다.

.11 승정 위치에서 구명벌을 준비하고 보고하라.

.11.1 승정 위치에 구명벌이 준비되었다.

.11.2 ... 승무원과 함께 승정위치에서 구명벌을 내려라.

.12 익수 생존자의 원조를 위해 ... 선원들을 준비하고 보고하라.

.12.1 익수 생존자의 원조를 위해 ... 선원들을 준비하였다.

.13 갑판등 / 외부등 / 탐색등을 켜라.

.14 Line throwing 장비를 준비하고 보고하라.

.14.1 Line throwing 장비를 준비하였다.

B2 / 6.4 수색의 실시

.1 본선 / MV ...이 현장 지휘자 역할을 할 것이다.

.1.2 해안무선국 / MRCC / 근접한 선박에게 알려라.

.2 현장 지휘자 통보 / 신호에 대비하여 선교팀 / 경계원을 준비하라.

.2.1 현장 지휘자로부터 받은 정보 / 신호를 받았다.

.3 We carry out search pattern ... / radar search.

.3.1 We start search pattern ... radar search at ... UTC.

.3.1.1 Inform the crew / lookouts / engine room.

.4 Bridge team / lookouts !

Keep sharp lookout for signals / sightings of the vessel in distress and report every ... minutes.

.4.1 Light signals / smoke signals / sound signals / ... signals in ... degrees.

.4.2 Objects / vessel in distress / lifeboat(s) / life raft(s) / person(s) in water in ... degrees

.5 Stand by rescue team / boat crews / engine room and report.

.5.1 Rescue team / boat crews / engine room standing by.

.6 Transmit the following information / signals to the searching vessel(s): ... .

B2 / 6.5 Rescue activities

Also see B2 / 6.2 "Person-overboard activities"

.1 Rescue persons in following order:

- persons in water
- injured / helpless persons
- women and children
- passengers
- crewmembers.

.2 Ask the survivor(s) the following information:

.2.1 What was the total number of persons on board the vessel in distress ?

.2.1.1 Total number of persons was: ... .

.2.2 What was the number of casualties ?

.2.2.1 Number of casualties was: ... .

.2.3 What was the number of lifeboats / liferafts launched ?

.2.3.1 Number of lifeboats / liferafts launched was: ... .

.2.4 What was the number of persons in lifeboats / liferafts ?

.2.4.1 Number of persons in lifeboats / liferafts was: ... .

.2.5 What was the number of persons in water ?

.2.5.1 Number of persons in water was: ... .

.3 Inform ... coast radio station about the name(s) / call sign(s) and destination of the vessel(s) with the survivors.

.3 우리는 …수색 방식 / 레이더 탐색을 실행하였다.

.3.1 우리는 … UTC에 … 레이더 search로 수색 방식을 시작하였다.

.3.1.1 승무원 / 경계원 / 기관실에 알려라.

.4 선교팀 / 경계자들!

조난선박의 신호 / 목격을 세심히 경계하고 매 …분마다 보고하라.

.4.1 …에서 등화신호 / 연기신호 / 음향신호 / … 신호가 있다.

.4.2 …에서 물체들 / 조난선박 / 구명벌 / 구조정 / 익수자가 있다.

.5 구조팀 / 보트 승무원들 / 기관실은 준비하고 보고하라.

.5.1 구조팀 / 보트 승무원들 / 기관실은 준비하였다.

.6 수색 선박에게 다음의 정보 / 신호를 송신하라. …

B2 / 6.5 구조활동

역시 B2 / 6.2 "익수자 행동"을 참조하라.

.1 다음의 순서에 따라 사람을 구조하라.

- 익수자
- 상처 입은 / 무력한 사람들
- 여자와 아이.
- 승객들
- 승무원들.

.2 다음의 정보를 생존자들에게 물어라.

.2.1 조난선박 위의 사람들의 총수가 얼마였는가?

.2.1.1 사람들의 총수는…

.2.2 사상자의 수는 얼마인가?

.2.2.1 사상자의 수는…

.2.3 진수된 구명정 / 구명벌의 수는 얼마인가?

.2.3.1 진수된 구명정 / 구명벌의 수는…

.2.4 구명정 / 구명벌 안에 사람들의 수는 얼마인가?

.2.4.1 구명정 / 구명벌 안의 사람들의 수는…

.2.5 익수자의 수는 얼마인가?

.2.5.1 익수자의 수는…

.3 … 해안무선국에 선명 / 호출부호 그리고 생존자과 함께 한 선박의 목적지를 통보하라.

.3.1 Inform about the number of survivors on(each) vessel.

.3.2 Inform about the condition of the survivors.

.4 Inform ... coast radio station about the condition of the vessel in distress:

.4.1 The vessel in distress

~ capsized / sunk / adrift(near position ...) / drifting in ... degrees.

~ grounded(in position: ...).

~ on fire.

~ not under command.

.5 Transmit the following safety message / navigational warning:
Vessel in distress(in position ...) danger to navigation.

B2 / 6.6 Finishing with search and rescue operations

.1 Search and rescue finished at ... UTC.

.1.1 Inform the crew / lookouts / engine room.

.2 We resume on-board routine at ... UTC.

.3 Inform the coast radio station / searching vessels about the cancellation of search and rescue.

.4 We proceed with our voyage.

B3 Cargo and Cargo Handling

B3 / 1 Cargo Handling

B3 / 1.1 Loading and unloading

.1 Loading capacities and quantities

.1 What is the deadweight of the vessel?

.1.1 The deadweight is ... tonnes

.2 What is the hold / bale / grain capacity of vessel?

.2.1 The hold / bale / grain capacity is ... cubic metres.

.3 What is the container capacity of the vessel?

.3.1 The container capacity is ... TEU.

.4 How many 20′/ 40′ containers will the vessel load?

.4.1 The vessel will load ... 20′ / 40′ containers.

.5 How many cubic metres of cargo space are required?

.5.1 ... cubic metres of cargo space are required.

.3.1 (각)선박에 생존자들의 수를 통보하라.

.3.2 생존자들의 상태에 대해 통보하라.

.4 조난선박의 상태에 대해서... 해안무선국에 통보하라.

.4.1 조난선박은

~ 전복되었다 / 가라앉았다 / 표류하다(... 위치근처) / ... 정도에서 표류하다.

~ 좌초되다(... 위치에서).

~ 화재가 났다.

~ 조종불능이다.

.5 다음의 안전 메시지 / 항행경보를 송신하라.

(...에 위치에서) 항해상 위험하다.

B2 / 6.6 수색과 구조작업의 완료

.1 수색과 구조가 ... UTC에 완료되다.

.1.1 승무원 / 경계 / 엔진룸에 알려라.

.2 ... UTC에 우리는 일상적인 업무를 재개한다.

.3 수색과 구조작업의 취소에 대해 해안무선국 / 수색 선박들에게 통보하라.

.4 본선은 본선의 항해를 계속 진행한다.

B3 화물과 화물취급

B3 / 1 화물취급

B3 / 1.1 적하와 양하

.1 적하량과 양

.1 선박의 deadweight는 얼마인가?

.1.1 deadweight .... 톤이다.

.2 선박의 선창 / bale / 곡물 수용량은 얼마인가?

.2.1 선창 / bale / 곡물 수용량은 ... 큐빅 미터다.

.3 선박의 컨테이너 수용량은 얼마인가?

.3.1 컨테이너 수용량은 ... TEU다.

.4 20′ / 40′ 컨테이너를 얼마나 실을 수 있는가?

.4.1 선박은 20′ / 40′ 컨테이너를 ... 실을 수 있다.

.5 몇 입방미터의 화물공간이 필요한가?

.5.1 ... 입방미터의 화물공간이 필요하다.

.6 How many tonnes / cubic metres can the vessel still load?

.6.1 The vessel can still load ... tonnes / cubic metres.

.7 How much deck cargo can the vessel load?

.7.1 The vessel can load ... tonnes / cubic metres / ... 20' / 40' containers on deck.

.8 How many cars / trailers / trucks / ... can the vessel load?

.8.1 The vessel can load ... cars / trailers / trucks / ... .

.9 What is the size of the hatch openings?

.9.1 The size of the hatch openings is ... by ... metres.

.10 What is the safety load of no. ... hold?

.10.1 The safety load of the ... deck of no. ... hold is ... tonnes per square metre.

.11 The vessel will still bunker ... tonnes of fuel / fresh water / ... .

.2 Dockside / shipboard cargo handling gear and equipment

.1 Are dockside / floating cranes available?

.1.1 Yes, dockside / floating cranes are available.

.1.2 No, dockside / floating cranes are not available.

.2 What is the capacity of the crane?

.2.1 The capacity of the crane is ... tonnes

.3 What is the maximum reach of the crane?

.3.1 The maximum reach of the crane is ... metres.

.4 What is the handling capacity of the container crane / bridge?

.4.1 The handling capacity of container crane / bridge is ... containers per hour.

.5 What is the handling capacity of the grain elevator / ore loader / ... ?

.5.1 The handling capacity of the grain elevator / ore loader / is ... tonnes / cubic metres per hour.

.6 What is the pumping capacity of the cargo pumps?

.6.1 The pumping capacity of the cargo pumps is ... tonnes per hour.

.7 Are(light) fork-lift trucks for the cargo holds available?

.7.1 Yes,(light) fork-lift trucks are available.

.7.2 No,(light) fork-lift trucks are not available.

.8 Only use electric fork-lift trucks in the holds.

.9 What is the capacity of the fork-lift truck?

.6 몇 톤 / 입방미터를 선박에 더 실을 수 있는가?

.6.1 선박에 아직까지 ...톤 / 입방미터를 실을 수 있다.

.7 얼마나 많이 갑판적 화물을 선박이 실을 수 있는가?

.7.1 선박은 ...톤 / 입방미터 / ...20′ / 40′ 컨테이너를 갑판 위에 실을 수 있다.

.8 얼마나 많은 자동차 / trailer / 트럭 / ...을 실을 수 있는가?

.8.1 선박은 ...자동차 / trailer / 트럭 / ...을 실을 수 있다.

.9 해치 개구의 크기는 얼마인가?

.9.1 Hatch 개구의 크기는 ...×... 미터이다.

.10 No. ... 선창의 안전 적하량은?

.10.1 No. ... 선창의 ... 갑판의 안전 적하량은 평방미터당 ... 몇 톤이다.

.11 선박은 여전히 ...톤의 연료 / 청수 / ...을 실을 수 있다.

.2 부두쪽 / 선박측 화물 취급장치와 장비

.1 부두쪽 / floating crane은 사용 가능한가?

.1.1 네, 부두쪽 / floating crane은 사용 가능하다.

.1.2 아니오, 사용할 수 없다.

.2 크레인의 수용능력은?

.2.1 크레인의 수용능력은 ...톤이다.

.3 크레인의 최대 도달거리는 얼마인가?

.3.1 크레인의 최대 도달거리는 ...미터다.

.4 컨테이너 크레인 / 갠트리 크레인의 취급 수용능력은?

.4.1 컨테이너 크레인 / 갠트리 크레인의 하역능력은 시간당 ... 컨테이너다.

.5 곡물 elevator / ore loader / ...의 취급 수용능력은?

.5.1 곡물 elevator / ore loader / ...의 취급 수용능력은 시간당 ...톤 / 평방미터 이다.

.6 Cargo pump의 pumping 능력은?

.6.1 Cargo pump의 pumping 능력은 시간당 ...톤이다.

.7 화물 선창에 지게차의 사용이 가능한가?

.7.1 네, 사용 가능하다.

.7.2 아니오, 사용할 수 없다.

.8 오직 선창에서는 전기 지게차만 사용할 수 있다.

.9 지게차의 수용능력은?

.9.1 The capacity of the fork-lift truck is ... tonnes.

.10 What is the capacity of the derricks / cranes of the vessel?

.10.1 The capacity of the derricks / cranes of the vessel is ... tonnes.

.11 What is the capacity of the ... slings?

.11.1 The capacity of the ... slings is ... tonnes.

.12 These slings do not permit safe cargo handling.

.12.1 Replace the slings.

.13 Are bob-cats available for trimming?

.13.1 Yes, bob-cats are available for trimming.

.13.2 No, bob-cats are not available for trimming.

.3 Preparing for loading / unloading

.1 Prepare the vessel for loading / unloading.

.2 Unlock the hatch covers.

.3 Rig the hatchrails in no. ... hold(s).

.4 Give notice of readiness to load / unload by ... UTC / local time.

.5 Is the cargo list available and complete?

.5.1 Yes, the cargo list is available and complete .

.5.2 No, the cargo list is not available and complete(yet).

.5.3 The cargo list will be available and complete in ... minutes.

.6 Complete the stowage plan.

.7 Make the stability calculation.

.8 Are the holds clean / dry / free of smell ?

.8.1 Yes, the holds are clean / dry / free of smell.

.8.2 No, the holds are not clean / dry / free of smell(yet).

.8.3 The holds will be clean / dry / free of smell in ... minutes / hours.

.8.3.1 Clean the hold(s) / deck(s).

.9 Are the safety arrangements in the hold(s) operational?

.9.1 Yes, the safety arrangements in the hold(s) are operational.

.9.2 No, the safety arrangements in the hold(s) are not operational(yet).

.9.3 The safety arrangements in the hold(s) will be operational in ... minutes.

.10 Fill the double bottom tank(s) / ballast tank(s) before loading the heavy lifts.

.11 What is the maximum loading rate / unloading rate?

.11.1 The maximum loading rate / unloading rate is ... tonnes per hour.

.9.1 지게차의 수용능력은 …톤이다.

.10 선박의 데릭 / 크레인의 수용능력은 얼마인가?

.10.1 선박의 데릭 / 크레인의 수용능력은 …톤이다.

.11 …슬링의 수용능력은 얼마인가?

.11.1 …슬링의 수용능력은 …톤이다.

.12 이 슬링들은 안전 화물취급에 허가가 안된다.

.12.1 슬링을 교체하라.

.13 Trimming을 위해 bob-cat를 사용할 수 있는가?

.13.1 네, 사용 가능하다.

.13.2 아니오, 사용할 수 없다.

.3 적하 / 양하를 위한 준비

.1 적하 / 양하를 위하여 선박을 준비하라.

.2 해치 덮개 잠금장치를 풀어라.

.3 No. … 선창에 해치 난간을 설치하라.

.4 … UTC / 지방시에 적하 / 양하를 하역준비완료 통지를 제출하라.

.5 화물 리스트는 사용 가능하고 완전한가?

.5.1 네, 사용 가능하고 완전하다.

.5.2 아니오, 사용할 수 없고 완전하지 않다.(아직)

.5.3 화물 리스트는 …분 이내에 사용 가능하고 완전할 것이다.

.6 적하 계획을 완료하라.

.7 복원성 계산을 하여라.

.8 선창은 깨끗한가 / 건조한가 / 냄새가 안 나는가?

.8.1 네, 선창은 깨끗하고 / 건조하고 / 냄새가 나지 않는다.

.8.2 아니오, 선창은 깨끗하지 않다 / 건조하지 않다 / 냄새가 난다.

.8.3 선창은 …분 / 시 이내에 깨끗해질 것이다 / 건조해질 것이다 / 냄새가 없어질 것이다.

.8.3.1 선창 / 갑판을 청소하라.

.9 선창에 있는 안전장비는 작동하는가?

.9.1 그렇다, 작동 가능하다.

.9.2 아니오, 아직 작동 가능하지 않다.

.9.3 …분 이내에 작동될 것이다.

.10 중량 화물을 선적하기 전에 이중저 탱크 / 밸러스트 탱크를 가득 채워라.

.11 최대 적하율 / 양하율이 얼마인가?

.11.1 최대 적하 / 양하율은 시간당 …톤이다.

.11.2 Do not exceed the loading rate / unloading rate of ... tonnes per hour.

.4 Operating cargo handling equipment and hatches

.1 Open all hatches before loading / unloading.

.2 Are the cranes / derricks operational?

.2.1 Yes, the cranes / derricks are operational.

.2.2 No, the cranes / derricks are not operational(yet).

.2.3 The cranes / derricks will be operational in ... minutes.

.3 Rig the derrick(s) / crane(s) of no. ... hold(s).

.4 Check the preventers.

.5 Keep the safe working load of derrick(s) / crane(s).

.6 Instruct the winchmen / cranemen .

.7 Clean the tween deck(s) before opening lower hold(s).

.8 Switch on / off the hold ventilation.

.9 Switch on / off the hold lights.

.10 Close / open the cargo port(s) to no. ... hold(s).

.5 Maintaining / repairing cargo handling equipment

.1 Check the hold(s) / hatch cover(s) / derrick(s) / ... for damage and report.

.1.1 The hold(s) / hatch cover(s) / derrick(s) / ... is / are in order.

.1.2 The cargo battens are damaged.

.1.3 The rubber seals of the hatch cover(s) are damaged.

.1.4 The preventer(s) of no. ... hold(s) is / are damaged.

.1.5 The(Container) lashings are damaged.

.1.6 ... is / are damaged.

.1.6.1 Replace the damaged ... .

.2 The hold ladder(s) is / are bent.

.2.1 Straighten the hold ladder(s).

.3 Are the hold ventilators operational?

.3.1 Yes, the hold ventilators are operational.

.3.2 No, the hold ventilators are not operational(yet).

.3.3 The hold ventilators will be operational in ... minutes.

.4 Are the winch motors operational?

.4.1 Yes, the winch motors are operational.

.4.2 No, the winch motor of no. ... derrick is not operational(yet).

.4.3 The winch motor of no. ... derrick will be operational in ... minutes.

.11.2 적하 / 양하율은 시간당 ...톤을 초과하지 마라.

.4 화물 취급장비와 해치의 작동

.1 적하 / 양하하기 전에 모든 해치를 개방하라.

.2 크레인과 데릭이 작동되는가?

.2.1 그렇다, 작동 가능하다.

.2.2 아니오, 작동하지 가능하지 않다(아직).

.2.3 크레인 / 데릭은 ...분 이내에 작동 가능할 것이다.

.3 No. ... 선창의 데릭 / 크레인을 준비하라.

.4 Prevente를 점검하라.

.5 데릭 / 크레인의 안전 하중을 지켜라.

.6 윈치맨 / 크레인맨을 교육하라.

.7 하부 선창을 열기 전에 트윈 덱을 청소하라.

.8 선창 환풍기를 켜라 / 꺼라.

.9 선창 전등을 켜라 / 꺼라.

.10 No. ... 선창 화물 개구를 닫아라 / 열어라.

.5 화물 취급장비의 유지 / 보수

.1 선창 / 해치 덮개 / 데릭 / ...의 손상 여부를 점검하고 보고하라.

.1.1 선창 / 해치 덮개 / 데릭 / ...은 상태 양호하다.

.1.2 cargo battens이 손상되었다.

.1.3 해치 덮개의 rubber seal들이 손상되었다.

.1.4 No. ... 선창의 preventer가 / 들이 손상되었다.

.1.5 (컨테이너) 고박장치들이 손상되었다.

.1.6 ...이 / 들이 손상되었다.

.1.6.1 손상된 ...을 교체하라.

.2 선창 사다리(들)가 / 들이 구부러졌다.

.2.1 선창 사다리(들)를 곧게 펴라.

.3 선창 환풍기들이 작동 가능한가?

.3.1 그렇다, 작동 가능하다.

.3.2 아니오, 작동 가능하지 않다.(아직)

.3.3 ...분 이내에 선창 환풍기가 작동 가능할 것이다.

.4 윈치 모터들이 작동 가능한가?

.4.1 네, 작동 가능하다.

.4.2 아니오, No. ... 데릭의 윈치 모터가 작동 가능하지 않다.(아직)

.4.3 No. ... 데릭의 윈치 모터가 ...분 이내에 작동 가능할 것이다.

.5 Check the repair works personally.

.6 Briefing on stowing and securing

.1 Check the
~ careful and safe stowage.
~ complete unloading.
~ proper use of handling gear.
~ careful separation of different lots.

.2 Close the hatches in case of rain / snow / … .

.3 Refuse damaged / crushed / renailed / wet / torn / resewn / … boxes / cartons / cases / crates / bags / … .

.4 Do not overstow cartons with other goods … .

.5 Do not use hooks for handling bags.

.6 Stow ventilation ducts into the bag cargo.

.7 Place dunnage between the tiers.

.8 Stow the
~ … into tween deck of no. … hold.
~ pallets / cartons / … closely together.
~ … in reefer hold.
~ empty containers in topmost tiers .
~ container(s) onto hatch cover(s).
~ … .

.9 Check the
~ containers for damage.
~ correct interlock of the stowpieces.
~ correct fixing of the rope clips.
~ … .

.10 Secure the heavy lift(s) immediately .

.11 Relash all lashings.

B3 / 1.2 Handling dangerous goods

Also see IMO-IMDG Code, London 1994, as revised.

.1 Briefing on nature of dangerous goods

.1 What is the IMO-Class of these goods?

.1.1 The IMO-Class of these goods is: … .

.5 수리작업을 직접 확인하라.

.6 적하와 고정에 대한 설명

.1 확인하라.

~ 조심스럽고 안전한 적하.

~ 양하의 완료.

~ handling gear를 적당히 사용했는지.

~ 다른 품목을 주의 깊게 분리했는지.

.2 비 / 눈 / ...의 경우 해치를 닫아라.

.3 손상된 / 찌그러진 / renailed / 젖은 / 찢어진 / 다시 재봉한 / ... box / carton / case / crate / bag을 적재하지 마라.

.4 판자 상자 위에 다른 상품 적재하지 마라.

.5 Bag 취급시 후크로 사용하지 마라.

.6 부대화물에 통풍관을 실어라.

.7 층 사이 gunnage를 깔아라.

.8 실어라.

~ no. ... 선창의 트윈 갑판 안에.

~ pallet / carton / ...은 서로 가까이.

~ 냉동선창안에 ...

~ 최상층에는 빈 컨테이너를.

~ 해치 덮개 위에 컨테이너를.

~ ... .

.9 확인하라.

~ 컨테이너의 손상을.

~ 적부용구가 잘 연결되었는지.

~ 로프 클립이 정확히 고정되었는지.

~ ... .

.10 중량물을 즉시 고정하라.

.11 모든 고박을 다시 고박하라.

B3 / 1.2 위험 품목의 취급

1994년 런던에서 개정된 IMO - IMDG Code를 참조하라.

.1 위험 화물의 성상에 대한 요약

.1 이 화물의 IMO - Class는 어떤 것인가?

.1.1 이 화물의 IMO - Class는 ...이다.

.2 This package contains IMO - Class ... goods.

.3 These goods are flammable / poisonous / ... .

.3.1 Handle these goods with caution.

.4 These goods emit flammable gases in contact with water.

.4.1 Keep these goods dry.

.5 These goods are liable to spontaneous heating and combustion.

.6 Do not touch ... .

.2 Instructions on compatibility and stowage

.1 Observe the IMDG-Code when loading / stowing.

.2 Check the

~ proper segregation of goods.

~ correct technical names in documents.

~ correct marks / labels.

~ compatibility of IMO-Class ... goods.

.3 Stow IMO-Class ... goods

~ away from living quarters / away from ... .

~ separated(by one hold) from IMO-Class ... goods.

~ under / on deck.

.3.1 Cover IMO-Class ... goods on deck with tarpaulins / ... .

.4 Stow

~ flammable goods away from the engine room bulkhead / ... .

~ infectious substances separated by one hold / compartment from foodstuffs.

~ ... drums away from IMO-Class ... goods at a minimum of ... metres.

.5 Brief the stevedores on the dangerous goods in number ... hold(s).

.6 Refuse damaged / wet / ... packings with dangerous goods.

.7 Ventilate the hold(s) before entering.

.8 Load / unload IMO ... goods first.

.9 No smoking during loading / unloading.

.3 Reporting incidents

.1 Sling(s) with bottles / drums / ... of IMO ... goods were dropped on deck / into no. ... hold / on pier ... .

.1.1 Liquid / powder / gas is spilling.

.2 Several drums / barrels / tanks / ... are deformed(and leaking).

.2 이 패키지는 IMO - Class ... 화물을 포함하고 있다.

.3 이 화물들은 가연성이다 / 유독성이다 / ... 이다.

.3.1 주의하여 이 화물들을 취급하라.

.4 이 화물들은 물과 접촉하면 가연성 가스를 방출한다.

.4.1 건조하게 하라.

.5 이 화물들은 자칫하면 자가 발열하고 연소한다.

.6 ... 만지지 마라.

.2 적하와 적합성에 대한 지시

.1 적하 / 양하할 때 IMDG - Code를 준수하라.

.2 확인하라.

~ 제품을 적절한 격리상태.

~ 서류에 기술적인 이름들이 일치하는지.

~ 마크와 라벨이 정확한지.

~ ... 화물의 IMO - Class 적합성.

.3 IMO - class ... 화물을 적재하라.

~ 거주구역과 떨어져서 / ...으로부터 떨어져.

~ IMO - class ... 화물으로부터 격리(한 hold로)하여.

~ 갑판 아래 / 위.

.3.1 갑판위의 IMO - class ... 화물을 방수포 / ...으로 덮어라.

.4 적재하라.

~ 기관실 격벽 / ...으로부터 가연성 물질과 떨어져서.

~ 감염성 물질을 식료품으로부터 / 선창만큼 한 구획 떨어져.

~ IMO - class ... 화물로부터 최소 ...미터 떨어져 ...

.5 No. ... 선창에 위험 화물에 대해서 하역인부들에게 설명하라.

.6 손상된 / 젖은 / ... 위험 화물은 거부하라(선적하지 마라).

.7 들어가기 전에 선창을 환기하라.

.8 IMO - Class ...화물을 먼저 적하 / 양하하라.

.9 적하 / 양하하는 동안에는 담배를 피우지 마라.

.3 사고의 보고

.1 IMO 등급 ... 화물이 든 병 / 드럼 / ...을 담은 슬링이 갑판 / 제...번 화물창 / ... 부두에 떨어졌다.

1.1 액체 / 분말 / 가스가 새고 있다.

.2 몇몇 드럼 / 통 / 탱크 / ...이 변형이 되었다.(그리고 샌다.)

.3 The ... container with IMO ... goods is spilling out of the door.
.4 Spilling substances of IMO ... escaped into the sea / harbour water
.4.1 Inform the pollution control.
.5 Temperature in locker / container / ... with IMO-Class ... goods is increasing (rapidly).
.6 Orange / red / ... smoke is developing from IMO-Class ... goods(on deck).
.7 Explosion in no. ... hold.
.7.1 Damage to gas tank / container / ...
.8 Minor / major fire in number ... hold.
.8.1 Fire extinguished.
.8.2 IMO-Class ... goods re-ignited.
.8.3 Fire under control.
.8.4 Fire not under control(yet).
.8.4.1 Operate the general emergency Alarm.
.8.4.2 Alarm the harbour fire brigade / ... .
.9 Report injured persons / casualties.
.9.1 No person injured.
.9.2 Number of injured persons / casualties is ... .

.4 Action in case of incidents

.1 Take actions according to the Emergency Plan.
.2 Turn the vessel out of the wind - the spilling gas / smoke is toxic.
.3 Put on protective clothing and breathing apparatus.
.4 Stop the spillage.
.5 Let the spillage evaporate.
.6 Remove the spillage with synthetic scoops.
.6.1 Use absorbents for the spillage.
.6.2 Do not touch the spillage.
.7 Separate contaminated goods from other goods.
.8 Cover contaminated goods with tarpaulins / ... .
.9 Only open the container / hold / locker / ... when smoking is stopped.
.10 Cool down the container / ... with water.
.11 Ventilate the hold(s) carefully.
.12 Close the hatch - operate the fire extinguishing system.
.13 Fight the fire from a great distance.

.3 IMO ... 화물의 ... 컨테이너가 문 밖으로 새고 있다.
.4 새어나간 IMO ... 화물이 바다로 / 항만으로 누출되었다.
.4.1 오염통제소에 알려라.
.5 IMO - class ... 화물이 있는 locker / 컨테이너 ...안의 온도가 올라가고 있다.(급속히)
.6 IMO - class ... 화물로부터 오렌지 / 붉은 / ... 연기가 발생하고 있다.(갑판위에)
.7 No...선창에 폭발이 일어났다.
.7.1 가스탱크 / 컨테이너 / ...이 손상입었다.
.8 No ... 선창에 작은 / 큰 화재가 났다.
.8.1 화재가 진화되었다.
.8.2 IMO - class ... 화물이 다시 발화되었다.
.8.3 화재가 진압되고 있다.
.8.4 화재가 진압되지 않다.(아직)
.8.4.1 일반 비상경보를 작동하라.
.8.4.2 Harbour 소화대 / ...에 경보를 전하라.
.9 부상자 / 사상자를 보고하라.
.9.1 아무도 다치지 않았다.
.9.2 부상자 / 사상자의 수는 ...이다.

.4 사고시의 조치
.1 비상계획에 따라 행동하라.
.2 선박이 바람을 받지 않게 선회하라 - 새는 가스 / 연기가 유독하다.
.3 방화복과 자장식 호흡구를 착용하라.
.4 유출을 막아라.
.5 유출물이 증발하도록 하라.
.6 합성자료 삽으로 유출물을 제거하라.
.6.1 흡착제를 사용하라.
.6.2 유출물에 손대지 마라.
.7 다른 화물로부터 오염된 화물을 격리하라.
.8 방수포 / ...으로 오염된 화물을 덮어라.
.9 오직 연기가 멈췄을 때만 컨테이너 / 선창 / 로커 / ... 을 열어라.
.10 물 / ...로 컨테이너를 냉각시켜라.
.11 조심스럽게 선창을 환기하라.
.12 해치를 닫아라 - 소화 시스템을 작동시켜라.
.13 거리를 두고 불을 진압하라.

.14 Flood no. .. hold(s).

.15 Rescue persons.

.15.1 Take injured persons / casualties to a safe area.

.15.2 Provide first aid to injured persons / casualties.

.15.3 Call the ambulance.

.16 Take off and dispose contaminated clothing.

.17 Alter course for the nearest port(- inform on radio).

B3 / 1.3 Handling liquid goods, bunkers and ballast - pollution prevention

.1 Preparing safety measures

.1 Plug the scuppers / drip-trays and report.

.1.1 All scuppers / drip-trays are plugged.

.2 Close the sea-valves / discharges and report.

.2.1 All sea-valves / discharges are closed.

.3 Stand by absorbent materials and report.

.3.1 Absorbent materials standing by.

.4 Stand by spill control gear and report.

.4.1 Spill control gear standing by.

.5 Stand by emergency fire pump / foam monitor / fire extinguishers and report.

.5.1 Emergency fire pump / foam monitor / fire extinguishers standing by.

.6 Fit bonding wire and report.

.6.1 Bonding wire is fitted.

.7 Maintain contact on VHF Channels ... with the bunker barge / oil terminal.

.8 Is the oil pollution prevention plan available ?

.8.1 Yes, the oil pollution prevention plan is available.

.8.2 No, the oil pollution prevention plan is not available(yet).

.8.3 The oil pollution prevention plan will be available in ... minutes.

.9 Instruct the pumpman / ... and report.

.9.1 Pumpman / ... is instructed.

.2 Operating pumping equipment

(including: phrases for communication with bunker barge / oil terminal)

.1 What is the(maximum) loading rate / discharge rate ?

.1.1 The(Maximum) loading rate / discharge rate is: ... tonnes per hour.

.14 No. ... 선창에 물을 채워라.

.15 사람들을 구조하라.

.15.1 부상자 / 사상자를 안전한 지역으로 데려가라.

.15.2 부상자 / 사상자에게 응급조치를 취하라.

.15.3 구급차를 불러라.

.16 오염된 옷을 벗고 없애라.

.17 가까운 항구로 항로를 바꿔라(- 무선국에 알린다).

B3 / 1.3 액체 화물, 벙커와 밸러스트의 취급 - 오염방지

.1 안전대책을 준비하라.

.1 배수구 / drip - tray로 막고 보고하라.

.1.1 모든 배수구 / drip - tray를 막혔다.

.2 해수 밸브 / 선외변을 닫고 보고하라.

.2.1 모든 해수 밸브 / 선외변은 닫혔다.

.3 흡착제를 준비하고 보고하라.

.3.1 흡착제가 준비되었다.

.4 누출 제어기구를 준비하고 보고하라.

.4.1 누출 제어기구가 준비되었다.

.5 긴급히 비상소화펌프 / 폼모니터 / 소화기를 준비하고 보고하라.

.5.1 비상소화펌프 / 폼모니터 / 소화기를 준비하였다.

.6 Bonding wire 연결하고 보고하라.

.6.1 Bonding wire가 연결되었다.

.7 벙커 바지 / 오일 터미널과의 VHF 채널 ...으로 연락을 유지하라.

.8 유류 오염방지 계획이 이용 가능한가?

.8.1 네, 이용 가능하다.

.8.2 아니오, 사용 가능하지 않다.(아직)

.8.3 유류 오염방지 계획이 ...분 이내에 사용 가능해질 것이다.

.9 펌프맨 / ...에게 지시하고 보고하라.

.9.1 펌프맨 / ...이 지시받았다.

.2 펌핑 장비의 작동

포함 : 벙커바지 / 오일터미널과의 교신을 위한 문구

.1 (최대)적하율 / 양하율이 얼마인가?

.1.1 (최대)적하율 / 양하율은 시간당 ...톤이다.

.2 Is the COW - system / inert gas system operational ?

.2.1 Yes, the COW - system / inert gas system is operational .

.2.2 No, the COW - system / inert gas system is not operational(yet).

.2.3 The COW - system / inert gas will be operational in ... minutes.

.3 When will crude oil washing start ?

.3.1 Crude oil washing will start in ... minutes.

.4 Are your tanks inerted?

.4.1 Yes, my tanks are inerted.

.4.2 No, my tanks are not inerted(yet).

.4.3 My tanks will be inerted in ... minutes.

.5 What is the pressure in the inerted tanks?

.5.1 The pressure in the inerted tanks is ... bar.

.6 What is the pumping pressure ?

.6.1 The pumping pressure is ... bar.

.7 Can we connect the loading arm ?

.7.1 Yes, you can connect the loading arm.

.7.2 No, you cannot connect the loading arm(yet).

.7.3 Connect the loading arm in ... minutes.

.8 Inform ... minutes before loading / discharge will start / finish.

.8.1 Loading / discharge will start / finish in ... minutes.

.9 What is the back pressure for stripping ?

.9.1 The backpressure for stripping is... bars.

.10 Are the cargo hoses / booms connected ?

.10.1 Yes, the cargo hoses / booms are connected.

.10.2 No, the cargo hoses / booms are not connected(yet).

.10.3 The cargo hoses / booms will be connected in ... minutes.

.11 Are the cargo hoses / booms disconnected ?

.11.1 Yes, the cargo hoses / booms are disconnected.

.11.2 No, the cargo hoses / booms are not disconnected(yet).

.11.3 The cargo hoses / booms will be disconnected in ... minutes.

.12 Are you ready to load / discharge?

.12.1 Yes, I am ready to load / discharge.

.12.2 No, I am not ready to load / discharge(yet).

.12.3 I will be ready to load / discharge in ... minutes.

.2 COW - system / inert gas system이 작동 가능한가?

.2.1 네, 작동 가능하다.

.2.2 아니오, 작동 가능하지 않다.(아직)

.2.3 COW - system / inert gas system이 …분 이내에 작동할 것이다.

.3 언제 원유 세정을 시작할 것인가?

.3.1 원유 세정을 …분 이내에 시작할 것이다.

.4 귀선의 탱크가 불활성되어 있는가?

.4.1 네, 불활성되어 있다.

.4.2 아니오, 불활성되지 않았다.(아직)

.4.3 …분 이내에 탱크가 불활성될 것이다.

.5 불활성 탱크의 압력은 얼마인가?

.5.1 불활성 탱크의 압력은 …이다.

.6 펌핑 압력은 얼마인가?

.6.1 펌핑 압력은 …이다.

.7 Loading arm과 본선 라인을 연결해도 되는가?

.7.1 네, loading arm을 연결해도 됩니다.

.7.2 아니오, loading arm은 연결할 수 없다.(아직)

.7.3 …분 이내에 loading arm과 연결하라.

.8 적하 / 양하를 시작 / 마치기 …분 전에 알려라.

.8.1 …분 이내에 적하 / 양하를 시작 / 종료할 것이다.

.9 Stripping을 위한 배압은 얼마인가?

.9.1 Stripping을 위한 배압은 … bar이다.

.10 화물 호스 / boom들이 연결되어 있는가?

.10.1 네, 연결되어 있다.

.10.2 아니오, 연결되지 않았다.(아직)

.10.3 화물 호스 / boom들이 …분 이내에 연결될 것이다.

.11 화물 호스 / boom이 분리되었는가?

.11.1 네, 화물 호스 / boom들이 분리되었다.

.11.2 아니오, 분리되지 않았다.(아직)

.11.3 화물 호스 / boom들은 …분 이내에 분리될 것이다.

.12 적하 / 양하할 준비가 되었는가?

.12.1 네, 준비되었다.

.12.2 아니오, 준비하지 못했다.(아직)

.12.3 …분 이내에 적하 / 양하 준비를 할 것이다.

.13 Keep a safe working pressure.

.14 Open the valve(s) and report.

.14.1 All full open aboard / ashore.

.15 Close the valve(s) and report.

.15.1 All full closed aboard / ashore.

.16 Start pumping(slowly).

.17 Are you pumping / receiving ?

.17.1 Yes, I am pumping / receiving.

.17.2 No, I am not pumping / not receiving.

.18 Increase / decrease pumping rate to ... revolutions / bar..

.19(Quantity received) - stop pumping.

.3 Reporting and cleaning up spillage

.1 Leak at manifold connection!

.1.1 Overflow at ... !

.2 Stop pumping !

.3 How much is spilled ?

.3.1 Spill is about ... tonne(s).

.4 Treat spill with ... .

.5 Stand by oil clearance team and report.

.5.1 Oil clearance team standing by.

.5.2 All crew assist to remove the spill.

.5.4.1 Spillage stopped.

.5.4.2 Spill cleaned up.

.5.4.3 Spill waste contained in save-all / ... .

.6 Oil / ... escaping into sea / harbour water!

.6.1 Inform pollution control!

.4 Ballast handling

.1 Plug the scuppers and report.

.1.1 All scuppers are plugged.

.2 Open / close the sea suction valve / ballast tank valve no. ... and report.

.2.1 Sea suction valve / ballast tank valve no. ... is open / closed.

.3 Start the ballast pump and report.

.3.1 Ballast pump started.

.13 안전작업 압력을 지켜라.

.14 밸브를 열고 보고하라.

.14.1 배로의 / 육상으로의 밸브를 열어라.

.15 밸브를 닫고 보고하라.

.15.1 선박으로 / 육상으로의 밸브를 완전히 닫아라.

.16 펌핑을 시작하라(천천히)

.17 송출하고 / 받고 있는가?

.17.1 네, 송출하고 있다 / 받고 있습니다.

.17.2 아니오, 송출하고 있지 않다. / 받지 않고 있다.

.18 ... 회전 / bar로 펌핑 속도를 증가 / 감소하라.

.19 (받은 양) - 펌핑을 멈춰라.

.3 유출물을 제거 및 보고

.1 Manifold connection에서 새고 있다!

.1.1 ...에서 넘치고 있다!

.2 펌핑을 멈춰라!

.3 유출된 양이 얼마인가?

.3.1 ...톤 정도 유출되었다.

.4 ...으로 유출을 처리하라.

.5 유류 제거팀을 준비하고 보고하라.

.5.1 유류 제거팀을 준비하였다.

.5.2 모든 승무원은 유출물 제거에 원조하라.

.5.4.1 유출이 멈췄다.

.5.4.2 유출물을 청소하였다.

.5.4.3 유출물을 제거한 쓰레기가 받침 접시 / ...에 있다.

.6 유류 / ...이 해상으로 / 항만 바다로 유출되었다.

.6.1 오염 방제소에 알려라!

.4 밸러스트 취급

.1 갑판 배수구를 막고 보고하라.

.1.1 모든 배수구를 막았다.

.2 No ...의 해수 유입 밸브 / 밸러스트 탱크 no. ... 밸브를 열고 / 닫고 보고하라.

.2.1 해수 유입밸브 / 밸러스트 탱크 no. ... 밸브를 열었다 / 닫았다.

.3 밸러스트 펌프를 작동하고 보고하라.

.3.1 밸러스트 펌프가 작동되었다.

.4 Stop the ballast pump(- ballast overflow!) and report.

.4.1 Ballast pump stopped.

.5 Pump out ballast tank no. ... and report.

.5.1 Ballast tank no. ... is pumped out.

.5.2 Stop the ballast pump - ballast dirty !

.5 Cleaning tanks

.1 Pump the slops into the slop tank .

.2 Dispose the sludge into the sludge tank.

.3 Order a shore slop tank / slop barge.

.3.1 We have ... tonnes of slops / sludge.

.4 Start / stop pumping slops.

.5 Keep a safe working pressure.

B3 / 1.4 Preparing for sea

.1 Close and secure the hatch covers for sea and report

.1.1 Hatch covers closed and secured.

.2 Lash and secure the goods for sea and report.

.2.1 Goods lashed and secured.

(In ro / ro-ferries: The execution of the instructions 3,4 and 5 given from the bridge on radio should be confirmed from the person in charge of the corresponding station using phrases 3.1, 4.1 and 5.1)

.3 Close and secure the bow door / stern door and report.

.3.1 Bow door / stern door closed and secured.

.4 Fold and secure the bow ramp / stern ramp / side ramp and report.

.4.1 Bow ramp / stern ramp / side ramp folded and secured.

.5 Lash and secure all cars / trucks / wagons / ... and report.

.5.1 All cars / trucks / wagons / ... lashed and secured.

.6 Lower and secure the derricks / cranes and report.

.6.1 Derricks / cranes lowered and secured.

.7 Check the seaworthiness of the holds and report

.7.1 Holds seaworthy.

.8 How much ballast can we take(down to her marks)?

.8.1 We can take ... tonnes of ballast.

.4 밸러스트 펌프를 멈추고(- 밸러스트가 넘친다!) 보고하라.

.4.1 밸러스트 펌프가 멈췄다.

.5 No. ... 밸러스트 탱크를 배출하고 보고하라.

.5.1 No. ... 밸러스트 탱크를 배출하였다.

.5.2 밸러스트 펌프를 멈춰라 - 밸러스트가 더럽다!

.5 탱크 청소

.1 슬롭 탱크로 slop를 펌핑해서 보내라.

.2 Sludge 탱크 속으로 sludge를 처리하라.

.3 육상 slop tank / slop barge를 요청하라.

.3.1 우리는 ...톤의 slops / sludge를 가지고 있다.

.4 Slop 펌핑을 시작 / 멈춰라.

.5 안전작업 압력을 지켜라.

B3 / 1.4 항해를 위한 준비

.1 항해를 위해 해치 덮개를 닫고 고박해서 보고하라.

.1.1 해치 커버를 닫았고 고박하였다.

.2 항해를 위해 화물들을 고박하고 보고하라.

.2.1 화물들을 고박하였고 안전하게 하였다.

(ro / ro-ferries에서 : 선교 무선으로부터 주어진 지시사항 3, 4 그리고 5의 실행은 3.1, 4.1 그리고 5.1의 문구를 사용하여 교신하는 곳을 책임지는 사람으로부터 확인되어져야 한다.)

.3 선수 / 선미 문을 닫고 고박하여 보고하라.

.3.1 선수 / 선미 문을 닫았고 고박하였다.

.4 선수 ramp / 선미 ramp / 선측 ramp를 접고 고박해서 보고하라.

.4.1 선수 ramp / 선미 ramp / 선면 ramp를 접고 고박하였다.

.5 모든 자동차 / 트럭 / 마차 / ...을 고박하고 보고하라.

.5.1 모든 자동차 / 트럭 / 마차 / ...을 고박하였다.

.6 데릭 / 크레인들을 내리고 안전하게 하고 보고하라.

.6.1 데릭 / 크레인들을 내렸고 안전하게 하였다.

.7 선창의 감항성을 확인하고 보고하라.

.7.1 선창은 감항성이 있다.

.8 얼마의 밸러스트를 실을 수 있는가(mark까지 내려가도록)?

.8.1 우리는 ...톤 밸러스트를 실을 수 있다.

.9 Check the trim.

.9.1 Fill the forepeak to decrease the stern trim.

.9.2 Fill the double-bottom tank(s) .

.9.3 Pump fuel from ... tank to ... tank to bring the vessel upright.

B3 / 2 Cargo Care

B3 / 2.1 Operating shipboard equipment for cargo care

.1 Is the equipment for cargo care operational?

.1.1 Yes, the equipment for cargo care is operational.

.1.2 No, the ...(equipment) is not operational(yet).

.1.3 The ...(equipment) will be operational in ... minutes.

.2 What is the air change rate of the hold ventilators?

.2.1 The air change rate of the hold ventilators is ... -fold.

.3 Are the temperature / humidity recorders in the hold(s) operational?

.3.1 Yes, the temperature / humidity recorders in the hold(s) are operational.

.3.2 No, the temperature / humidity recorders in the hold(s) are not operational (yet).

.3.3 The temperature / humidity recorders in the hold(s) will be operational in ... minutes.

.4 Instruct the crew how to connect reefer plugs / clip-on units / ... and report.

.4.1 The crew is instructed how to connect reefer plugs / clip-on units / ....

B3 / 2.2 Taking measures for cargo care

.1 Carrying out inspections

.1 The holds must be inspected by the surveyor before loading.

.2 Check the reefer holds for proper loading preparation and report.

.2.1 The reefer holds are ready for loading.

.2.2 The reefer holds are not ready for loading(yet).

.2.3 The reefer holds will be ready for loading in ... minutes.

.3 Are the holds clean(dry and free of smell)?

.3.1 Yes, the holds are clean(dry and free of smell).

.3.2 No, the holds are not clean(dry and free of smell)(yet).

.3.3 The holds will be clean(dry and free of smell) in ... minutes / hours.

.9 트림을 확인하라.

.9.1 선미 트림이 감소하도록 forepeak를 가득 채워라.

.9.2 이중저 탱크에 가득 채워라.

.9.3 선박을 똑바로 하기 위해서 … 탱크에서 … 탱크로 연료를 이송하라.

B3 / 2 화물관리

B3 / 2.1 화물관리를 위한 선박장비의 작동

.1 화물관리를 위한 장비는 작동 가능한가?

.1.1 네, 작동 가능하다.

.1.2 아니오, 작동 가능하지 않다.(아직)

.1.3 …(장비)는 …분 이내에 작동될 것이다.

.2 선창 환풍기의 공기 치환율은 얼마인가?

.2.1 선창 환풍기의 공기 치환율은 …이다.

.3 선창 안의 온도 / 습도 기록계들이 작동 가능한가?

.3.1 네, 작동 가능하다.

.3.2 아니오, 작동 가능하지 않다.(아직)

.3.3 선창 안의 온도 / 습도 기록계들이 …분 이내에 작동될 것이다.

.4 Reefer plugs를 연결하는 법 / 클립 온 유니트 / …의 연결방법을 승무원들에게 교육하고 보고하라.

.4.1 승무원은 Reefer plugs를 연결하는 법 / 클립 온 유니트 / …하는 법을 교육받았다.

B3 / 2.2 화물관리를 위한 조치의 실시

.1 검사의 실시

.1 반드시 적하 전에 검사관에 의하여 선창을 검사받아야 한다.

.2 냉동 선창이 적적한 적하준비가 되었는지 확인하여 보고하라.

.2.1 선창은 적하준비가 되었다.

.2.2 Reefer 선창들은 적하준비가 되지 않았다(아직)

.2.3 Reefer 선창은 … 이내에 적하준비가 될 것이다.

.3 선창을 청소하였는가(건조하고 냄새가 없이)?

.3.1 네, 청소하였다(건조하고 냄새가 없이.).

.3.2 아니오, 선창은 아직 청소하지 않았다(건조하고 냄새가 없이)

.3.3 선창은 …분 / 시 이내에 청소되어질 것이다.(건조하고 냄새가 없이)

.4 Check the operation of the hold ventilators and report

.4.1 The hold ventilators are operational.

.4.2 The hold ventilators(in no. ... hold(s)) are not operational(yet).

.4.3 The hold ventilators(in no ... hold(s)) will be operational in ... minutes.

.5 Order a surveyor to check the reefer plugs / cargo securings.

.6 Is the certificate of survey available and complete?

.6.1 Yes, the certificate of survey is available and complete.

.6.2 No, the certificate of survey is not available and complete(yet).

.6.3 The certificate of survey will be available and complete in ... minutes / hours.

.7 Check the lashings and securings every day / ... hours..

.8 Enter all checks into the log - book.

.9 Before unloading open the hatches only when the surveyor is present.

.2 Describing damage to the cargo

Also see section B2 / 1.2.3 "Reporting incidents"

.1 The ...(cargo) is in a bad condition.

.2 The packages of ...(cargo) are

~ wet / damp / mouldy.

~ marked by fresh water / sea water.

.3 The metal of ...(cargo) is rusty.

.4 The bands of ...(cargo) are broken / missing / rusty.

.5 The crates / cases with ...(cargo) are renailed.

.5.1 The boards of crates / cases with ...(cargo) are loose.

.6 The marks / labels on ...(cargo) are unclear / illegible / false.

.7 The contents of drums / barrels / ... are unknown.

.8 The weight of the ...(cargo) is unknown.

.9 The boxes / crates / cases / ... with ...(cargo) are damaged.

.10 The bags / bales with ...(cargo) are torn / resewn / spilling.

.11 The drums / barrels / ... with ...(cargo) are deformed / spilling.

.12 The boxes / cartons / cases / ... with ...(cargo) are crushed.

.13 The bags / boxes / cartons / ... with ...(cargo) are not full / slack / empty.

.14 The bags / boxes / cartons / ... with ...(cargo) are second hand.

.15 The boxes / cartons / cases / ... with bottles of ...(cargo) are(partly) broken.

.4 선창 환풍기들의 작동을 확인하고 보고하라.

.4.1 선창 환풍기들은 작동 가능하다.

.4.2 선창환풍기들(no. ... 선창 안의)은 작동 가능하지 않다.(아직)

.4.3 선창환풍기들(no. ... 선창 안의)은 ... 분 이내에 작동 가능할 것이다.

.5 검사관에게 Reefer plug / 화물 고박 확인을 지시하라.

.6 검사증명서는 사용할 수 있고 완전한가?

.6.1 예, 사용할 수 있고 완전하다.

.6.2 아니오, 사용할 수 없고 완전하지 않다(아직).

.6.3 검사증명서는 ...분 / 시 이내에 사용할 수 있고 완전해질 것이다.

.7 매일 / 매시 고박과 안전을 확인하라.

.8 모든 확인사항을 로그 북에 기재하라.

.9 검사관이 있을 때만 양하하기 전에 해치를 열어라.

.2 화물손상의 설명

B2 / 1.2.3 "사고보고"를 참조하라.

.1 ...(화물)은 상태가 나쁘다.

.2 ...(화물)의 패키지가

~ 젖었다 / 습기 찼다 / 곰팡이가 났다.

~ 청수 / 해수 자국이 났다.

.3 ...(화물)의 금속이 녹슬었다.

.4 ...(화물)의 끈이 부러졌다 / 분실되었다 / 녹슬었다.

.5 ...(화물)의 Case / Crate가 다시 못질되어졌다.

.5.1 ...(화물)에의 Crate / Case의 Board가 느슨해졌다.

.6 ...(화물)의 마크 / 라벨이 불명확하다 / 불명료하다 / 잘못되었다.

.7 드럼 / 배럴 / ... 의 내용물을 알 수가 없다.

.8 ...(화물)의 무게을 알 수가 없다.

.9 ...(화물)에의 박스 / Crate / 상자 / ...이 손상되었다.

.10 ...(화물)의 가방 / Bale이 찢어졌다 / 다시 기워졌다 / 새고 있다.

.11 ...(화물)의 드럼 / 배럴 / ...이 형태가 변형되었다. / 새고 있다.

.12 ...(화물)의 박스 / Carton / 상자 / ...이 구겨졌다.

.13 ...(화물)의 가방 / 박스 / Carton / ...이 가득 차지 않았다 / 느슨하다 / 비었다.

.14 ...(화물)의 가방 / 박스 / Carton / ...이 중고다.

.15 ...(화물)의 가방 / 박스 / Carton / ...이 부서졌다(부분적으로)

.16 The ...(cargo) is(partly)
~ eaten by rats / worms.
~ infected by vermin.
~ missing.

.17 ... container(s) are damaged.

.17.1 ... container(s) were damaged
~ before loading.
~ during loading.
~ by shifting on board.
~ by heavy seas.

.18 ... container(s) were washed overboard(- inform on radio).

.19 The temperature in no. ... hold is above normal / below normal / critical / ... degrees Celsius.

.20 The humidity of ...(cargo) is above normal / below normal / critical.

.3 Taking actions

Also see section B2 / 1.2.4 "Action in case of incident"

.1 Switch on the hold ventilation to supply / exhaust air.

.2 Switch off the hold ventilation(in case of shipping seas).

.3 Switch on / off the automatic temperature control / recorder.

.4 Relash the container(s) / car(s) / trucks(s)... in no. ... hold / on ... deck.

.5 Replug the reefer container(s) in no. ... hold / on deck.

.6 Secure the shifting cargo in no. ... hold / on ... deck.

.7 Protect the deck cargo of ...(cargo) against sun / rain / shipping seas.

.8 Keep the deck cargo of ...(cargo) wet / dry.

.9 Check the contents of drum(s) / barrel(s) / container(s) / ... with false labels.

B4 Passenger Care

The phrases of this chapter should help Masters, officers and crew members of passenger vessels and passenger ferries to inform passengers on safety aspects and to manage them in case of an emergency.

.16 ...(화물)이(부분적으로)

~ 쥐 / 벌레에 의해 갉아 먹혔다.

~ 해충에 영향을 받았다.

~ 분실했다.

.17 ... 컨테이너가 손상되었다.

.17.1 ... 컨테이너가 손상되었다.

~ 적하 전에.

~ 적하하는 동안.

~ 배 위에서 이동중에.

~ 황천항해에 의하여.

.18 ... 컨테이너가 선외로 쓸려갔다.(- 무선으로 알려라)

.19 No. ... 선창의 온도가 보통보다 높다 / 보통보다 낮다 / 임계치이다 / ... 도이다.

.20 ...(화물)의 습도가 보통보다 높다 / 보통보다 낮다 / 임계치이다.

.3 행동조치

B2 / 1.2.4 " 사건이 발생한 경우의 행동"을 참조하라.

.1 공기 공급 / 배출하기 위해 선창 환풍기를 켜라.

.2 선창 환풍기를 꺼라.(파도를 뒤집어 썼을 경우)

.3 자동 온도조절 / 기록계 스위치를 켜라 / 꺼라.

.4 No. ... 선창 / ... 갑판 위의 컨테이너 / 자동차 / 트럭을 다시 고박하라.

.5 No. ... 선창 / 갑판 위의 Reefer 컨테이너 플러그를 다시 끼워라.

.6 No. ... 선창 / 갑판 위의 이동 화물을 안전하게 하라.

.7 태양 / 비 / 해수로부터 ...(화물)의 갑판화물을 보호하라.

.8 ...(화물)의 갑판화물을 젖은 / 건조하게 유지하라.

.9 잘못된 라벨로부터 드럼 / 배럴 / 컨테이너 / ...의 내용물을 확인하라.

B4 승객관리

이 장의 문구는 긴급상황의 경우 승객을 관리하고 안전의 관점에 대하여 승객들에게 알리도록 하기 위해 선장, 사관, 여객선의 승무원에게 도움을 주어야 한다.

B4 / 1 Briefing and Instruction

B4 / 1.1 Conduct of passengers on board

.1 General information on conduct of passengers

.1 Ladies and Gentlemen. This is Captain ... speaking.
I have pleasure in informing you that all safety equipment is in full working order The bow / stern doors are closed and secured. The vessel is in all respects ready for sea. Please listen carefully to the safety instructions which follow. In the unlikely event of an emergency, please obey the orders given on the public address system.

.2 Passengers are requested to read all notes and leaflets concerning safety regulations.

.3 All regulations concerning the vessel's routine have to be obeyed.

.2 Briefing on prohibited areas, decks, and spaces

Safety regulations do not permit passengers to enter the following spaces:

- navigating bridge
- engine room
- manoeuvring areas at the front and back end of the vessel
- cargo rooms and compartments
- service rooms
- all areas and spaces marked "Crew only"
- all closed, sealed or roped off areas, spaces and rooms
- car decks when the vessel is at sea.

B4 / 1.2 Briefing on safety regulations, preventive measures and communications

.1 Drills

.1 International regulations require all passengers to be assembled in a drill which has to take place within 24 hours of departure..

.2 A drill will be held to familiarize passengers with their assembly stations, with their life-saving equipment and with emergency procedures.

.3 All passengers must attend this drill.

.2 The general emergency Alarm

.1 In case of emergency seven short blasts and one prolonged blast will be given with the ship's whistle and the Alarm system.

.2 Remain calm when you hear the general emergency Alarm.

B4 / 1 상황설명과 교육

B4 / 1.1 선박에서 승객의 행동

.1 승객 행동에 대한 일반적인 정보

.1 신사 숙녀 여러분. 선장 ... 입니다. 저는 여러분께 모든 안전장비가 제대로 작동되는 있다는 것을 알리게 되어 기쁩니다.

선수 / 선미 문들은 폐쇄되었고 안전하게 했습니다. 선박은 모든 면에서 항해를 할 준비가 되었습니다.

다음의 안전 지시사항을 주의깊게 들어주십시오. 만약 비상사태와 같은 있음직하지 않는 경우에는 공공 마이크 시스템에서 내려지는 지시를 따라 주십시오.

.2 승객들에게 안전규칙에 관련된 모든 주의와 전단을 읽어 주십시오.

.3 선박의 일상에 관련된 모든 규칙은 따라야 합니다.

.2 금지된 구역, 갑판 그리고 장소에 대한 요약

안전규칙은 다음의 공간에 승객들이 들어가는 것을 허용하지 않습니다.

- 항해 브리지
- 기관실
- 선박의 끝에 앞과 뒤의 Manoeuvring 지역
- 화물실과 구획
- 운항실
- "오직 선원만"이라고 마크된 모든 공간과 장소
- 모든 폐쇄된, 봉인된 또는 밧줄로 막아진 지역, 공간 그리고 방
- 선박이 바다에 있을 때 Car Deck.

B4 / 1.2 안전규칙, 예방책과 교신에 대한 설명

.1 훈련들

.1 국제적인 규칙은 출발하기 24시간 이내에 모든 승객들을 집합장소에 모이도록 하는 훈련을 요구한다.

.2 이 훈련은 승객들이 그들의 소집장소와 안전장비 및 비상절차에 익숙하게 할 것이다.

.3 모든 승객들은 이 훈련에 참석하여야 한다.

.2 일반 비상경보

.1 비상시 7번의 단음과 1번의 장음이 선박의 Whistle과 경보 시스템에 의해 주어질 것이다.

.2 일반 비상경보를 들었을 때 침착성을 유지하라.

.3 Passengers will be taught how to act and behave in cases of emergency .

.3 Preventing / reporting fire

.1 Always remember that fire is the greatest hazard aboard ship.

.2 Always act immediately if you detect fire, smell, fume or smoke.

.3 Always inform a member of the crew if you detect fire, smell fume or smoke.

.4 Be careful to extinguish cigarettes completely.

.5 Put used cigarettes in a container provided.

.6 Never smoke in bed.

.7 Never smoke on deck except in areas labelled as smoking areas.

.8 Never throw a cigarette overboard.

.9 The use of naked light and open fire is strictly prohibited.

.10 Never use lighted candles.

.11 Never hang anything over or near an electric bulb.

.12 Never use an electric iron in a cabin. If you need to iron something use the ironing room on ... deck. The key may be collected at the information desk.

.13 If you detect a fire, smell, fume or smoke act immediately as follows:

- Call out "Fire !"
- Operate the nearest fire Alarm
- Inform a member of the crew
- Telephone the navigating bridge.
- The number to dial is ...

.4 PA announcements on emergency

.1 Attention please! Attention please!

This is your captain with an important announcement.

I repeat, this is your captain with an important announcement.

.1.1 We have grounded / a minor flooding(in ...) / a minor fire(in ...).

.1.2 There is no immediate danger to our passengers or the ship - and there is no reason to be Alarmed.

.1.3 For safety reasons we request all passengers to go to their assembly stations on deck .. and wait there for further instructions.

.1.4 Please follow the instructions given by the officers and crew.

.1.5 The ship's fire fighting team / damage control team is fighting the fire / flooding.

.3 승객들은 비상시 어떻게 행동해야 하는지 교육받을 것이다.

.3 **화재예방 / 보고**

.1 화재는 선박에서 가장 위험하다는 것을 항상 기억하라.

.2 만약 당신이 화재를 발견하거나, 냄새를 맡거나, 가스 냄새를 맡거나 연기를 보았다면 항상 즉시 행동하라.

.3 만약 화재, 냄새 또는 연기를 발견하였다면 항상 선원들에게 알려라.

.4 담뱃불은 완전하게 끄도록 주의하라.

.5 제공되는 용기 안에 담배를 버려라.

.6 침실 안에서 절대 담배를 피우지 마라.

.7 흡연구역이라고 표기된 지역을 제외하고 갑판에서 담배를 피우지 마라.

.8 담배를 선외로 던지지 마라.

.9 나화와 노출된 등을 사용하는 것은 엄격히 금지되어 있다.

.10 절대로 양초를 사용하지 마라.

.11 절대로 전구 위나 근처에 어떤 것도 매달아 놓지 마라.

.12 선실에서 절대로 전기다리미를 쓰지 마라. 만약 필요하다면 갑판의 다리미실에서 사용하라. 열쇠는 아마도 Information Desk에 있을 것이다.

.13 만약 당신이 화재, 냄새 또는 연기를 발견했다면 즉시 다음과 같이 행동하라.

- "불이야!"라고 외쳐라!
- 근처의 화재경보를 작동시켜라.
- 승무원에게 알려라.
- 선교에 전화를 하라.
- 전화번호는 …

.4 **비상에 대한 방송**

.1 주지하십시오! 주지하십시오!

선장입니다. 중요한 공지사항을 하겠습니다.

반복합니다. 중요한 공지사항을 하겠습니다.

.1.1 우리는 좌초되었다 / 사소한 침수가 발생했다.(…에) / 사소한 화재가 났다(…에).

.1.2 현재는 우리의 승객과 배에는 위험이 없습니다 - 그리고 경보를 울릴 어떠한 이유도 없습니다.

.1.3 안전을 이유로 우리는 모든 승객들이 갑판 위의 그들의 소집장소에 모이고 다음의 지시를 기다리기를 요구합니다.

.1.4 사관과 승무원들로부터 주어지는 지시를 잘 따라주십시오.

.1.5 선박의 소화진화반 / 손상제어반은 화재 / 침수작업에 있습니다.

.1.6 We also have radio contact with other ships / radio coast stations.

.1.7 The fire / flooding is under control.

.1.8 As soon as I have further information I will make another announcement. I ask you kindly to remain calm. There is no danger at this time.

.2 This is your Captain speaking. I have another announcement. The fire / flooding is not under control yet.

.2.1 There is smoke / flooding in ... - access to this area is prohibited..

.2.2 For safety reasons we request all passengers to prepare to go to their assembly stations. Access to the assembly stations will be via ..... . Do not forget to take your lifejackets and blankets with you.

.2.3 All passengers of deck no. ... are requested to follow the crew members who will escort you to your assembly stations.

.2.4 When you get to your assembly stations put on your lifejackets and wait for further orders.

.2.5 Do not go to the lifeboat stations until you are ordered to do so.

.2.6 Go to your lifeboat stations.

.2.7 Follow the escape routes shown.

.2.8 Do not enter the lifeboats / liferafts. The order to enter the lifeboats / liferafts will be given from the bridge or by the officers.

.2.9 We have just received a message from shore / other vessels that assistance is on the way. Assistance should arrive within approximately ... hours.

.5 Person overboard

.1 If you see anybody fall overboard, act as follows:

- call out "Man overboard"
- throw lifebuoys overboard
- keep your eyes on the person in the water
- show / tell an officer / crew the person's position in the water, or telephone the bridge immediately, the number is ... .

.6 Protective measures for children

.1 Children must be kept under permanent observation.

.2 Never let children climb or sit on the ship's rails.

.3 Special lifejackets for children are available; please ask the steward / stewardess.

.4 You may leave your children under qualified care in the children's playroom / on the playdeck on ... deck from ... to ... hours.

.1.6 우리는 또한 다른 선박들 / 해안무선국과 연락했습니다.

.1.7 화재 / 침수가 통제하에 있습니다.

.1.8 추가의 정보를 얻자마자 또 다른 공지사항을 발표하겠습니다.
침착함을 유지하기를 요청합니다. 지금은 위험이 없습니다.

.2 선장입니다. 또 다른 공지사항을 발표하겠습니다.
화재 / 침수가 아직 통제하에 있지 않습니다.

.2.1 ...안에 연기 / 침수되었다 - 이 지역에의 접근을 금지합니다.

.2.2 안전을 이유로 우리는 모든 승객들이 소집장소로 가는 준비를 할 것을 요청합니다. ...을 경유하여 소집장소에 집합하십시오. 당신의 구명동의와 담요를 잊지 마십시오.

.2.3 No. ... 갑판의 모든 승객들은 당신들의 소집장소로 당신들을 인도할 승무원들을 따르기를 요청합니다.

.2.4 여러분이 소집장소에 도착하면 구명동의를 입고 다음의 지시를 기다려 주십시오.

.2.5 그렇게 하라는 다른 지시를 받기 전까지는 구명정으로 가지 마십시오.

.2.6 구명정 부서로 가십시오.

.2.7 표시된 탈출경로를 따라 가십시오.

.2.8 구명정 / 구조정에 들어가지 마십시오. 사관 또는 브리지로부터 구명정 / 구조정에 탑승하라는 명령이 내려질 것입니다.

.2.9 우리는 곧 원조해줄 다른 선박 / 해안으로부터 메시지를 받았다. 대략 ... 시에 원조가 도착할 것이다.

.5 익수자

.1 만약 당신이 물에 빠진 사람을 보았다면 다음과 같이 행동하라:

- "사람이 물에 빠졌다"라고 외쳐라.
- 구명부환를 던져라.
- 익수자에게서 눈을 떼지마라.
- 물에 빠진 사람의 위치를 사관 / 승무원에게, 보이거나 / 말하거나 또는 즉시 선교에 전화하라, 번호는 ...

.6 아이들의 보호책

.1 아이는 반드시 지속적인 관찰 아래에 있어야만 한다.

.2 절대로 선박의 난간 위에 앉거나 올라가게 하지 말라.

.3 아이들을 위한 특수 구명동의가 사용 가능하다. 스튜어드 / 스튜어디스에게 요청하라

.4 ... 시에서 ... 까지 ... 갑판 위의 ... playdeck / 유자격자 보호 아래 아이들을 맡길 수 있다.

B4 / 2 Evacuation and Boat Drill

B4 / 2.1 Allocating / directing to assembly stations, describing how to escape

.1 When the general emergency Alarm is sounded which consists of seven short blasts and one prolonged blast, all passengers have to go to their assembly station. Take your lifejackets and blankets with you. Lifejackets are stored in your cabins under your beds and at your assembly stations. You are encouraged to try on your lifejacket.

.2 All passengers must put on
- warm clothing
- long trousers, long-sleeved shirts / jackets
- strong shoes and head covering.

.3 All passengers with their lifejackets and blankets are requested to go to their assembly stations / the lounge / the ... immediately.

.4 From your assembly stations you will be escorted to your lifeboats / liferafts.

.5 All passengers are requested to carefully study the safety instructions behind their cabin doors.

.6 All passengers are requested to follow the escape routes shown.

.7 Do not use lifts / elevators.

.8 All passengers are requested to strictly obey the instructions given by the officers or crew.

.9 When you hear the abandon ship Alarm which consists of one prolonged and one short blast repeated continuously, please act in the same manner as under the general emergency Alarm.

.10 During the voyage you may hear some other sound signals. These are exclusively for the information of the crew.
Please, act only if you hear the general emergency Alarm or the abandon ship Alarm.

.11 If you have any questions regarding safety, do not hesitate to ask any of the officers or crew.

B4 / 2.2 Briefing on how to dress and what to take to assembly stations

.1 Take your lifejacket and a blanket.
You will find your lifejacket under your bed.

B4 / 2 피난과 보트 훈련

B4 / 2.1 소집장소의 할당 / 소집장소에서의 인도, 탈출방법에 대한 설명

.1 일곱 번의 단음과 한번의 장음으로 구성된 비상경보가 울렸을 때 모든 승객들은 소집장소로 가야 한다. 구명동의와 담요를 지참하라. 구명동의는 당신의 선실 침대 아래와 소집장소에 비치되어 있다. 구명동의를 입도록 권고한다.

.2 모든 승객들은 입어야 한다.

- 따뜻한 의복
- 긴 바지, 긴 소매 셔츠 / 쟈켓
- 튼튼한 신발과 머리 보호구.

.3 즉시 모든 승객들은 그들의 구명동의와 담요를 가지고 소집장소 / lounge / ...에 즉시 모여야 한다.

.4 당신의 소집장소로부터 구명정 / 구조정으로 인도를 받을 것이다.

.5 모든 승객들은 선실문 뒤의 안전지시를 주의깊게 읽어보길 바란다.

.6 모든 승객들은 표시된 탈출경로 따라가도록 한다.

.7 리프트 / 엘리베이터를 사용하지 마라.

.8 모든 승객들은 사관과 승무원에 의해 주어지는 지시를 엄격히 따라주길 요청한다.

.9 당신이 연속적으로 반복되는 한번의 장음과 한번의 단음으로 구성된 퇴선 경보를 들었을 때 비상경보의 상황에 따라 행동하라.

.10 항해 중 어떤 다른 소리 신호를 들을 것이다. 이것은 선원의 통지를 위한 전용이다. 오직 당신이 일반 비상경보 또는 퇴선 경보를 들었을 때만 행동하라.

.11 만약 당신이 안전에 관하여 어떤 질문이 있다면 사관과 승무원에게 주저하지 말고 물어라.

B4 / 2.2 소집장소에 무엇을 지참하고 어떻게 입는지에 대한 설명

.1 당신의 구명동의와 담요를 지참하라.
당신의 침대아래에서 구명동의를 찾을 수 있을 것이다.

.2 Put on warm clothing, long-sleeved shirts, strong shoes and head covering whatever the weather. No high-heeled shoes.
.3 Do not forget personal documents, your spectacles and medicine if necessary.
.4 Do not return to your cabin to collect your property.

B4/2.3 Performing roll call

.1 At your assembly station one of the officers/crew will perform a roll call.
.2 The officer/crew will say "This is a roll call", and s/he will call out the passengers individually by their names.
.3 When your name is called out, please answer loudly "Here".
.4 If one of your cabinmates is not able to attend the roll call, please inform the officer/crew immediately.

B4/2.4 Briefing on how to put on lifejackets

.1 (dependent on type of lifejacket used)
- pull the lifejacket over your head
- tighten the strings well
- pull the strings around your waist and tie in front.

.2 Follow closely the demonstration given by the officer/crew. The crew members will help you if necessary.
.3 Carefully study the demonstration in the pictures in your cabins.
.4 Carefully study the demonstration in the diagram at the assembly station.

B4/2.5 Instructions on how to embark and behave in lifeboats/liferafts

.1 Enter the lifeboat/liferaft only when ordered by an officer/lifeboatman.
.2 Clear the entrance of the lifeboat/liferaft immediately after entering.
.3 Do not push each other when entering the lifeboat/liferaft.
.4 Hold on to ropes or to your seat when lowering/hoisting.
.5 Sit down in the lifeboat/liferaft immediately.
.6 Keep your lifejackets on.
.7 Provisions and drinking water will be distributed by an officer/lifeboatman only.
.8 Strictly obey all instructions given by the officer/lifeboatman.
.9 Discipline in the lifeboat/liferaft is of vital importance.

.2 어떤 날씨에서든지 따뜻한 옷, 긴 소매 셔츠, 튼튼한 신발과 머리 보호구를 입어라. 굽높은 신발은 신지 마라.
.3 개인적인 서류, 필요하다면 안경과 약을 잊지 마라.
.4 당신의 소유물을 가지러 선실로 돌아가지 마라.

B4 / 2.3 인원점검의 실시

.1 당신의 소집장소에서 사관 / 승무원 중 한 명이 인원점검을 실시할 것이다.
.2 사관 / 승무원이 "이것은 인원 점검입니다" 라고 말할 것이다. 그리고 그녀 / 그는 승객들의 개인별로 그들의 이름을 부를 것이다.
.3 당신의 이름이 불리었을 때 크게 "여기요"라고 대답하라.
.4 당신의 선실 동료 중 한 명이 인원점검에 참석하지 못한다면 즉시 사관 / 승무원에게 알려라.

B4 / 2.4 구명동의 입는 방법에 대한 설명

.1 (사용하는 구명동의의 형식에 따라)
- 구명동의를 당신의 머리위로 입어라.
- 줄을 꽉 매라.
- 매듭을 허리 주위로 두르고 앞에서 묶어라.

.2 사관 / 승무원에 의하여 주어진 시범을 주의하여 따라라.
필요하다면 승무원이 당신을 도울 것이다.
.3 당신 선실의 시범 사진을 보고 주의깊게 습득하라.
.4 소집장소에 시범 그림을 주의깊게 습득하라.

B4 / 2.5 구명정 / 구명벌에서의 탑승방법과 행동의 지시

.1 사관 / 구명정장이 지시했을 때만 구명정 / 구조정에 탑승하라.
.2 탑승 후 즉시 구명정 / 구조정의 출입구를 제거하라.
.3 구명정 / 구조정에 탑승시 다른 사람을 밀지 마라.
.4 내릴 때 / 올릴 때 로프를 잡거나 또는 당신의 자리를 붙잡아라.
.5 즉시 구명정 / 구조정에 앉아라.
.6 구명동의를 입고 있어라.
.7 사관 / 구명정장에 의해서만 식량과 음료가 배분될 것이다.
.8 사관 / 구명정장에 의해 주어지는 모든 지시를 엄격히 따라라.
.9 구명정 / 구조정의 규율은 절대적으로 중요하다.

B4 / 2.6 On-scene measures and actions in lifeboats / liferafts

.1 Keep a sharp lookout for persons in the water.

.2 Have a line / hook / knife / lifebuoy ready.

.3 Do not take off your shirts / long trousers / head covering whatever the weather.

.4 Pump out the water / free the lifeboat / liferaft from water.

.5 Who needs medical first aid?

.6 Everybody will get the same ration of provisions and water.

.7 Warning! Do not drink sea water whatever the situation.

.8 We will send a MAYDAY.

.9 We will fire rockets / use smoke buoys / ... to attract attention.

.10 We will join the other lifeboats / liferafts.

B4 / 3 Attending to Passengers in an Emergency

B4 / 3.1 Informing on present situation

.1 The vessel was abandoned in position ... due to fire / grounding / collision / flooding / heavy list / serious damage / ... .

.2 Keep calm. There is no reason to panic.
The officers / lifeboatmen know exactly what to do.

.3 There are enough life-saving appliances for everyone on board.

.4 The Maritime Rescue Co-ordination Centre / vessels in the vicinity have already been informed of our situation.

.5 Vessels / helicopters / airplanes are coming to our rescue.

.6 Vessels / helicopters / airplanes will reach us within ..... hours.

.7 We have radio contact with rescue craft.

.8 There are enough provisions and drinking water for 48 hours.

.9 You obtain medicine for seasickness from the lifeboatman.

B4 / 3.2 Escorting helpless passengers

.1 ..... persons are missing.

.2 Search all cabins / WC / s howers for missing persons.

.3 Assist those who need help.

.4 Help children, elderly, disabled, injured or sick persons with life jackets.

.5 Give assistance when entering lifeboats / life rafts.

B4 / 2.6 구명정 / 구명벌에서의 현장조치 및 행동

.1 익수자를 주의깊게 관찰하여라.
.2 줄 / 후크 / 칼 / 구명부환을 준비해라.
.3 어떤 날씨에서든 당신의 셔츠 / 긴바지 / 머리 보호구를 벗지 마라.
.4 구명정 / 구명벌의 물을 퍼내라.
.5 누가 응급조치가 필요한가?
.6 모든 사람들은 같은 양의 식량과 물을 얻을 것이다.
.7 주의하라! 어떤 상황에서든 해수는 마시지 마라.
.8 우리는 조난신호를 보낼 것이다.
.9 우리는 주의를 끌기 위해서 불꽃탄 / 연기 / ...을 쓸 것이다.
.10 우리는 다른 구명정 / 구명벌과 합류할 것이다.

B4 / 3 긴급시에 승객들에 대한 주의

B4 / 3.1 현재 상황에 대한 통보

.1 선박이 화재 / 좌초 / 충돌 / 침수 / 심각한 경사 / ... 때문에 ... 위치에 퇴선하였다.
.2 평온을 유지하라. 혼란에 빠질 이유가 없다.
사관 / 구명정장은 무엇을 해야 할지 정확히 알고 있다.
.3 선박 위의 모두를 위한 충분한 구명설비가 있다.
.4 우리의 상황을 이미 근처에 있는 선박 / 해사구조 Co-ordination Centre에 알렸다.
.5 선박들 / 헬리콥터들 / 항공기들이 우리를 구조하기 위해 오고 있다.
.6 선박들 / 헬리콥터들 / 항공기들이 ...시간 이내에 우리에게 도착할 것이다.
.7 우리는 구조선과 무선 연락을 하였다.
.8 48시간 동안 쓸 식품과 음료가 충분하다.
.9 당신은 정장으로부터 멀미약을 받을 것이다.

B4 / 3.2 무력한 승객들의 인도

.1 ...사람이 없어졌다.
.2 잃어버린 사람들을 위해 모든 선실들 / WC / 샤워실을 수색하라.
.3 도움이 필요한 이를 도와라.
.4 구명동의를 입게 아이, 나이가 지긋한, 불구가 된, 상처입거나 다친 사람을 도와라.
.5 구명정 / 구명벌에 탑승할 때 도움을 줘라.

.6 We require warm clothing and blankets for the children / elderly / disabled / injured / sick.

.7 We require a stretcher for the disabled / injured / sick.

.8 All persons, please move closer.

.8.1 The elderly / disabled / injured / sick need room to lie down.

.9 Everyone, please, be quiet. The children / the sick need rest.

.6 우리는 아이 / 나이가 지긋한 / 불구가 된 / 상처 입은 / 다친 사람들을 위한 따뜻한 옷과 담요가 필요하다.

.7 우리는 불구가 된 / 다친 / 아픈 사람들을 위해 들것이 필요하다.

.8 모든 사람들은 가까이 움직여라.

.8.1 나이가 있는 / 불구가 된 / 상처 입은 / 다친 사람들이 누워 있을 방이 필요하다.

.9 모두 조용히 하라. 아이들 / 다친 사람들은 휴식이 필요하다.

2.3 상황별 해사통신영어 실습

2.3.1 SITUATION 1

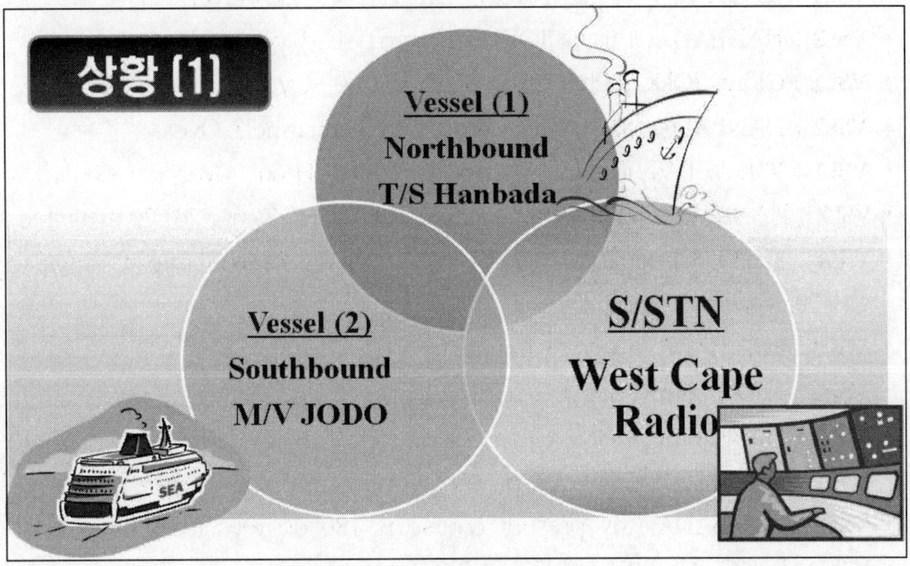

[그림 2-21] SITUATION 1

- **VSL1** : Southbound vessel(Unknown ship) in position 270 degrees 6 miles from West Cape. This is northbound vessel HANBADA in position 300 degrees 6.5 miles from West Cape. On VHF CH-16. Over.
- **VSL2** : Northbound vessel HANBADA , this is southbound vessel JODO in position 270 degrees true 6 miles from West Cape. Over.
- **VSL1** : JODO, this is HANBADA. Change to VHF CH-06. Over.
- **VSL2** : This is JODO. Copy, Change to VHF CH-06. Over.
  (Both vessel switching to CH-06, and...)
- **VSL1** : JODO, this is HANBADA. How do you read me? Over.
- **VSL2** : HANBADA, this is JODO. I read you with signal strength five. Over.
- **S/STN** : HANBADA and JODO. This is West Cape Radio.
  Pan-Pan. Stop transmitting. 15 minutes. Out.

(Both vessel coming back to CH-16, and...)

- **VSL1** : JODO, JODO. This is HANBADA. How do you read? Over.
- **VSL2** : HANBADA, this is JODO. Go ahead.
- **VSL1** : JODO, this is HANBADA. Change to VHF CH-08. Over.
- **VSL2** : Copy, Change to VHF CH-08. Over.

(Both vessel switching to CH-08, and...)

- **VSL1** : JODO, this is HANBADA. On VHF CH-08. Over.
- **VSL2** : HANBADA, this is JODO. I can't read you well. Over.
- **VSL1** : Okay, JODO, Change to VHF CH-60. Over.
- **VSL2** : HANBADA, Say again. Which VHF channel? Over.
- **VSL1** : JODO, I say again. Change to VHF CH-60. Over.
- **VSL2** : HANBADA. VHF CH-60 unable. VHF CH-67, 69, 70, 72 available Over.
- **VSL1** : JODO. Understood. VHF CH-67, 69, 70, 72 available. Change to VHF CH-70. Over.
- **VSL2** : HANBADA. Copy, Change to VHF CH-70. Over.
- **VSL1** : JODO. How do you read? Over.
- **VSL2** : HANBADA. Keep going. Over.
- **VSL1** : JODO. What is your present course? Over.
- **VSL2** : HANBADA. My present course is 180 degrees true. Over.
- **VSL1** : JODO. Understood. Your Present course is 160 degrees true. What is your destination? Over.
- **VSL2** : HANBADA. Mistake. My present course is 180, repeat 180 degrees true. Over.
- **VSL1** : JODO. Correction. Your Present course is 180 degrees true. What is your destination? Over.
- **VSL2** : HANBADA. My destination is Buenos Aires. Over.
- **VSL1** : JODO. Please spell your destination. Over.
- **VSL2** : HANBADA. I spell my destination, Buenos, I spell Bravo- Uniform- Echo- November- Oscar- Sierra, Aires, I spell, Alpha- India- Romeo- Echo- Sierra. Over.

(... VSL1 is not acknowledging it.)

- **VSL2** : HANBADA. Did you copy? Over.
- **VSL1** : JODO. Please spell again your destination. Over
- **VSL2** : I spell again my destination. Buenos Aires, I spell, Bravo- Uniform-

Echo- November- Oscar- Sierra- Alpha- India- Romeo- Echo- Sierra. Over.

- **VSL1** : Understood. Your destination is Buenos Aires.
  Intention; I intend to pass on your port. Over.
- **VSL2** : HANBADA. It is dangerous for you to pass on my port.
  Reason; There are many fishing boats on my port side, and they can be detected only 3 miles range on my radar. Advise; You pass me on my starboard. Over.
- **VSL1** : JODO. Advise-received; I will pass on your starboard. Out.

2.3.2 SITUATION 2

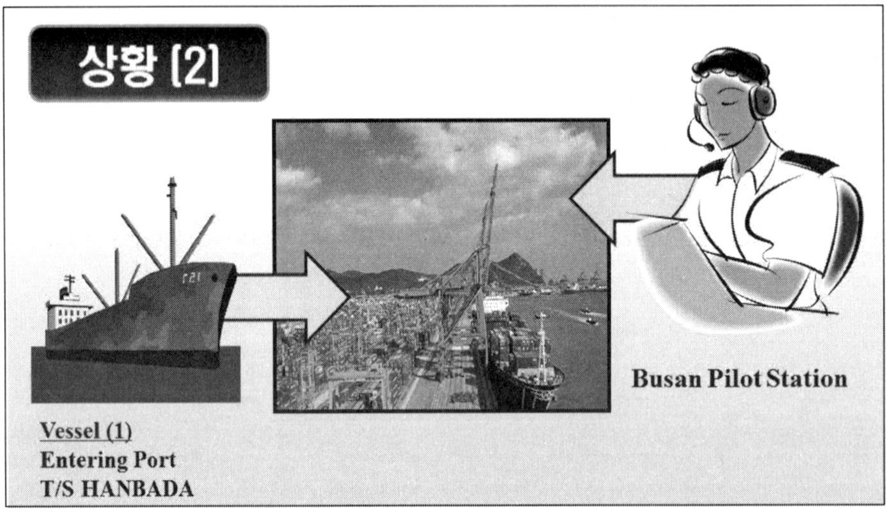

[그림 2-22] SITUATION 2

- VSL1 : Busan Pilot, this is HANBADA. How do you read me? Over.
- S/STN : HANBADA, this is Busan pilot. Change to VHF CH-13. Over.
- VSL1 : This is HANBADA. Change to VHF CH-13. Over
- S/STN : HANBADA, this is Busan Pilot on CH-13. Over.
- VSL1 : Busan Pilot, this is HANBADA. I read you well. My ETA at Busan Pilot Station is 2230 local time. My maximum draught is 9.5 meters. On which side must I rig the pilot ladder? Over.
- S/STN : HANBADA, this is Busan Pilot. Your ETA at Busan Pilot Station is 2230, Advise; You must rig the pilot ladder on your starboard side 1 meter above the water. You can take the pilot at Easterly 1.5 miles from North end of breakwater on your arrival. And call again at 4 miles to pilot station on this channel. Information; Visibility at the pilot station has been reduced by fog and there are many fishing boats in area near the pilot station. Over.
- VSL1 : Busan Pilot, HANBADA. Understood. Visibility at the pilot station is reduced by fog and many fishing boats in area near the pilot station. I will rig the pilot ladder on starboard side 1 meter above the water. And I call again at 4 miles to pilot station on this channel. Over
- S/STN : Busan Pilot. Out. .....(at arriving above position)

- **VSL1** : Busan pilot, this is HANBADA.
- **S/STN** : HANBADA, this is Busan pilot. Over.
- **VSL1** : Busan pilot. My present position is 4 miles to pilot station. I expect to reach pilot station on time. Over.
- **S/STN** : HANBADA, this is Busan pilot. Roger.
  The pilot will come on board on arrival. Out.
- **VSL1** : HANBADA. Out.

2.3.3 SITUATION 3

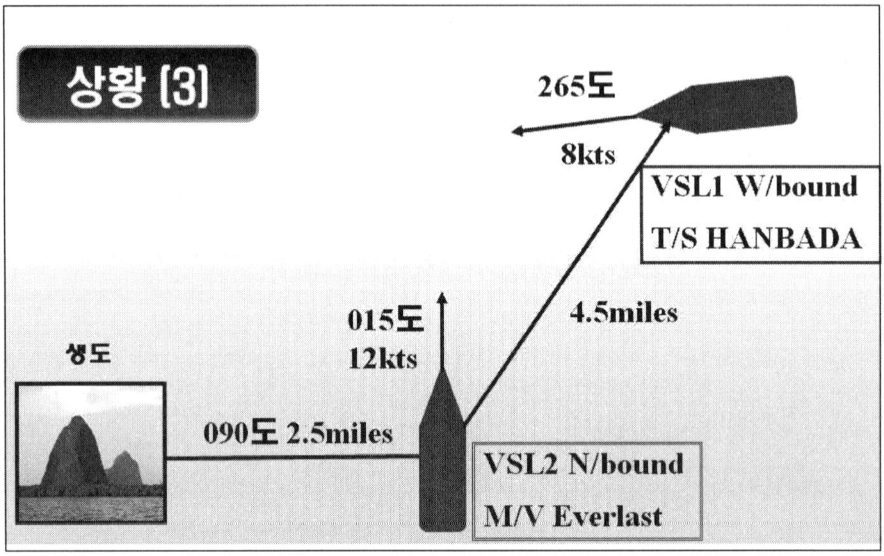

[그림 2-23] SITUATION 3

- **VSL1** : Northbound vessel in position 090 degrees 2.5 miles from Saeng-Do island. Your course and speed is 015 degrees 12 knots. This is westbound Training ship HANBADA in position 4.5 miles on your starboard bow. My course and speed is 265 degrees 8 knots. On VHF CH-16. Over.
- **VSL2** : Training ship HANBADA, this is northbound vessel Everlast on your port bow. Over.
- **VSL1** : Everlast, this is HANBADA. Change to VHF CH-08. Over.
- **VSL2** : HANBADA, this is Everlast. Change to VHF CH-08. Over
  (.. Both vessel switching to CH-08, and on CH-08 ...)
- **VSL1** : Everlast, this is HANBADA. On CH-08. Over.
- **VSL2** : HANBADA, this is Everlast. Go ahead, Over.
- **VSL1** : Everlast. I am approaching to Busan Pilot Station and maneuvering to pick up pilot at 0838 local time. Please keep clear of me. Over.
- **VSL2** : Roger that. I am also entering to Busan Port. My ETA at Busan Pilot Station is 0900. I will maneuver to stay behind of you. Over.
- **VSL1** : Roger. Thank you, out.

2.3.4 SITUATION 4

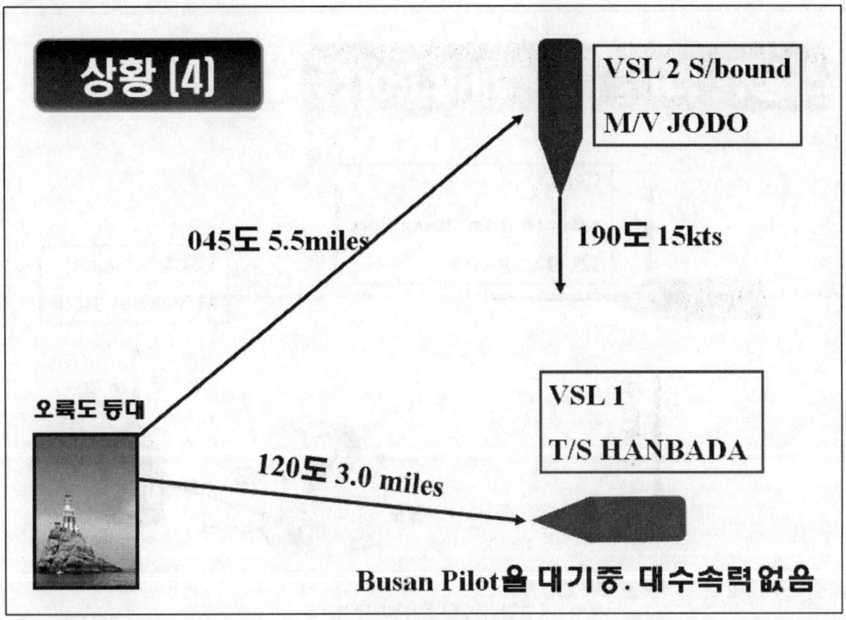

[그림 2-24] SITUATION 4

- **VSL1** : Southbound Vessel in position 045 degrees 5.5 miles from O-ryuk Do Lighthouse. Your course and speed is 190 degrees 15 knots. This is Training ship, HANBADA in position 120 degrees 3.0 miles from O-ryuk Do Lighthouse. On CH-16. Over.
- **VSL2** : Training ship HANBADA. This is southbound vessel JODO on your starboard bow. Over.
- **VSL1** : JODO, this is HANBADA. Change to VHF CH-06. Over.
- **VSL2** : Roger. Change to VHF CH-06. Over.
- **VSL1** : JODO, this is HANBADA on CH-06. Over.
- **VSL2** : HANBADA, this is JODO. Go ahead, Over.
- **VSL1** : JODO. I am waiting Busan pilot at the pilot station and, not making way through the water. Please keep well clear of me. Over.
- **VSL2** : Roger that. I am altering course to port, and will pass stern of you. Over.
- **VSL1** : JODO. Thank you. Out.

2.3.5 SITUATION 5

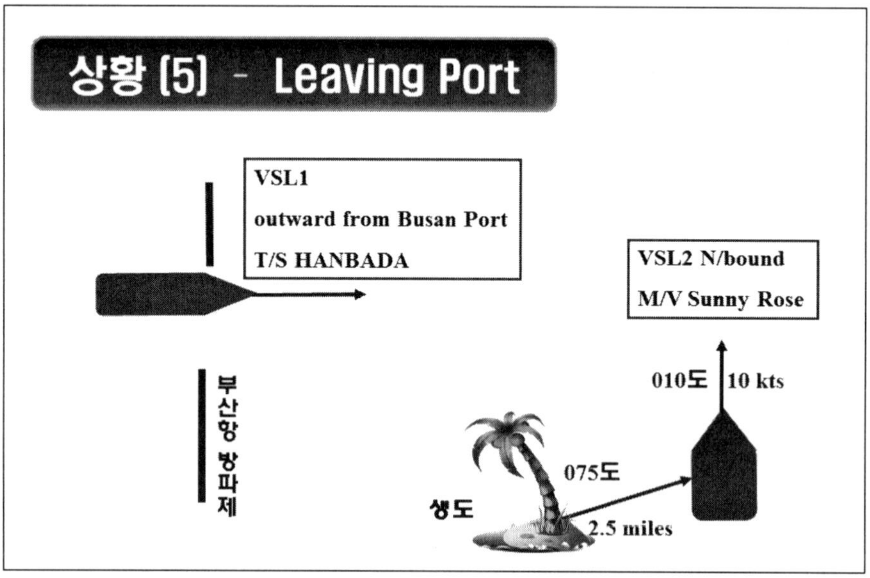

[그림 2-25] SITUATION 5

- **VSL1** : Northbound vessel in position 075 degrees 2.8 miles from Saeng Do island. Your course and speed is 010 degrees 10 knots. This is outbound Training ship HANBADA. I am now passing the breakwater of Busan Port on your port bow. On VHF CH-16. Over.
- **VSL2** : Outbound Training ship HANBADA, this is northbound vessel Sunny Rose. Over.
- **VSL1** : Sunny Rose, this is HANBADA. Change to VHF CH-08. Over.
- **VSL2** : Copy. Change to VHF CH-08. Over.
- **VSL1** : Sunny Rose, this is HANBADA on CH-08. Over.
- **VSL2** : HANBADA, this is Sunny Rose. Go ahead, Over.
- **VSL1** : Sunny Rose, this is HANBADA. I am altering course to starboard and will pass a stern of you. Over.
- **VSL2** : Roger that. I will keep my course and speed until you get finally clear of me. Over.
- **VSL1** : Thank you. Out

2.3.6 SITUATION 6

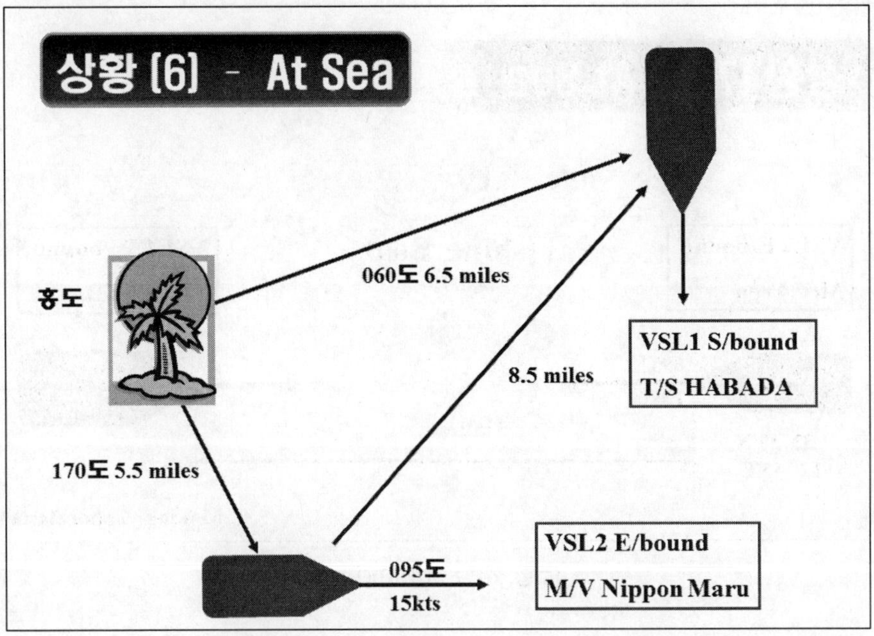

[그림 2-26] SITUATION 6

- **VSL1** : Eastbound Vessel in position 170 degrees 5.5 miles from Hong Do island. Your course and speed is about 095 degrees 15 knots. This is southbound vessel HANBADA in position 060 degrees 6.5 miles from Hong Do island. On VHF CH-16. Over.
- **VSL2** : HABADA, this is eastbound vessel Nipon Maru Over.
- **VSL1** : Nipon Maru, this is HANBADA. Change to VHF CH-06. Over.
- **VSL2** : Romeo. Change to VHF CH-06. Over.
- **VSL1** : Nipon Maru, this is HANBADA on CH-06. Over.
- **VSL2** : HANBADA, this is Nipon Maru. Over.
- **VSL1** : Nipon Maru. I can not alter course to starboard because of another sou6thbound vessel on my starboard bow, which I am intending to overtake shortly. Request; Please alter course to starboard for safe passing. Over.
- **VSL2** : HANBADA. Request- Received. Negative. I can not alter course to starboard. Reason; I have many fishing buoys on my starboard bow. Advise; Reduce your speed for safe passing. Over.
- **VSL1** : Nipon Maru. understood. I am reducing my speed. Out.

2.3.7 SITUATION 7

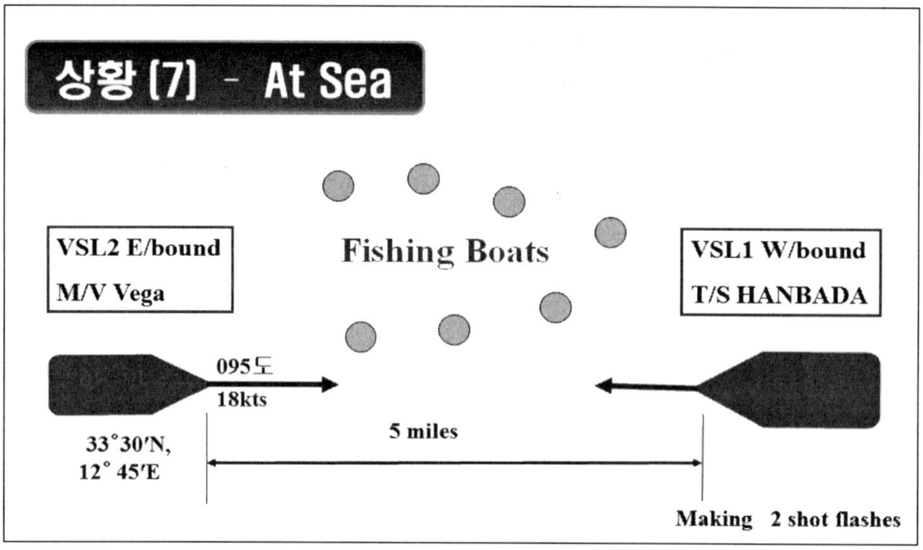

[그림 2-27] SITUATION 7

- **VSL1** : Eastbound Vessel in position 33°30′ N, 012° 45′ E. Your course and speed is about 095 degrees 18 knots. This is westbound vessel HANBADA at about 5 miles ahead of you. I am now making an identification signal by 2 short flashes. On VHF CH-16. Over.
- **VSL2** : Westbound vessel making an identification signal, this is eastbound vessel Vega at about 5 miles ahead of you. Over.
- **VSL1** : Eastbound vessel Vega, this is westbound vessel HANBADA. Change to VHF CH-06. Over.
- **VSL2** : Roger. Change to VHF CH-06. Over.
- **VSL1** : Vega, this is HANBADA on CH-06. Over.
- **VSL2** : HANBADA, this is Vega. Go ahead, Over.

1. Case One:

- **VSL1** : Vega, this is HANBADA.
  Intention; I intend to pass on your port side. Over.
- **VSL2** : HANBADA, this is Vega.
  Intention Received; Port to port. roger that. Over.

- **VSL1**: Vega, this is HANBADA. I am altering course to starboard. Out.

2. Case Two:

- **VSL1** : Vega, this is HANBADA.
  Intention; I intend to alter course to port and pass on your starboard. Over.
- **VSL2** : HANBADA, this is Vega.
  Intention Received; You intend to pass on my starboard. Advise; Alter course to starboard and pass on my port. Over.
- **VSL1** : Vega, this is HANBADA. Advise Received; It is not safe for me to alter course to starboard. I have many fishing boats on my starboard bow. Over.
- **VSL2** : HANBADA, this is Vega. Roger that. You may alter course to port and pass on my starboard. I will keep my course and speed until you finally past and clear. Over.
- **VSL1** : Vega, this is HANBADA. Roger that.
  I am altering course to port. Out.

▤ 참고 문헌 ▤

- 박영수 외, 항해실습(Ⅱ), 상학당, 2008
- 박진수, 김현종, IMO 표준해사통신영어, 다솜출판사, 2013
- 배정철, 선교항해당직 경보시스템 현황 및 표준화 동향, TTA Journal No.126, 2009
- 이은방, 이윤석, 박영수, 김종성, 전파전자항해학, 상학당, 2014
- 이종인, 항해실무영어, 다솜출판사, 2014
- 이종인, 해사영어통신문, 다솜출판사, 2014
- 정태권, 이은방, 항해기기론, 세종출판사, 2012
- 조익순, 김대해, 항해사를 위한 ECDIS 기초, KenitPress, 2015
- P.C. Van. Kluijven , The International Maritime Language Programme , 2003
- IMO STCW Convention, 2015 Consolidation Edition
- IMO Resolution MSC 192(79), The new revision of the Performance Standards for the Shipborne Radar
- IMO Resolution MSC 232(82), The revised Performance Standards for ECDIS
- IMO NAV59/WP.9/Rev.2, Development of Policy and New Symbols for AIS Aids to Navigation

찾아보기

□ 저자 약력 □

■ 조 익 순 (주저자)

- 한국해양대학교 항해학과 졸업(공학사)
- 일본 고베대학 대학원 공학박사
- 선박안전기술공단 해사안전연구센터장
- 한국해양대학교 실습선 교학부장
- 한국해양대학교 교수

■ 이 윤 석

- 한국해양대학교 항해학과 졸업(공학사)
- 일본 고베대학 대학원 공학석사/공학박사
- 한국해양대학교 실습선 한나라호 선장
- 한국해양대학교 교수

■ 윤 귀 호

- 한국해양대학교 항해학과 졸업(공학사)
- 현대상선(주) 일등항해사
- 한국해양대학교 실습선 선장
- 한국해양대학교 교수

■ 전 해 동 (교신저자)

- 한국해양대학교 항해학과 졸업(공학사)
- 영국 사우스햄튼 대학교 법학석사/법학박사
- 현대상선(주) 항해사
- 한국해양대학교 실습선 교학부장
- 한국해양대학교 교수

■ 배 병 덕

- 한국해양대학교 항해학과 졸업(공학사)
- 현대상선(주) 선장
- 한국해양대학교 실습선 선장
- 한국해양대학교 교수

■ 김 종 성

- 한국해양대학교 항해학과 졸업(공학사)
- 목포해양대학교 대학원 공학석사/공학박사
- 한진해운(주) 수석항해사
- 한국해양대학교 실습선 한바다호 선장
- 한국해양대학교 교수

최신항해실습(Ⅱ)

2016년 3월 10일 1판 1쇄 발행

저 자 조 익 순 외
발행인 남 승 우

발행처 도서출판 상尙 학學 당堂
서울시 동작구 사당로9가길 6(사당동)
TEL : 02) 595-1692~4
FAX : 02) 595-1394
E-mail : namdoo6@unitel.co.kr
신고 : 2-155호 (1968. 11. 29)

정가 27,000원

ISBN 978-89-6587-142-2 93500
ISBN 978-89-6587-140-8 (전5권)

〈디자인〉 편집 엄해숙 / 표지 토틀컴